エネルギー変換工学

地球温暖化の終焉へ向けて

柳父　悟
西川尚男

TDU 東京電機大学出版局

まえがき
－地球温暖化の終焉へ向けて－

　近年，炭酸ガスを主体とするガス放出による地球温度化，またフロンガスの放出によるオゾン層破壊の問題がクローズアップされている。化石燃料を主体とする発電では必然的に炭酸ガスを放出する。また化石燃料自体も確実に枯渇する方向に向かっているが，貴重な化石燃料を浪費することなく大事に使い，子孫に対して資源として少しでも多く残すことも必要なことである。

　一方，原子力発電は炭酸ガスを放出しないので，地球温暖化現象は避けられる。また高速度増殖炉でウラン燃料を燃やすと，それより多くのプルトニウム燃料を得られるので，活用の範囲も増える。しかし，使用済み燃料は保管中の半減期が長いこと，また原子力発電の事故はごく限られているとはいえ，予知できないうちに被爆し被害範囲も大きいといった課題があり，世界的には縮小化方向にある。

　われわれ人類の生存には，電気エネルギーが必須である。このためには，時間をかけてでも持続可能な発電方式に変更しなければならない。このような背景から火力発電，水力発電あるいは原子力発電だけではなく，現在開発中のものをできるだけ多く取り入れて教科書を作成した。しかし，開発途上のものを説明するためには，そこに至る様々な予備知識や技術を解説する必要が出てきた。そして本来意図した原理原則だけを教える基本的な教科書では足りなくなった。

　こうして本書は，"地球温暖化の終焉へ向けて"と副題を付し，最新の発電方式をできるだけ多く取り入れた。そして，従来の発電方式はできるだけ原理原則を，また新発電方式にはそれに加え，開発の経緯もわかりやすく書いた。よって，この教科書で学習するに際しては，理論はまずできるだけ簡単に学び，将来さらに勉強したいときには理論をより深く勉強することと，また新しい発電方式はその経緯に重点をおいて学習することを薦めたい。

この教科書の執筆は，第1章から第3章までを柳父が担当し，第4章から第10章までを西川が担当した。

2004年2月　著者ら

目　　次

第 1 章　水力発電

- 1.1　水力発電技術 …………………………………………………………………1
- 1.2　水力学 ……………………………………………………………………………2
  - 1.2.1　静水力学 ………………………………………………………………2
  - 1.2.2　動水力学 ………………………………………………………………4
- 1.3　流量と落差 ………………………………………………………………………9
  - 1.3.1　流量 ……………………………………………………………………9
  - 1.3.2　落差 ……………………………………………………………………11
- 1.4　水力発電設備 ……………………………………………………………………14
  - 1.4.1　ダム ……………………………………………………………………14
  - 1.4.2　水路 ……………………………………………………………………16
  - 1.4.3　水圧管 …………………………………………………………………16
- 1.5　水車およびポンプ ………………………………………………………………18
  - 1.5.1　衝動水車 ………………………………………………………………18
  - 1.5.2　反動水車 ………………………………………………………………20
- 1.6　吸出し管 …………………………………………………………………………28
- 1.7　比速度 ……………………………………………………………………………30
- 1.8　水車の付属設備 …………………………………………………………………34
  - 1.8.1　弁類 ……………………………………………………………………34
  - 1.8.2　速度調整 ………………………………………………………………34

第 2 章　火力発電

- 2.1　火力発電所 ………………………………………………………………………37
- 2.2　熱力学 ……………………………………………………………………………39
  - 2.2.1　熱力学の諸定義 ………………………………………………………39

目次

- 2.2.2 熱力学第1法則 …………………………………… 41
- 2.2.3 熱容量，比熱 …………………………………… 44
- 2.2.4 状態方程式 ……………………………………… 45
- 2.2.5 熱力学第2法則とエントロピー ………………… 47
- 2.2.6 熱力学第2法則 ………………………………… 52
- 2.2.7 Carnot サイクル ………………………………… 52
- 2.2.8 任意のサイクルに関する Clausius の不等式 …… 53
- 2.2.9 エントロピー線図 ……………………………… 55
- 2.2.10 一般蒸気の性質 ………………………………… 56

2.3 蒸気機関への応用 …………………………………… 58
- 2.3.1 ランキンサイクル ……………………………… 58
- 2.3.2 再生サイクル …………………………………… 61
- 2.3.3 再熱サイクル …………………………………… 62
- 2.3.4 損失 ……………………………………………… 63

2.4 燃料 …………………………………………………… 65
- 2.4.1 燃料概観 ………………………………………… 65
- 2.4.2 燃焼 ……………………………………………… 67

2.5 ボイラー，復水器，給水加熱器など ……………… 68
- 2.5.1 ボイラー ………………………………………… 68
- 2.5.2 復水器 …………………………………………… 69
- 2.5.3 給水加熱器 ……………………………………… 70
- 2.5.4 環境対策設備 …………………………………… 71
- 2.5.5 蒸気タービン …………………………………… 72

2.6 発電機 ………………………………………………… 75
- 2.6.1 火力用発電機 …………………………………… 75
- 2.6.2 原子力用発電機 ………………………………… 77
- 2.6.3 水車発電機 ……………………………………… 77
- 2.6.4 可変速揚水発電 ………………………………… 78
- 2.6.5 永久磁石発電機 ………………………………… 80

2.7 コンバインドサイクル発電システム ……………… 80

    2.7.1　ガスタービン発電(シンプルサイクル発電) ················80
    2.7.2　コンバインドサイクル発電 ·······························83
 2.8　マイクロガスタービン発電 ·····································85
 2.9　ディーゼル発電 ···86
 2.10　地熱発電 ··86
    2.10.1　地熱発電とは ··86
    2.10.2　地熱発電方式 ··88

第3章　原子力発電 ···91
 3.1　原子力発電の歴史 ···91
 3.2　核理論 ··92
    3.2.1　衝突および散乱 ···94
    3.2.2　中性子と核の相互作用 ·····································95
    3.2.3　核分裂 ··96
 3.3　各種原子炉の要素 ···98
 3.4　各種原子炉 ··99
    3.4.1　加圧水形原子炉(PWR) ·····································99
    3.4.2　沸騰水形原子炉(BWR) ····································103
    3.4.3　その他の原子炉 ··107
 3.5　使用済み燃料の再処理と放射性廃棄物処理 ·······················108
 3.6　原子力の安全と電気エネルギーの問題 ···························108

第4章　燃料電池発電 ···111
 4.1　燃料電池の基本 ··111
    4.1.1　燃料電池の原理 ··111
    4.1.2　電気エネルギーへの変換および理論起電力 ····················113
    4.1.3　電圧-電流特性 ···118
 4.2　燃料電池の種類 ··121
    4.2.1　固体高分子形燃料電池(PEFC) ·······························124
    4.2.2　りん酸形燃料電池(PAFC) ··································126

4.2.3　溶融炭酸塩形燃料電池(MCFC) ……………………………128
　　　4.2.4　固体酸化物形燃料電池(SOFC) …………………………130
　4.3　燃料電池発電システムと水素製造………………………………132
　　　4.3.1　燃料電池発電システム……………………………………132
　　　4.3.2　水素製造……………………………………………………134
　4.4　燃料電池の適用……………………………………………………138
　　　4.4.1　固体高分子形燃料電池(PEFC) ……………………………138
　　　4.4.2　りん酸形燃料電池(PAFC) …………………………………143
　　　4.4.3　溶融炭酸塩形燃料電池(MCFC) ……………………………145
　　　4.4.4　固体酸化物形燃料電池(SOFC) ……………………………147
　4.5　実用化への課題……………………………………………………149
　　　4.5.1　固体高分子形燃料電池(PEFC) ……………………………149
　　　4.5.2　りん酸形燃料電池(PAFC) …………………………………150
　　　4.5.3　溶融炭酸塩形燃料電池(MCFC) ……………………………150
　　　4.5.4　固体酸化物形燃料電池(SOFC) ……………………………151
　4.6　まとめ………………………………………………………………151

第5章　風力発電……………………………………………………………153
　5.1　風力発電の概要……………………………………………………153
　5.2　風車の種類…………………………………………………………154
　5.3　揚力形風力発電……………………………………………………158
　　　5.3.1　揚力形風車の原理…………………………………………158
　　　5.3.2　揚力形風車が取り出し得る最大エネルギー……………160
　　　5.3.3　風車翼(ブレード)の回転…………………………………164
　5.4　抗力形風力発電……………………………………………………168
　　　5.4.1　抗力形風車…………………………………………………168
　　　5.4.2　抗力形風車の最大取り出しエネルギー…………………170
　5.5　風車の性能評価に必要な係数……………………………………170
　　　5.5.1　パワー係数…………………………………………………171
　　　5.5.2　トルク係数…………………………………………………175

　　　　5.5.3　ソリディティ……………………………………………………176
5.6　風車と発電機とを組み合わせた総合効率……………………………179
5.7　風力発電システムの運転………………………………………………180
5.8　風力発電システムの最新技術…………………………………………185
　　　5.8.1　風車の大型化……………………………………………………185
　　　5.8.2　可変速制御………………………………………………………186
　　　5.8.3　オフショア風力発電……………………………………………188
5.9　今後の計画………………………………………………………………188

第6章　太陽エネルギー発電……………………………………………………193
6.1　太陽光発電………………………………………………………………193
　　　6.1.1　太陽電池の発電原理……………………………………………193
　　　6.1.2　太陽電池用半導体材料…………………………………………203
　　　6.1.3　太陽電池の構造…………………………………………………206
　　　6.1.4　太陽電池の動作特性……………………………………………207
　　　6.1.5　太陽電池の適用…………………………………………………210
　　　6.1.6　太陽光発電システムの潜在容量………………………………211
　　　6.1.7　今後の課題………………………………………………………212
6.2　太陽熱発電………………………………………………………………212
　　　6.2.1　タワー集光方式…………………………………………………213
　　　6.2.2　曲面集光方式……………………………………………………213

第7章　海洋エネルギー発電……………………………………………………215
7.1　波力発電…………………………………………………………………215
　　　7.1.1　波のエネルギー…………………………………………………215
　　　7.1.2　波力発電方法……………………………………………………218
7.2　海洋温度差発電…………………………………………………………221
7.3　潮汐発電…………………………………………………………………225
付録　(7.1)式の導出について………………………………………………229

第 8 章　核融合，MHD 発電 ……233

- 8.1　核融合発電 ……233
  - 8.1.1　核融合反応 ……233
  - 8.1.2　核融合炉の実現条件 ……234
  - 8.1.3　プラズマ閉じ込め方法 ……236
  - 8.1.4　核融合発電 ……241
  - 8.1.5　将来の展望 ……242
- 8.2　MHD 発電 ……242
  - 8.2.1　発電の原理 ……243
  - 8.2.2　MHD 発電の出力 ……243
  - 8.2.3　発電方式 ……245
  - 8.2.4　MHD 発電システムと課題 ……245

第 9 章　バイオマス発電 ……249

- 9.1　バイオマスの分類 ……249
- 9.2　バイオマスの利用方法 ……250
  - 9.2.1　直接燃焼 ……251
  - 9.2.2　生物化学的変換 ……253
  - 9.2.3　熱化学的変換による利用方法 ……258
- 9.3　バイオマスの利用可能性 ……259

第 10 章　その他の発電方式 ……263

- 10.1　熱電発電 ……263
- 10.2　熱電子発電 ……265

章末問題解答 ……269
索引 ……279

第1章

水力発電

水力発電の概要　日本では明治時代に水力発電技術が欧米から導入された。この導入は，日本にとって電力技術の発祥というべき出来事である。この章では水力技術の基礎である水力学を学び，合わせて水力発電技術の基礎を学ぶ。また可変速揚水技術についても学ぶ。

1.1　水力発電技術

　水力や風力は古代から活用されてきた。水で水車を回して脱穀したり，揚水したりした。また風力も，オランダに代表されるように風車 windmill と称し，脱穀や粉引きに使われてきた。風力や水力を動力源としたのは，歴史をひもとくと紀元前から記録がある。欧米では水力を電気に変える事業は，電気エネルギーの利用を始めた 1880 年頃に盛んになったといわれる。わが国における小水力発電は，最初個人事業で使われていたこともあり，時期については明らかでないが，1887 年の長崎県山口紡績三吉工場が最初といわれている。しかし，事業用として導入されたのは 1892 年，京都市の琵琶湖疎水事業として造られた蹴上水力発電所が始まりである。直流，単相，三相交流などが採用されており，1 発電機の電気は 1 事業所に送電されていた。当時の送電線の写真を見ると多数の線が架線されている。その後の富国政策とも合致し，1951 年には超高圧送電線 275 kV が開始され，水力発電電力が送電されるに至った。1961 年には 335 MW の黒部第四発電所の水力発電所が完成し送電を開始した。この発電所のダム高は 186 m で，この頃に水力発電のピークを迎えた。その頃から火力発電が取り入れられ，水主火従から火主水従になってきた。当時の国内の包蔵水力はほぼ開発し尽くさ

れたといわれたが，最近では水力発電が炭酸ガスを排出しない再生可能エネルギーとして見直された．また，昼間の負荷ピーク時には水力発電として，夜は揚水ポンプとして動く揚水発電所が負荷平準化の電力貯蔵装置として利用されるようになり，新たな期待が寄せられている．また，世界で見ればインド，ミャンマ，ネパール，カナダ，ブラジルなど未開発の水力資源があり，ますます開発が進められるものと考えられる．今後のクリーンエネルギー活用と合わせて，どのような開発が進められるかが今後の課題である．また水力発電所は多くの場合，地下式発電所になり，水車や発電機が直接目に触れることはないが，ダムも含めてこれらの機器は図1.1に示すよう地下内部に納められている．

図1.1 水力発電所 ［写真提供：株式会社 東芝］

1.2 水力学

この節では，水力発電がどのような基礎的な技術から成り立っているかを学ぶ．

1.2.1 静水力学

水の質量を $m[\mathrm{kg}]$，体積を $V[\mathrm{m}^3]$ とすると，単位体積当たりの質量を**密度** (density) といい ρ で表す．またその逆数，単位質量当たりの体積を**比体積** (specific volume) という．

1.2 水力学

$$\rho = \frac{m}{V} \, [\mathrm{kg/m^3}] \tag{1.1}$$

また，密度に変わって**比重量**

$$\gamma = \rho g \, [\mathrm{kg/m^2 s^2} = \mathrm{N/m^3}] \tag{1.2}$$

で表す。

また圧縮率は，

$$\Delta P = -E\left(\frac{\Delta V}{V}\right) [\mathrm{Pa}] \tag{1.3}$$

E は**体積弾性係数**で単位は Pa で表すが，その逆数を**圧縮率**という。水は体積変化しない剛体として水力学では一般に扱われている。

また，流体は固体表面を流れるとき**せん断応力**（shear stress）を受ける。流線に平行にとられた平行 2 平面の深さ距離を dy[m]，速度差を du[m/s] とすれば，両面に平行に粘性に基づくせん断応力 τ[Pa] が働く。この場合 du/dy に τ は比例して，

$$\tau = \mu \frac{du}{dy} \tag{1.4}$$

となる。この μ を流体の**粘度**（**粘度係数**ともよばれる）（viscosity）といい，単位は Pa・s であり，1 atm における温度 20°C の水の粘度は 1.002×10^{-3} Pa・s，温度 90°C では 0.315×10^{-3} Pa・s である。温度が高いほど粘度は低い。

ここで圧力の単位について説明する。

$$1\,\mathrm{Pa} = 1\,\mathrm{N/m^2} \tag{1.5}$$

$$\begin{aligned}
1\,\mathrm{atm} &= 760\,\mathrm{mmHg} \\
&= 1.01325 \times 10^5\,\mathrm{Pa} \\
&= 1.0332\,\mathrm{kg/cm^2} \\
&= 1.01325\,\mathrm{barr} \\
&= 0.101325\,\mathrm{MPa}
\end{aligned} \tag{1.6}$$

$$1\,\mathrm{barr} = 10^5\,\mathrm{Pa} = 100\,\mathrm{kPa}, \quad 1\,\mathrm{kg/cm^2} = 0.0980665\,\mathrm{MPa} \tag{1.7}$$

また，静止流体の中に存在する固体に働く力はすべて同じである。人間が水中にいるとき，体の深さを考えないと，すべての方向から同じ圧力を受けることから判断できる。また静止流体中の圧力は，流れがないので作用する力は水の重力である。深さ方向を y とすると，

$$P = \rho g y + P_0 = \gamma y + P_0 \tag{1.8}$$

ここで P_0 は大気圧であり，

$$P - P_0 = \gamma y \tag{1.9}$$

となる。この圧力 P を**ゲージ圧力**（gauge pressure）という。また水の比重量 γ は約 $9.8 \times 1000 \, \text{N/m}^3$ である。

したがって圧力を測定するときは，絶対圧力かゲージ圧力かを区別しなければならない。例えば最もよく使われている**ブルドン圧力計**は，ゲージ圧力で示されているので注意が必要である。また水銀柱や水中で圧力を測定するときに**マノメータ**を利用するが，大気圧力を加算することを忘れてはならない。

また水中に物体が沈んでいるときは浮力が働くが，これは物体の体積と γ のかけ算で決まる量である。海水の比重量は水よりやや大きいので，よく経験するように川で泳ぐより海水の中では浮力が働く。しかし例えば油の中では γ が小さく，浮力が大きく減少するので注意が必要である。

1.2.2 動水力学

（1）流線

緩やかに流れている水にインクを流すと，流れに沿って線ができる。これを**流線**という。流線はあくまでも仮想した線であるが，ある流線で作った管を流線の管と呼ぶ。図1.2に示すが，流線で囲まれた管の中で任意の2つの場所の流れを示す。

図1.2において長さ s，両端の断面積をそれぞれ A_1, A_2, 流速を v_1, v_2 として流体の密度を $\rho (\text{kg/m}^3)$ とする。時間 dt の間に流入する質量は $\rho A_1 v_1 dt$ であり，流出する質量は $\rho A_2 v_2 dt$ であり，時間 dt に流れる質量は

$$\rho A_1 v_1 dt = \rho A_2 v_2 dt = \rho Q dt \tag{1.10}$$

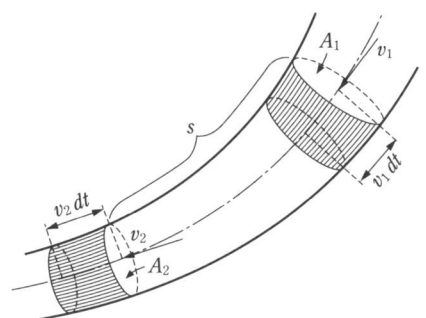

図1.2 流線で囲まれた管の中での流れ

の関係が成立する。Q は**流量**（flow rate または discharge）であり，その単位は m³/s である。これは密度 ρ の流体では非圧縮性で一定であるから成立し，Q は一定である。これを**連続の式**（equation of continuity）という。

ここで述べた流れは**層流**（laminar flow）とよばれるが，流れが不規則に混合しながら流れる状態を**乱流**（turbulent flow）という。管の中に染料を混ぜた水を流し，流速を上げていくと**遷移領域**（transition region）を境に流線に乱れが生じてくる。これを乱流という。

損失水頭 (h) と平均流速 (v) の関係を求めると，

$$h = \frac{\lambda l v^2}{2dg} \tag{1.11}$$

であり，管長 (l) と内径 (d)，更には損失係数 (λ) で定義される。λ はレイノルズ数 Re の関数となり，層流では Re の増加と共に減少し，乱流ではほぼ一定になり管表面粗さのみに依存する。この現象は流速だけでなく管壁の状態でも変わるので，**レイノルズ数**（Reynolds number）Re で表す。

図1.3に λ とレイノルズ数 Re の関係を示すが，通常ムーディ線図とよばれている。

$$Re = \frac{dv\rho}{\mu} = \frac{dv}{\nu} \tag{1.12}$$

なお，図上 ε/d は管壁の相対粗さである。

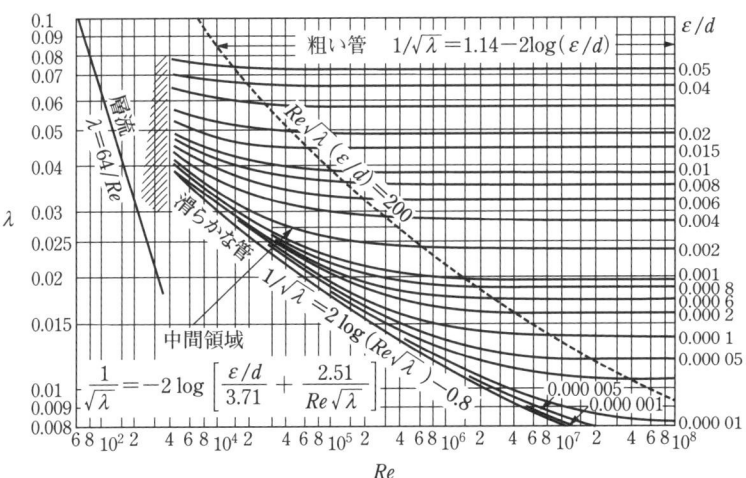

図 1.3　ムーディ線図

$\nu = \mu/\rho$ を**動粘性係数**という。通常，直線状の円管では Re が 2000～4000 で乱流が生じる。

（2）ベルヌーイの式

粘性や圧縮性がない理想的な流体が流れており，重力のみが作用する流体を考える。図 1.4 に示すように a，b 2 点が基準点から z_1，z_2[m]，各点の圧力をそれぞれ P_1，P_2[Pa] で，流速を v_1，v_2[m/s] とする。m[kg] の流体が持っているエネルギーは位置のエネルギー（mgz_1，mgz_2），圧力のエネルギー（mP_1/ρ，mP_2/ρ）および運動のエネルギー（$mv_1^2/2$，$mv_2^2/2$）のみであるので次の関係が成立する。

$$mgz_1 + mP_1/\rho + mv_1^2/2 = mgz_2 + mP_2/\rho + mv_2^2/2 \tag{1.13}$$

すなわち，

$$\frac{v^2}{2} + \frac{P}{\rho} + gz = \text{const.} \tag{1.14}$$

になる。この式は火力発電のところで導いてあり，この項では同じような考えで導入してある。

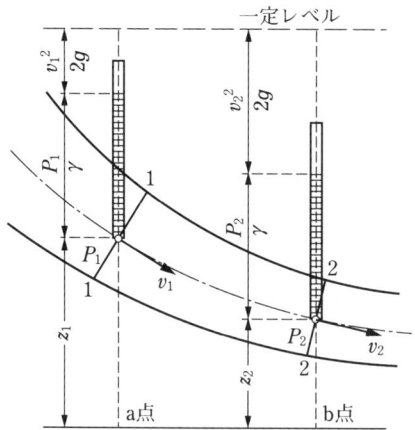

図1.4 ベルヌーイの式を表す水の流れ

これを加速度 g で割ると，

$$\frac{v^2}{2g}+\frac{P}{\gamma}+z=\text{const.} \tag{1.15}$$

ただし比重量 $\gamma=\rho g[\text{N/m}^3]$ である。ここで g は重力の加速度（9.80 m/s²），v は平均流速 [m/s]，P は圧力 [Pa]，となり，それぞれ**速度水頭**（$v^2/2g$），**圧力水頭**（P/γ）あるいは**位置水頭**（z）とよばれ，それぞれを水頭で表すことができ，全体を**全水頭**とよぶ。つまりこの式の意味するところは，水力発電所のように上部のダムの位置水頭を z_1 として，それが管を下って位置が零になった場合，管の中の損失を無視し，圧力が同じ大気圧とすると，位置のエネルギーが速度 v に変換され，

$$z_1=\frac{v^2}{2g} \tag{1.16}$$

になるということを意味する。すなわち管端では速度 v の噴流が大気に放出されることになるが，ここで水力発電用機器に取り付けることにより，その全水頭を圧力と速度に変換して利用するのが水力発電の原理である。管の中では圧力が変化しながら低下するわけで，全水頭を合わせれば一定になること，つまりエネルギーが保存されることを示している。

流量の測定にはピトー管法やベンチュリー管法など多くの方法が用いられている。ピトー管法は管の壁面で測定する小管と流れの中心に上流方向に開口した小管からなるピトー管の水位の差から流速を知ることができる。前者の水位 h_1 は $h_1 = p/\rho g$，後者は $h_2 = p/\rho g + v^2/2g$ で表せる。この差を読むことによって v が測定でき，流量がわかる。実際にはピトー管の誤差補正係数を用いる。

次に図 1.6 に示すベンチュリー管法では，パイプ①の断面積 S_1，②の断面積を S_2 とし，S_2 は S_1 の約半分程度にする。流速をそれぞれ v_1, v_2 とする。①と②の圧力を P_1, P_2 としマノメータで測定できる。管は水平に配置してあるので位置水頭は同じである。ベルヌーイの式は次のように表せる。

$$\frac{v_1^2}{2g} + \frac{P_1}{\gamma} = \frac{v_2^2}{2g} + \frac{P_2}{\gamma} \tag{1.17}$$

また連続の式から，

$$v_2 = \frac{v_1 S_1}{S_2} \tag{1.18}$$

流量 $Q = v_1 S_1 = \dfrac{S_1 \sqrt{2g(P_1 - P_2)}}{\sqrt{\gamma\left[\left(\dfrac{S_1}{S_2}\right)^2 - 1\right]}}$ \hfill (1.19)

$$h = \frac{(P_1 - P_2)}{\gamma} \tag{1.20}$$

とすると，

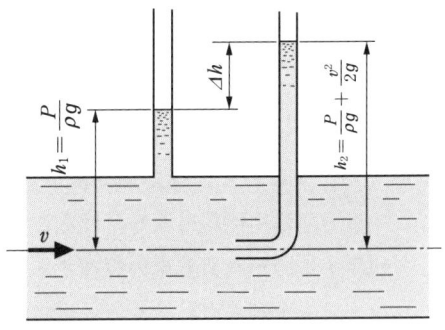

図 1.5　ピトー管による測定

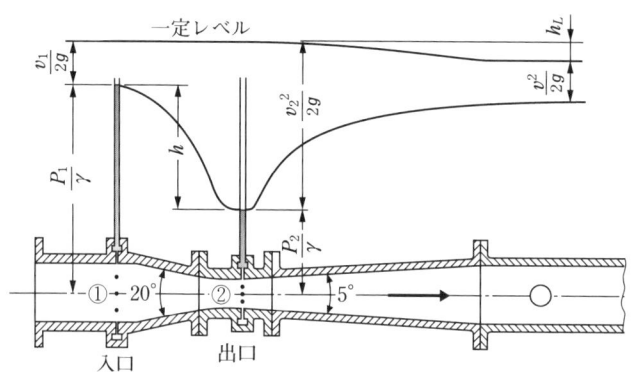

図 1.6 ベンチュリー管

$$流量 \quad Q = S_1 \frac{\sqrt{2gh}}{\sqrt{\left(\frac{S_1}{S_2}\right)^2 - 1}} \tag{1.21}$$

となる。h を測定できれば流量がわかる。また，管長が長くなると損失 h_L が表れ，これは後に述べるように損失水頭となる。

1.3 流量と落差

　雨や雪が降ると，一部は地中に浸透したり，蒸発するが，大部分は地表面に流れ，河川に流出する。**降水量**（precipitation）は雨量計で測定するが，地上に溜まった高さで量り，mm で表示する。時間や日，月あるいは年で計測され，年降水量のようにある期間の降水量として測定される。日本では冬季においては日本海側で雪が多く，太平洋側は降雨が少ない。また梅雨期には雨量が多く，特に台風による降雨が多く，晩秋から初冬までに雨が多い。

1.3.1 流量

　1秒間に河川を流れる水の量を**河川流量**といい，単位は m³/s を用いる。河川

の流量は上流の流域も面積の降雨量，地質，地形，植物の繁茂状態などに関連するし，季節によっても変化する。水力発電を計画するに当たっては年を通じての流量を測定することが必要である。河川流量とその地域の降水量との比を**流出係数**（run-off coefficient）という。ある河川の流域面積を $A\,[\mathrm{km}^2]$，年降水量を $h\,[\mathrm{mm}]$，流出係数を r とすると，年平均流量 $[\mathrm{m}^3/\mathrm{s}]$ は，

$$Q = \frac{rhA \times 10^3}{365 \times 24 \times 60 \times 60} \tag{1.22}$$

で求められる。

例えば流域面積 100 km²，1 年間の降水量を 1300 mm，このうち流出係数 65% が発電に利用できるとする。発電所の有効落差が 45 m ならば，1 年間の発生電力量はいくらか kWh で示す。なお，水車と発電機の年間平均効率を 72% とする。

$$100 \times 10^6 \times 1300 \times 10^{-3} \times 0.65 = 84.5 \times 10^6 \,[\mathrm{m}^3] \tag{1.23}$$

また 1 m³/s の流量で発電できる電力量は，

$$9.8 \times 45 \times 0.72 = 317.52 \,[\mathrm{kW}] \tag{1.24}$$

上記流量による 1 時間当たりの発電電力は，

$$317.52 \times 84.5 \times 10^6 / 3600 = 7.45 \times 10^6 \,[\mathrm{kWh}] \tag{1.25}$$

となる。

流量は季節や都市によって変わるため，次のように区別されている。

渇水量：1 年 365 日の内，355 日これより下がらない流量

低水量：1 年 365 日の内，275 日これより下がらない流量

平水量：1 年 365 日の内，185 日これより下がらない流量

豊水量：1 年 365 日の内，95 日これより下がらない流量

高水量：毎年 1～2 回生ずる出水の流量

洪水量：3～4 年に 1 回生ずる出水の流量

最渇水量，最大洪水量：過去の最少水量または最大流量

また流況曲線は横軸に 1 年の日数を，縦軸に毎日の流量をとり，その数値の大きい方から順次並べた曲線である。河川によって状況が異なり，発電計画を考え

ることができる。

　また豊水期の初めを起点として，時間（日，月）を横軸，流量を縦軸にとり，毎日の流量を加算して作成した曲線を描き，これを**流況曲線**という。また豊水期の初めを起点として1年の日数を横軸にとって記入し，毎日の積算流量を縦軸にしたものを**流量累加曲線**（図示していない）という。毎日の使用流量が一定ならば使用流量累加曲線は直線となる。流量累加曲線の勾配が使用流量累加曲線の勾配より大きい場合は，ダムに入る水の量が使用水量よりも多いことを示している。

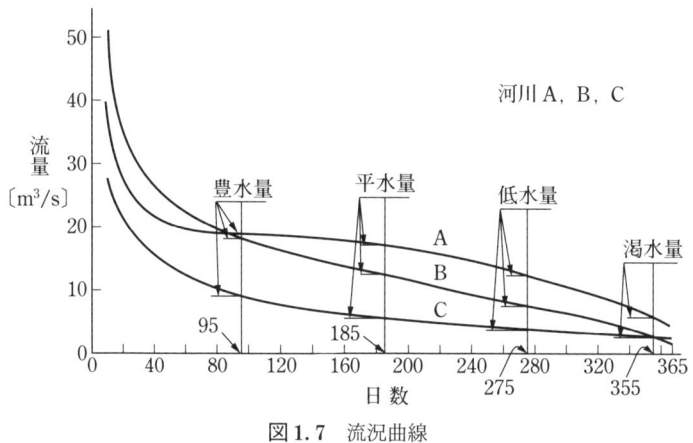

図 1.7　流況曲線

1.3.2　落差

　水力発電においては，山岳地帯で水の勾配が高い所では落差が取りやすく，水量は少なくとも落差が大きくとれる。逆に平野部では勾配が小さく，水量は多いが落差がとれないところもある。水車はこれらの特性に合わせたものを使用する。落差には2種類あり，一つは取入れ口の水位と放水後の水位との差を位置水頭で示す**総落差**（gross head）である。もう一つはダムと水車入口管路および水車出口と放水口までの水路における，摩擦や曲がりや水路断面の変更などで生ずる損失水頭を総落差から差し引いた水車に有効に働く**有効落差**（effective head）

がある。

最近の水車は発電用として使用される場合と揚水用として使用される場合がある。その関係を図1.8に示す。

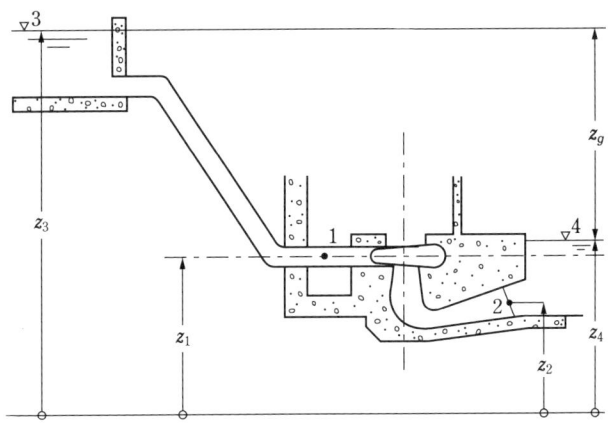

図1.8 総落差，水車（ポンプ水車）の指定位置および基準面からの高さ［電気学会・電気規格調査会標準規格『水車およびポンプ水車』より電気学会の許諾を得て複製］

発電所の有効落差は次式で示される。高落差の運転では空気の密度や水の密度の差などを考慮して，ベルヌーイの定理から，

$$Hg = \frac{P_{abs3} - P_{abs4}}{\bar{\rho}_{3-4}\bar{g}_{3-4}} + \frac{v_3^2 - v_4^2}{2\bar{g}_{3-4}} + (z_3 - z_4) \tag{1.26}$$

総落差と発電所の有効落差は上式で示される。

① $P_{abs3} - P_{abs4} = -\rho_a \cdot \bar{g}_{3-4} \cdot (z_3 - z_4)$ （ρ_a は大気圧下の空気の密度） (1.27)

② $v_3 = v_4 = 0$

③ $\bar{\rho}_{3-4} = \dfrac{\rho_3 + \rho_4}{2} = \bar{\rho}$ (1.28)

が成立するとして，

$$Hg = (z_3 - z_4) \cdot \left(1 - \frac{\rho_a}{\bar{\rho}}\right) = Zg \cdot \left(1 - \frac{\rho_a}{\bar{\rho}}\right) \tag{1.29}$$

発電所の総落差と水車の有効落差，あるいはポンプの全揚程との関係は，

$Hg = H \pm (H_{t3-1} + H_{t2-4})$ （ただし，＋は水車運転時，−はポンプ運転時）　　　　　　　　　　　　　　　　　　　　　　　　(1.30)

ここに，それぞれ，H：水車の有効落差[m]，Hg：発電所の総落差[m]，$Zg = z_3 - z_4$：総落差[m]，z：標高[m]，H_l：損失水頭[m]，P_{abs}：絶対気圧[Pa]，$\bar{\rho}$：水の密度[kg/m³]，ρ_a：空気の密度[kg/m³]，g：重力の加速度[m/s²]，v：平均流速[m/s]，添字$_1$：水車（ポンプ水車）の高圧側指定点，添字$_2$：水車（ポンプ水車）の低圧側指定点，添字$_3$：取水口水面，添字$_4$：放水口水面，添字$_{3-4}$：取水口水面と放水口水面との間，添字$_{3-1}$：取水口水面と水車（ポンプ水車）の高圧側指定点との間，添字$_{2-4}$：水車（ポンプ水車）の低圧側指定点と放水口水面との間，$\bar{x}$：xの算術平均である。

ここで注意すべきことは，ポンプ運転時と水車運転時では有効落差あるいは全揚程が異なるということである。このことは，後で述べる揚水式の発電所では運転上重要である。

また，これらの関係を更に解説すると，図1.9は水車運転時，図1.10はポンプ運転時を示す。式(1.30)の様子がよくわかる。

地下式発電所の多いポンプ水車では，貯水池と発電所間の管路が長大となり，図1.9と図1.10に示すように水圧管上部に**サージタンク**（surge tank）が設けられている。サージタンクは，負荷急変時に水量が変わることにより発生する水撃圧を吸収するために設けられている。とくに周波数調整用発電所では負荷が急

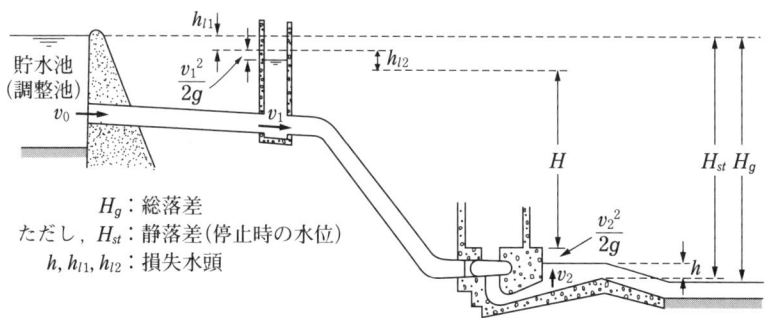

図1.9　水車運転時の水頭

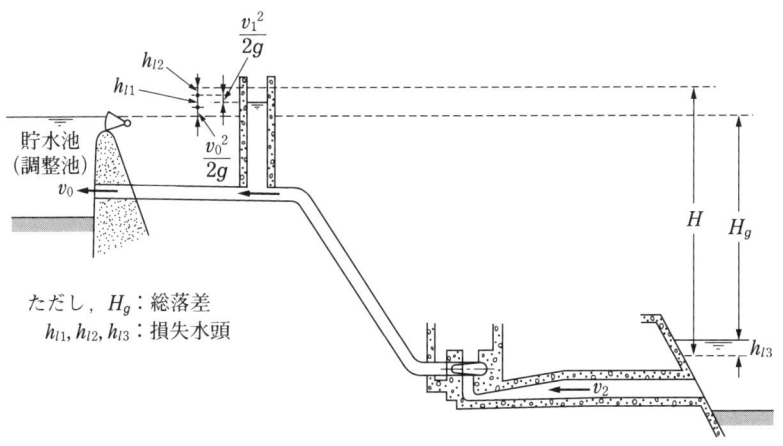

図 1.10 ポンプ運転時の水頭

激に増減を繰り返すため，機械的強度を上げる必要がある。水圧変動は全負荷時に異常があって，ガイドベーンを急速に閉じたときに発生するが，**水圧変動値**は運転時の最大または最小水圧と水車（ポンプ水車）停止時の静水圧の差をいう。

1.4 水力発電設備

1.4.1 ダム

河川をせき止め，水を蓄積する装置をダムといい，発電，治水，灌漑あるいは上下水道に使われる。ここでは発電所用に使用されるダムについて述べる。材料で分類すると，コンクリートで構成されるときはコンクリートダム，また大部分が岩石や砂でできたものをフィルダムという。また構造で分類するときは**重力ダム，アーチダム，中空重力式ダム**などに分類できる。

例えば地質が良好で狭い谷ではアーチダムが適用される。アーチはダムの下流方向に凸に湾曲させた断面形状をもち，貯水による水圧など外力を岩盤に伝達するようになっている。谷幅が小さいほど強度的に有利になり，使用するコンクリートを節約でき経済的である。

1.4 水力発電設備

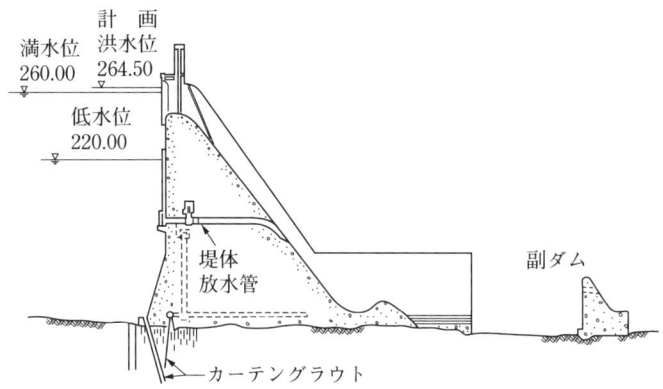

図 1.11 重力ダムの実例（佐久間ダム）[『電気工学ハンドブック』より電気学会の許諾を得て複製]

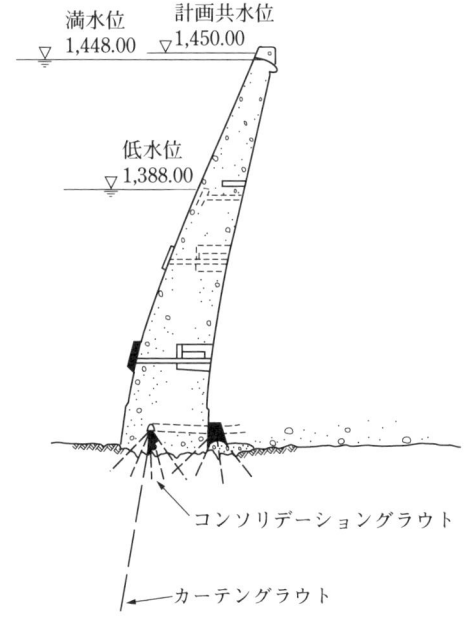

図 1.12 アーチダムの実例（黒部ダム）[『電気工学ハンドブック』より電気学会の許諾を得て複製]

それに対して重力ダムは堤体や基礎に発生する応力に耐える構造となっており，設計上大変有利である。断面の形状はほぼ三角形になり，設計・施工が容易なため現在最も多く使われている。また，図からわかるように洪水に対して強く，また安定感もある。いずれにせよ地質の調査を十分に行い，最適な構造を選ぶ。

1.4.2 水路

　河川水を導水路に導くために**取水口**が設けてある。また取水口の入り口に**ゲート**が設けられており，流量の調整，沈砂あるいは発電機などの修理時に使用される。取水口は使用する水を確実に取水し，損失水頭を小さくし，なおかつ導水路への土砂，流木，ごみなどを取り去ることが必要である。また土砂に対しては**沈砂池**を設けて土砂を取り去る。これは洪水時などに土砂を巻き込み水路で沈殿したり，流積を狭めたりするのを防ぐ。土砂は水圧鉄管や水車を磨耗させるので避けなければならない。取水口に近いところに沈砂池を設け土砂を沈殿させる必要がある。また**導水路**とは取水口から水槽までの水路をいう。導水路は無圧水路では自由な水面のある開水路と圧力がかかる圧力水路がある。流れは普通 $2\sim3$ m/s 程度で勾配は $1/1000\sim2000$ 程度である。水路は地質の悪いところを避ける，長い水路橋は避ける，逆サイホンなどは極力避けるなど十分な検討が必要である。また水車の負荷急変時に発生する水撃圧を軽減吸収するため**サージタンク**が設けられる。サージタンクにはダムから水が流れ込むと同時に負荷の急変で水位も常に変化する。これらをうまく制御することが必要である。

　図 1.13 に各種サージタンクを示す。図に示すように単動サージタンク，差動サージタンク，水室サージタンク，制水孔サージタンクなどがあるが，水車発電機の負荷遮断や水位などを考慮する。

1.4.3 水圧管

　水圧管路は上水槽またはサージタンクから水車に直接水を導くために設けられる水路である。水を流すための水圧管とその付属設備からなる構造物をいう。水

1.4 水力発電設備

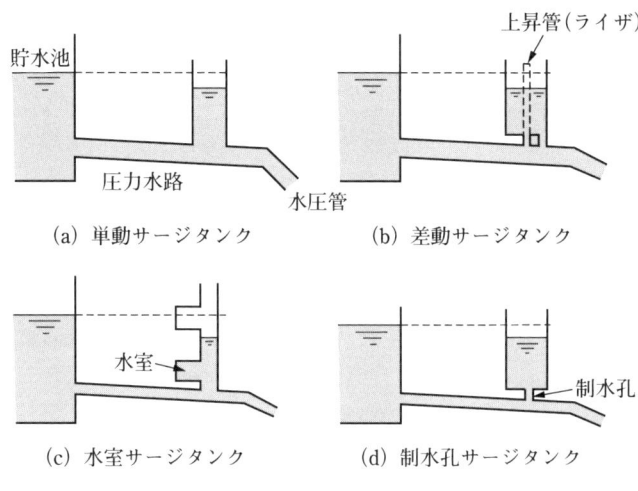

(a) 単動サージタンク　(b) 差動サージタンク

(c) 水室サージタンク　(d) 制水孔サージタンク

図1.13　各種サージタンク

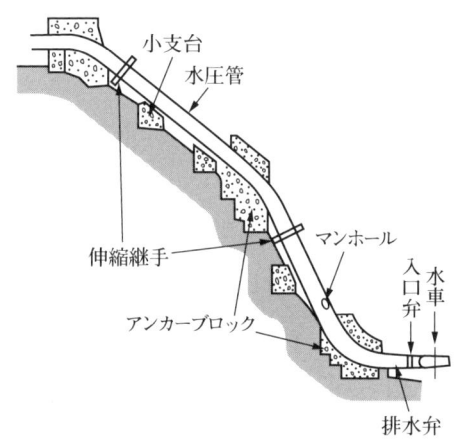

図1.14　水圧管路

圧管は圧延鋼材が用いられる。最近では高落差の大容量の揚水発電所が建設されるようになり，高張力鋼も用いられるようになった。図1.14に示すように周囲温度で水圧管が伸縮するのを吸収するため，パッキングを介して管路がすべる**伸縮継手**，修理時に管路に水を入れないための**制水弁**，制水弁を急速に閉じると管

路内が真空状態になるため管径が変形するが，それを防ぐ**空気弁**および**空気管**が設けられている。また水圧管を修理するため，管内に入るための**マンホール**などがある。

1.5　水車およびポンプ

水車（hydraulic turbine, water turbine）には**衝動水車**（impulse turbine）と**反動水車**（reaction turbine）が使われている。ここでは，これらについて解説する。

1.5.1　衝動水車

図 1.15 に示すペルトン水車が多く用いられている。この水車は高落差で用いられている。水の圧力エネルギーを運動エネルギーに変えて大気中でランナに作用させる構造である。

鋼鉄で作られた主軸にランナが取り付けられノズルから水流を受ける構造になっている。ノズルは分岐管から入り口曲管の先に取り付けられ噴流の水をランナ

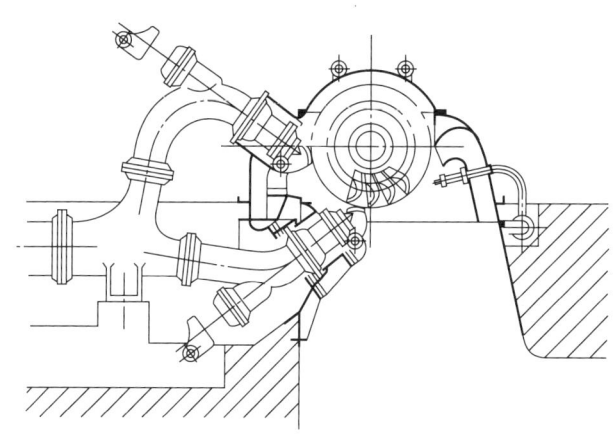

図 1.15　ペルトン水車　横軸二射ペルトン水車 [電気学会・電気規格調査会標準規格『水車およびポンプ水車』より電気学会の許諾を得て複製]

に吹きつける。噴流（ジェット）の量はノズルの先端内部に取り付けたニードルを前後に移動させ調整する。図には示していないが，ノズル先端外部には**デフレクター**（deflector）が設けられている。負荷が急変したときに，ジェットを受ける**バケット**（bucket）からジェットをそらせるために用いられている。

バケットを具体的に示すと図 1.16 になる。

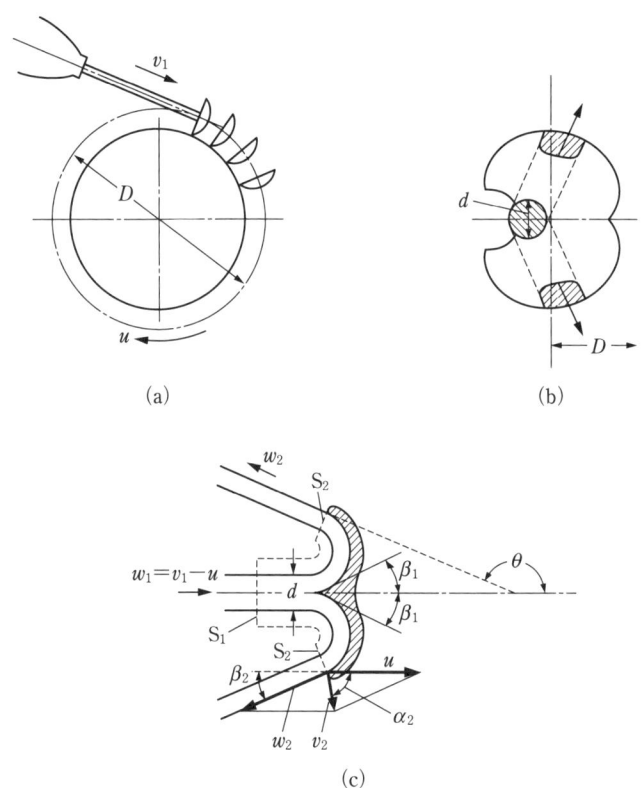

図 1.16　バケットに作用する力

ノズルから噴出するジェットとランナとの関係がここでは示されているが，バケットで左右に運動方向を変えて運動エネルギーをバケットに与える。u をバケットの周速度とし，v_1 と v_2 をバケットの入口および出口でのジェットの絶対

速度，w_1 と w_2 をそれぞれのバケットに対する相対速度，$β_2$ を u の逆方向と w_2 とのなす角度，Q を毎秒バケットに流入する水量とする．バケットに入るときの運動量は $ρQw_1$，バケットから出るときの運動量は $-ρQw_2\cosβ_2$ となる．したがってバケットに働く力 F は，

$$F=ρQ(w_1+w_2\cosβ_2) \tag{1.31}$$

毎秒ジェットがバケットに与えるエネルギー E は，

$$E=Fu=ρQu(w_1+w_2\cosβ_2) \tag{1.32}$$

となる．

水がバケットで失う損失は出口側速度水頭に比例するという考えで，損失係数 $ξ$ とすると作用・反作用の関係から，

$$\frac{w_1^2}{2g}=\frac{w_2^2}{2g}+\frac{ξw_2^2}{2g} \tag{1.33}$$

$$w_2=\frac{w_1}{\sqrt{1+ξ}} \tag{1.34}$$

$$E=ρQu(v_1-u)\left(1+\frac{\cosβ_2}{\sqrt{1+ξ}}\right) \tag{1.35}$$

流入する前のジェットの持つエネルギーは $ρQv_1^2/2$ であるから，効率 $η$ は

$$η=\frac{2u}{v_1}\left(1-\frac{u}{v_1}\right)\left(1+\frac{\cosβ_2}{\sqrt{1+ξ}}\right) \tag{1.36}$$

となる．

$β_2=0$ とすると，バケット流出水が後続バケットの背面に当たり損失増となるので，数度の値を採用し，$dη/du$ の極値をとれば $u/v_1=1/2$ で効率最大となる．

1.5.2　反動水車

（1）　フランシス水車（Francis turbine）

フランシス水車は，図 1.17 に示すように外周半径方向から**ランナベーン**（runner vane）に水が流れ込み，ランナ内部で軸方向に流れが変わり，最終的には軸方向から吸出し管で横方向に流れ出す．流体の持つエネルギーを羽根に働かせ回転力を機械エネルギーに変える．

1.5 水車およびポンプ

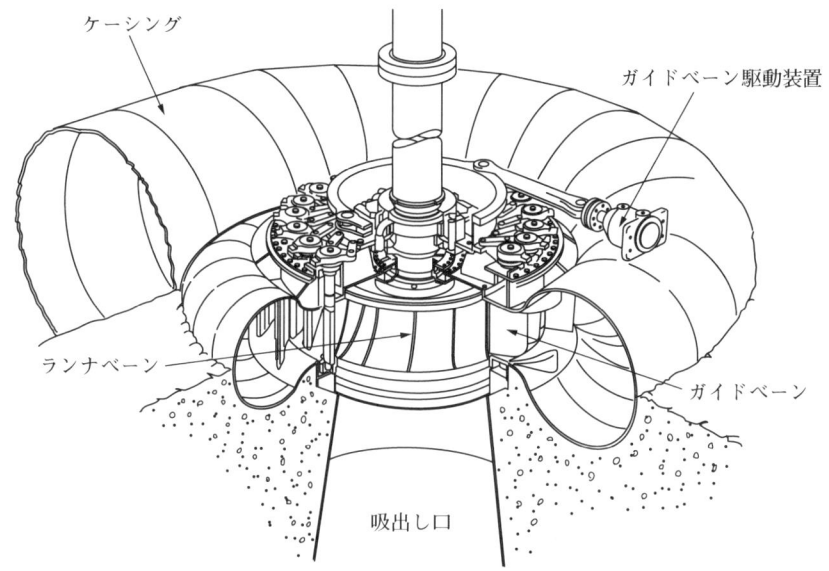

図1.17　フランシス水車の立体図

　ケーシングから流入した水は**ガイドベーン**（guide vane）を通りランナベーンに流れ込む。ガイドベーンは負荷に応じて水車を調速するため，油圧装置を介して開く角度を決める。反動水車では吸出し管はランナと放水面までをいい，水を放水面に導くとともに，流出する動圧を回転力に変えエネルギーを回収する機能と，後述するキャビテーションを防ぐ作用も持っており重要である。

　ここで，図1.18によって運動量理論によるランナベーンの作用を説明する。

　ランナベーンを通して流入する流体の絶対速度を v で表し，ランナベーン回転方向の成分を $v_{\theta 1}$，ランナベーン半径方向の成分を v_{r1} とする。ランナベーンの中を流れる速度を相対速度 w_1 とする。ランナベーンの羽根に流入する相対速度の角度は回転羽根の入口角 β_1 とほぼ同じである。

　ここで u_1 と u_2 をランナベーンの入口と出口の周速度 [m/s] とし，v_1 と v_2 を入口，出口の絶対速度 [m/s] とする。また w_1 と w_2 を入口と出口の回転流れ場の相対速度 [m/s] とし，α_1 と α_2 を流入角と流出角 [rad]，β_1 と β_2 をランナベー

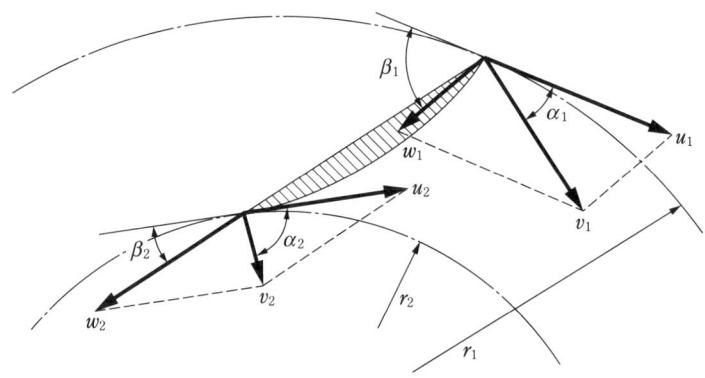

図 1.18 ガイドベーンとランナベーンと流れのベクトル

ンの入口と出口の角度 [rad]，r_1 と r_2 を半径 [m]，ω をランナベーンの角速度とする。

$$u_1 = r_1\omega, \ u_2 = r_2\omega \tag{1.37}$$

$$v_{\theta 1} = v_1 \cos \alpha_1, \ v_{\theta 2} = v_2 \cos \alpha_2 \tag{1.38}$$

ランナが流体から受け取るトルクは回転方向の角運動量の差として受け取られるから，

$$T = \rho Q(r_1 v_{\theta 1} - r_2 v_{\theta 2}) \tag{1.39}$$

となる。動力 P は $P = \omega T$ であるから，

$$P = \rho Q(r_1 v_{\theta 1}\omega - r_2 v_{\theta 2}\omega) = \rho Q(v_{\theta 1} u_1 - v_{\theta 2} u_2) \tag{1.40}$$

$$= \rho Q(u_1 v_1 \cos \alpha_1 - u_2 v_2 \cos \alpha_2) \tag{1.41}$$

ランナに流入する水の動力は，有効落差を H とすると $\rho g Q H$ であるから，効率が

$$\eta = \frac{u_1 v_1 \cos \alpha_1 - u_2 v_2 \cos \alpha_2}{gH} \tag{1.42}$$

となる。したがって最大効率は右辺第 2 項がゼロになる条件で $\alpha_2 = 90$ 度である。

さらに図 1.18 より，

$$w_1^2 = v_1^2 + u_1^2 - 2v_1 u_1 \cos \alpha_1 \tag{1.43}$$

$$w_2^2 = v_2^2 + u_2^2 - 2v_2 u_2 \cos \alpha_2 \tag{1.44}$$

$$v_1 u_1 \cos \alpha_1 - v_2 u_2 \cos \alpha_2 = \frac{(u_1^2 - u_2^2) + (v_1^2 - v_2^2) - (w_1^2 - w_2^2)}{2} \tag{1.45}$$

$$\eta = \frac{(u_1^2 - u_2^2) + (v_1^2 - v_2^2) - (w_1^2 - w_2^2)}{2gH} \tag{1.46}$$

となる。

（2） 斜流水車（diagonal flow turbine）

斜流水車にはランナベーンが固定なものと，可動なものがあり，後者は**デリア水車**ともよばれている。負荷が変動すると調速装置を介してガイドベーンの角度を変え，かつランナベーンの角度を変える構造となっている。

効率や出力はフランシス水車と後述の**プロペラ**（propeller turbine）水車の中間的な形状をしている。

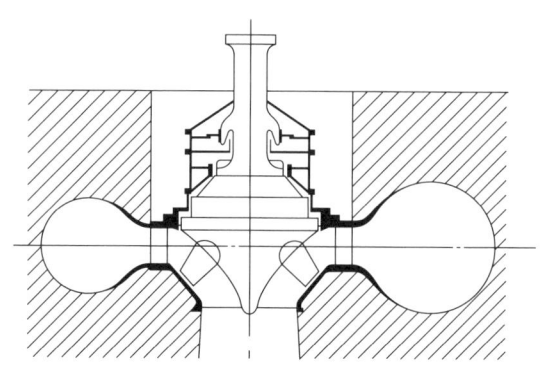

図1.19 斜流水車［電気学会・電気規格調査会標準規格『水車およびポンプ水車』より電気学会の許諾を得て複製］

（3） プロペラ水車（propeller turbine）

プロペラ水車は流水が水車軸の方向に流れる構造である。ランナベーンは油圧装置から主軸内のランナサーボモータを介してその角度を変える構造となっている。ランナーベーンは固定式と可動式があるが，ほとんど可動式で，**カプラン水車**（Kaplan turbine）ともよばれている。

① **カプラン水車**　水車の効率を最良に保つために可動羽根としたもので，ガイドベーンとランナベーンを負荷の変化により自動的に変えるようになっている。

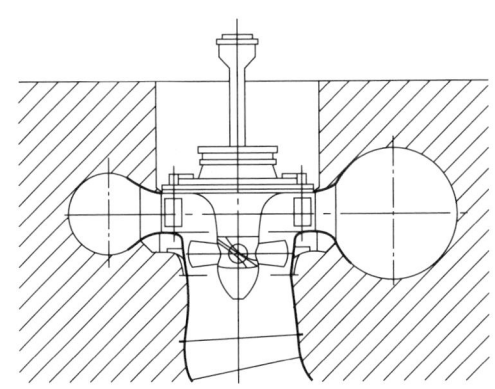

図1.20　カプラン水車［電気学会・電気規格調査会標準規格『水車およびポンプ水車』より電気学会の許諾を得て複製］

② **バルブ水車**（bulb turbine）　反動水車の中でも最も低い落差で使用されている。これは横軸プロペラ水車と同じであり，円筒ケーシングを用いることが多く，円筒水車別名**チューブラ水車**（tubular turbine）と総称している。全体を円筒ケーシング内に収めて構造を簡単化し損失も少なく，低落差，大流量の地点に活用されるのがバルブ水車である。またランナベーン外周に発電機を取り付けた一体形水車（図1.21）も開発されている。

プロペラ水車ではランナの作用に翼理論を適用する。効率は以下のように求められる。

流れの中に置かれた羽根を考える。羽根入口角度と流れの角度の差を迎え角 α という。羽根に作用される力は羽根と垂直の揚力（lift force）L と流れの方向の抗力（drag force）D に分けられる。流れの速度 v とすると，

$$L = \frac{C_L \rho w^2 S}{2} \tag{1.47}$$

$$D = \frac{C_D \rho w^2 S}{2} \tag{1.48}$$

1.5 水車およびポンプ

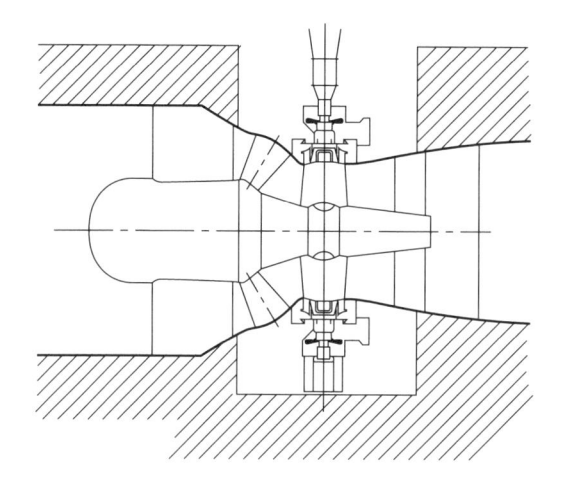

図1.21 バルブ水車［電気学会・電気規格調査会標準規格『水車およびポンプ水車』より電気学会の許諾を得て複製］

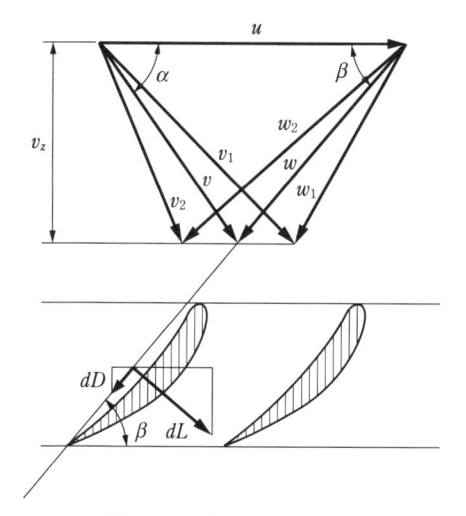

図1.22 羽根の抗力と揚力

　ここで S は羽根の面積で，C_L は揚力係数，C_D は抗力係数という．迎え角 α が12度を超え大きくなると，羽根の面から流れが剥離し C_L が急速に減少する．羽根の入口と出口の相対速度を w_1，w_2 とし，それらの平均を w とし，絶対速

度を v_1, v_2, その平均を v とする。相対速度 w がランナの回転方向となす角度を β とし、面積 dS は羽根の幅 dr, 羽根の長さ l とすると $dS=ldr$ となるから、

$$dL=\frac{C_L\rho w^2 ldr}{2} \tag{1.49}$$

$$dD=\frac{C_D\rho w^2 ldr}{2} \tag{1.50}$$

羽根の枚数を z とし、ランナの受ける回転方向の力 dFu, 軸方向の力 dFz とする。ランナの中心から半径 r と $r+\Delta r$ の部分に作用する力は、

$$dFu=z(dL\sin\beta-dD\cos\beta) \tag{1.51}$$

発生する動力 dP は、

$$dP=udFu \tag{1.52}$$

他方ランナベーンを通過するときの損失動力は、wdD となるので効率 η は、

$$\eta=\frac{u(dL\sin\beta-dD\cos\beta)}{u(dL\sin\beta-dD\cos\beta)+wdD} \tag{1.53}$$

となる。

③ **クロスフロー水車**（cross flow turbine） 最近、エネルギーの有効利用が話題になり、小水力発電システムが注目されるようになっている。クロスフロー水車はランナを水平配置して、その上方にガイドベーンを取り付けてある。

水流はランナの中に一旦入り、羽根の外へ進むので動力伝達が2回行われる。構造が簡単で、取り扱いも容易であり、軽負荷ではフランシス水車よりも効率が高い場合もあるので、小水力によく使われている。

④ **ポンプ水車** 揚水発電ではポンプ水車が使われる。図1.24に揚水発電の方式を示す。

ポンプと水車、電動機と発電機のそれぞれの組み合わせがある。図（a）はポンプと電動機、水車と発電機が別置きになっている。図（b）（c）は発電機と電動機が一体になり、水車とポンプは別置きになっている。図（d）は発電機と電動機、ポンプと水車がそれぞれ一体化しているものである。

最近ではポンプと水車が一体になったものが多く使われている。ポンプ水車ラ

1.5 水車およびポンプ

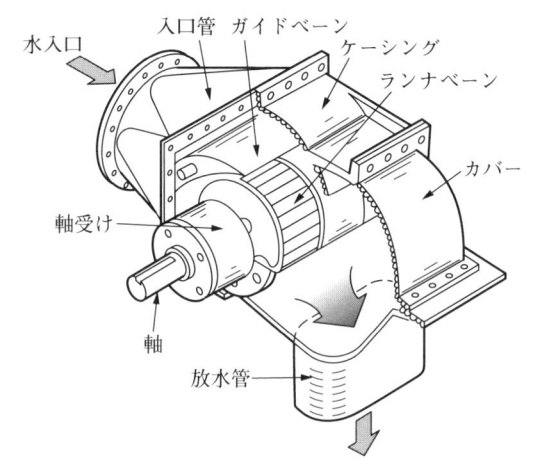

図1.23 クロスフロー水車

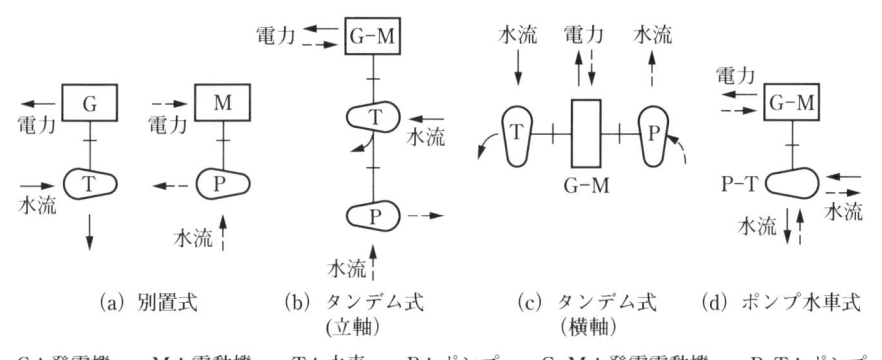

図1.24 揚水発電の方式

(a) 別置式　(b) タンデム式（立軸）　(c) タンデム式（横軸）　(d) ポンプ水車式

G：発電機　M：電動機　T：水車　P：ポンプ　G-M：発電電動機　P-T：ポンプ水車

ンナにはフランシス形，斜流形およびプロペラ形があるが，水車専用機とは異なり水車とポンプ性能をバランスさせるようにランナ形状にそれぞれ工夫が凝らしてある。揚水発電ではポンプ運転と水車運転とを共にこなさなければならない。しかし有効落差で示したように両者でそれが異なり，したがって効率も異なる。揚水可変速運転では発電電動機固定子に巻線形を使い，両者の回転数を調整できるので最高効率点で運転が可能である。しかし揚水可変速運転ができない時は最

高効率点とはやや異なる運転をせざるを得ない。結果的に水車運転時には最高効率点よりやや高い回転速度で，ポンプ運転時はやや低い回転速度で運転している。

揚水発電の総合効率は次のようになる。電動機と発電機の効率はほぼ等しく，η_G と η_M は等しく，次のようになる。

$$\eta_G \fallingdotseq \eta_M = 95 \sim 97\%$$

ポンプ効率は 86〜90％程度である。

$$\eta_P \fallingdotseq 86 \sim 90\%$$

水車効率は 87％〜92％であり，

$$\eta_T \fallingdotseq 87 \sim 92 \tag{1.54}$$

水路効率は有効落差と全揚程の比であり 95〜98％である。ここで H_{1G} は発電時の損失水頭，H_{1P} はポンプ運転時の損失水頭である。また総落差 100 m とすると H_{1G} と H_{1P} は 2 m 程度である。

$$\frac{H - H_{1G}}{H + H_{1P}} \fallingdotseq 95 \sim 98\% \tag{1.55}$$

$$\eta_T \eta_G \eta_P \eta_M = 0.88 \times 0.96 \times 0.86 \times 0.96 = 0.70$$

となる。実際は大容量機で最近の装置では 70 から 75％程度である。

1.6 吸出し管（draft tube）

水車を出た水は吸出し管を通して，速度を減じつつ水を放出する。流路の断面積を徐々に増加し，運動エネルギーを圧力エネルギーに変えていく。水車の入口と出口でランナでエネルギーが使われるのでベルヌーイの式は成立しない。吸出し管入口と出口でベルヌーイの式を用いて解析する。z_e と z_0 は入口と出口の位置水頭，p_e と p_0 は入口と出口の圧力，v_e と v_0 は入口と出口の速度，Q を水量とする（記号は図示しない）。

$$(z_e - z_0) + \frac{(p_e - p_0)}{\gamma} + \frac{v_e^2 - v_0^2}{2g} = 0 \tag{1.56}$$

1.6 吸出し管

$z_e=z_0$ がほぼ成立するので，

$$\frac{p_e-p_0}{\gamma}=-\frac{v_e^2-v_0^2}{2g} \tag{1.57}$$

p_0 は大気圧となるので，ゲージ圧として $p_0=0$，また放水口の流速で $v_0=0$ が成立する。

$$\frac{p_e}{\gamma}=-\frac{v_e^2}{2g} \tag{1.58}$$

このように水車出口の p_e は負（大気圧以下）で，吸出し管がなければ大気圧になるので，出口速度水頭分のエネルギーをランナが有効に利用できる。そしてその分は吸出し管が速度を減じて圧力回復を図ることでカバーしている。

ある温度の流体が圧力を減じられると，流体が沸騰する。例えば，水は 3.2 kPa で沸騰する温度は 25℃ である。水車内で流体の温度で決まる飽和蒸気圧より低下すると，気泡が発生する。この現象をキャビテーションという。気泡が潰されると衝撃やマイクロジェットによって，固体は侵食を受け水車のランナの寿命を短縮させる。したがってランナ出口の吸出し管の出口水面に対する高さは，キャビテーションが起こらないような限度内に選ばなくてはならない。

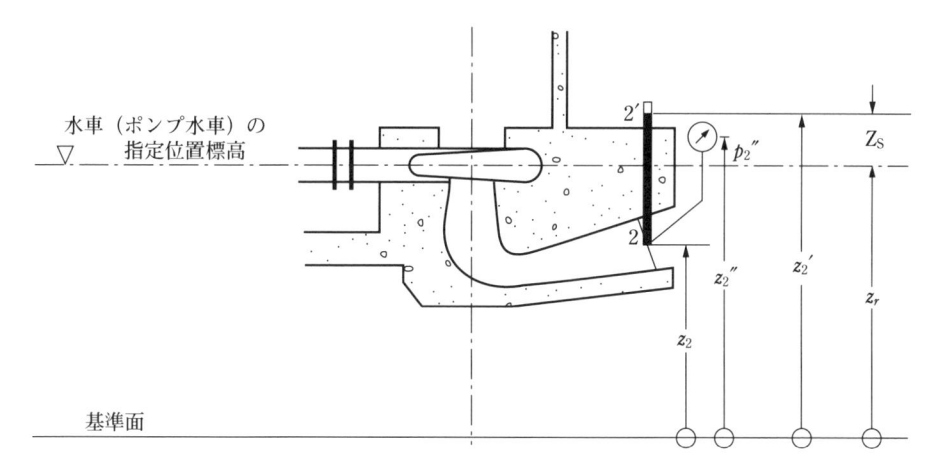

図 1.25 吸出し高さの説明［電気学会・電気規格調査会標準規格『水車およびポンプ水車』より電気学会の許諾を得て複製］

いま，図 1.25 から吸出し高さを求める．

$$Z_s = z_r - z_2' = z_r - \left(\frac{p_2''}{\rho_2 g_2} + z_2''\right) \tag{1.59}$$

ここに Z_s：吸出し高さ [m]，z_r：水車（ポンプ水車）の指定位置の標高 [m]，z_2'：圧力測定器指示標高 [m]，p_2''：水圧測定器の読み [Pa]，z_2''：水圧測定器の標高 [m]，ρ_2：水の密度 [kg/m³]，g_2：加速度 [m/s²]，添字$_2$：低圧側指定点である．

吸出し高さは，反動水車（ポンプ水車）の指定位置の標高が，水車（ポンプ水車）の低圧側指定点における圧力器指示標高（一般には放水路水面の標高）より高い場合は正号（＋）をとり，低い場合は負号（－）をとる．これらの関係からキャビテーションを防ぐ圧力を求めることができる．

例えば，

$$\sigma = \frac{Z_a \cdot Z_v \cdot Z_s}{Z} \tag{1.60}$$

はキャビテーション係数とよばれ，水車ごとに各種データがそろっている．ここで Z_a は大気圧水頭，Z_v は水の飽和蒸気圧の水頭，Z_s は有効落差でいずれも m で表す．

1.7 比速度

幾何学的にランナ形状が相似であり，かつランナまわりの流れが相似（図1.17 の速度成分が相似）であれば，その大小とは関係なく，特性が同じとみなされる．ランナの特性を示す指標として比速度（specific speed）が用いられている．いま，幾何学的に同じ 2 個の水車について，その設計流量をそれぞれ Q_1，Q_2 [m³/s]，絶対流速を v_1，v_2 [m/s]，ランナの直径を D_1，D_2 [m]，周速度を u_1，u_2 [m/s]，有効落差を H_1，H_2 [m] とする．これらの諸量を比較するため $k_1 \sim k_4$ を定数とする．絶対速度は落差 H の 1/2 乗に比例するので，

$$u_1 = k_1 v_1 = k_2 (2gH_1)^{1/2} = k_3 (H_1)^{1/2} \tag{1.61}$$

$$u_2 = k_1 v_2 = k_2 (2gH_2)^{1/2} = k_3 (H_2)^{1/2} \tag{1.62}$$

$$Q_1 = k_4 u_1 D_1^2 \tag{1.63}$$

$$Q_2 = k_4 u_2 D_2^2 \tag{1.64}$$

$$\frac{u_2}{u_1} = \left(\frac{H_2}{H_1}\right)^{1/2} \tag{1.65}$$

流量は代表寸法の2乗と流速の積に比例するので，

$$\frac{Q_2}{Q_1} = \frac{u_2 D_2^2}{u_1 D_1^2} = \left(\frac{H_2}{H_1}\right)^{1/2} \left(\frac{D_2}{D_1}\right)^2 \tag{1.66}$$

となる．それぞれ出力 P_1，P_2 は水の比重量と効率は同じとすれば，

$$P_1 = k_5 Q_1 H_1 \tag{1.67}$$

$$P_2 = k_5 Q_2 H_2 \tag{1.68}$$

$$\frac{P_2}{P_1} = \frac{Q_2 H_2}{Q_1 H_1} = \left(\frac{D_2}{D_1}\right)^2 \left(\frac{H_2}{H_1}\right)^{3/2} \tag{1.69}$$

また水車の回転速度はランナの直径に反比例し，周速度に比例するので，

$$\frac{n_2}{n_1} = \left(\frac{D_1}{D_2}\right)\left(\frac{u_2}{u_1}\right) = \left(\frac{D_1}{D_2}\right)\left(\frac{H_2}{H_1}\right)^{1/2} = \left(\frac{P_1}{P_2}\right)^{1/2}\left(\frac{H_2}{H_1}\right)^{5/4} \tag{1.70}$$

したがって，

$$n_1 (P_1)^{1/2}\left(\frac{1}{H_1}\right)^{5/4} = n_2 (P_2)^{1/2}\left(\frac{1}{H_2}\right)^{5/4} \tag{1.71}$$

これを比速度 n_S といい，一般式に示すと，

$$n_S = n(P)^{1/2}(H)^{-5/4} \;[\text{m}-\text{kW}] \tag{1.72}$$

になる．回転速度は常に"rpm"で表示する．H や P の単位の取り方で表示が異なるので，使用した単位を(1.72)式のように必ず表示する．

　比速度 n_S は $H=1\,\text{m}$ で出力 $P=1\,\text{kW}$ を発生するのには必要な回転速度 n を意味し，この値がランナの特性と密接に関係する．例えば前述のフランシス水車は中落差・中流量に適しているので，n_S が小さく，プロペラ水車は低落差・大容量に適し，n_S が大きいなど n_S ベースで機種が選定できる．また，この比速度は大きさには関係なく利用できることが(1.70)式から明らかである．

　すなわち，模型と実物で n_S が同一であれば，同じ特性のランナとなり，模型から実物性能を換算できる．比速度はあくまでペルトン水車ではノズル1個，ラ

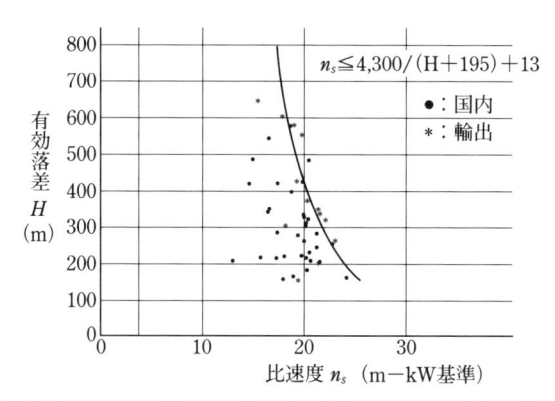

図1.26 ペルトン水車の有効落差と比速度［電気学会・電気規格調査会標準規格『水車およびポンプ水車』より電気学会の許諾を得て複製］

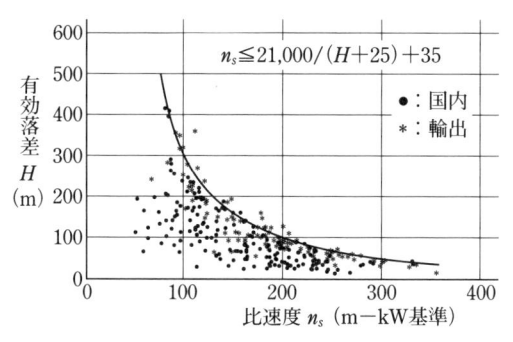

式: $n_s \leq 4{,}300/(H+195)+13$

図1.27 フランシス水車の有効落差と比速度［電気学会・電気規格調査会標準規格『水車およびポンプ水車』より電気学会の許諾を得て複製］

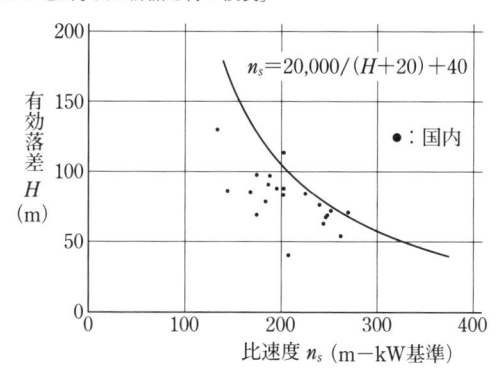

式: $n_s \leq 21{,}000/(H+25)+35$

図1.28 斜流水車の有効落差と比速度［電気学会・電気規格調査会標準規格『水車およびポンプ水車』より電気学会の許諾を得て複製］

式: $n_s = 20{,}000/(H+20)+40$

1.7 比速度

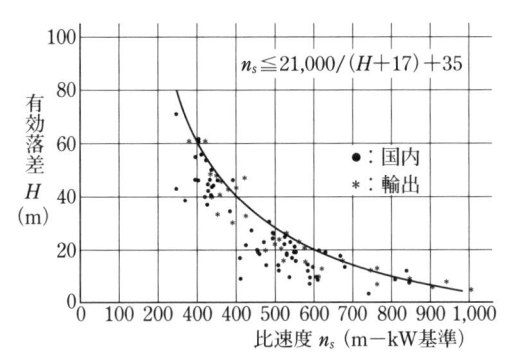

$n_s \leqq 21{,}000/(H+17) + 35$

図 1.29 プロペラ水車の有効落差と比速度［電気学会・電気規格調査会標準規格『水車およびポンプ水車』より電気学会の許諾を得て複製］

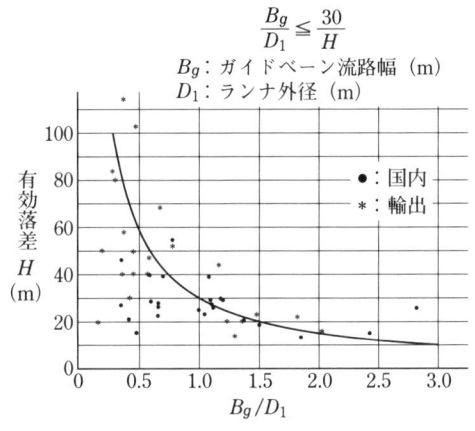

$$\frac{B_g}{D_1} \leqq \frac{30}{H}$$

B_g：ガイドベーン流路幅（m）
D_1：ランナ外径（m）

図 1.30 クロスフロー水車の有効落差と B_g/D_1 ［電気学会・電気規格調査会標準規格『水車およびポンプ水車』より電気学会の許諾を得て複製］

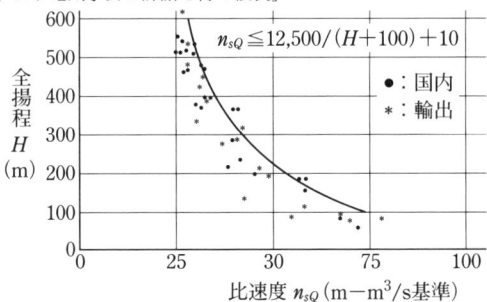

$n_{sQ} \leqq 12{,}500/(H+100) + 10$

図 1.31 フランシス形ポンプ水車の全揚程と比速度［電気学会・電気規格調査会標準規格『水車およびポンプ水車』より電気学会の許諾を得て複製］

ンナ1個について，反動水車ではランナ1個についての値を用いて表示する。

国内のJECではこれまでの多くの実績からn_sベースで機種の適用範囲を整理してあり，水車ごとにデータがある（図1.26～図1.29）。

クロスフロー水車ではn_sの代わりにガイドベーン流路幅B_g[m]とランナ外形D_1との関係を使用することが多い（図1.30）。

またポンプ水車ではランナの設計がポンプ性能を重視して行われるので，ポンプ分野で慣用されてきたポンプ比速度n_{sQ}[m－m³/s基準]

$$n_{sQ} = nQ^{1/2}H^{-3/4} \tag{1.73}$$

で表示される。水車と異なり揚水量Qを用いるためである（図1.31）。

1.8 水車の付属設備

1.8.1 弁類

水圧管の末端で水車ケーシング入口に**入口弁**（inlet valve）が設けられている。レンズ形をした弁が管路の中を回転するものを**ちょう形弁**（butterfly valve），円筒形の弁を管内で回転して，管路と円筒形弁の管軸と一致したとき閉じる構造の**ロータリ弁**（rotary valve）などが用いられる。

1.8.2 速度調整

速度調整は**調速機**（speed governor）で行われる。回転速度を自動的に検出し，規定周波数に一致するようにガイドベーンなどで，水の流入量を変えられるようになっている。図1.32に調速機の原理を示す。水車がある負荷をとると，平衡状態になり，フローティングレバーはP_0，R_0，C_0の水平位置をとる。配圧弁内のピストンは所定の位置にある。また油圧装置は動作しない。仮に速度が上がるとペンジュラムが開きP_0がP_1に移動する。R_0は不動点になっているため，C_0はC_1に移る。するとピストンが下がり圧油はサーボモータの左に入り，サーボモータは右方向に動きガイドベーンを閉じる。このままでは動作の遅れから閉じる動作が続いてしまう。その時，復原部によってR_1に一旦戻し，水の量を増

1.8 水車の付属設備

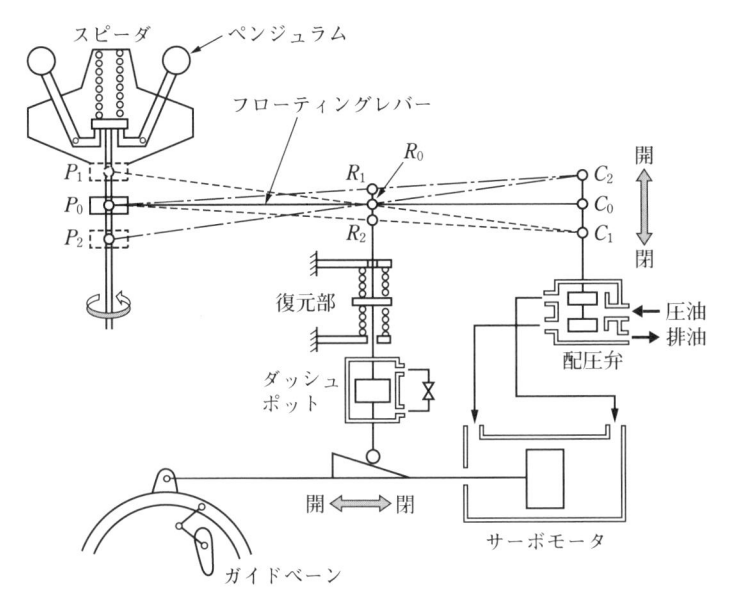

図1.32 調速機の原理

やし，流入量が適当になれば C_1 を C_0 に戻して配圧弁を遮断する。

　速度調定率（permanent speed regulation）はある出力で運転中の発電機の負荷を変更したとき，定常運転時の回転速度の変化分と発電機負荷の変化分との比をいう。R は速度調定率〔%〕，n_1，n_2 は負荷変化前後の回転速度（rpm），P_1，P_2 は負荷〔kW〕の変化である。また P_n は基準負荷で基準有効落差および定格回転数において水車が安全に連続して発生できる出力をいう。n_n は定格回転数とする。

$$R = \frac{\dfrac{n_2 - n_1}{n_n}}{\dfrac{P_1 - P_2}{P_n}} \times 100 \tag{1.74}$$

を速度調定率という。また調速機に調整を加えずサーボモータをある位置から別の位置に変えたとき，サーボモータのストロークの変化と速度の変化の比を**速度垂下率**（permanent speed drop）という。

また，過渡現象として負荷が急激になくなると，調速機によって水が急速に減少する。このとき流れていた流水が遮断されるため水圧管に水撃作用が発生する。このとき発生する最大水圧または最小水圧と，水車停止時の静水圧との差と水車停止時の静落差との比を，**水圧変動率**（momentary pressure variation）という。

問題

（1）流域面積 100 km²，年間降水量 1750 mm の河川の年平均流量はいくらか。

（2）架線の流量を求める方法を二つ以上説明せよ。

（3）ダムについて説明し，どのようなダムがあるか解説せよ。

（4）揚水式発電所についてその概要を述べよ。

（5）サージタンクの機能を述べ，2 例あげて説明せよ。

（6）水車の比速度はどのような関係形式で表せるか，またポンプ水車の比速度はどうか。またそれぞれの単位を示せ。

（7）ペルトン，プロペラおよびフランシス水車の比速度の大きい順序を述べよ。

（8）キャビテーションのメカニズムを説明せよ。

（解答は巻末）

第2章 火力発電

火力発電の概要 本章では火力発電の概要を理解するとともに，熱力学の基礎を理解し，これらがどのように実務に結びつくかを理解することに重点をおいた。それに続いて火力発電設備の構成要素を理解し，電気エネルギーがどのようにして発生するのかを理解する。また最近はコンバインドサイクル発電プラントなど新しい発電技術も現れ，それらも理解することを目的にしている。

2.1 火力発電所

　日本では戦前戦後を通じ，産業振興ともに，電気エネルギーの供給が重要な課題となった。まず，水力発電を中心に建設が進められてきた。昭和20年頃までは水主火従と言われた時代があったが，経済復興とともに電気エネルギーが不足し次々と火力発電所が建設された。それにつれて発電機やタービンの容量も増加して現在1000 MWクラスのものが実用化されるに至っている。燃料も石炭から重油や原油に，また最近では天然ガスやLNG（液化天然ガス）が用いられるようになってきた。電気エネルギー変換の熱効率もそれと共に向上し40％程度まで上昇してきた。熱効率は未だ向上の一途をたどっている。火力発電所では1％の熱効率の向上でも大変な成果である。例えば1000 MWの発電所では1％の熱効率の向上でも約10 MWに相当し，これは数千の家庭の電力エネルギー需要に相当するからである。

　最近ではコンバインドサイクル発電と称し，ガスタービンと蒸気タービンをサイクル的に組み合わせて発電するもので，ガスタービンの排ガスで蒸気を発生させ蒸気タービンを動かす。その実用化により電気エネルギー変換の熱効率が一気

に50%近くになっており、さらに今後の技術開発によって向上の見込みが大きい。

またガスタービンはLNG（液化天然ガス）で運転されるため、CO_2の排出が少なく地球温暖化現象を防ぐことができるため世界で注目され大いに活用されている。

図2.1は東京電力(株)の火力発電の熱効率の年推移を示している。

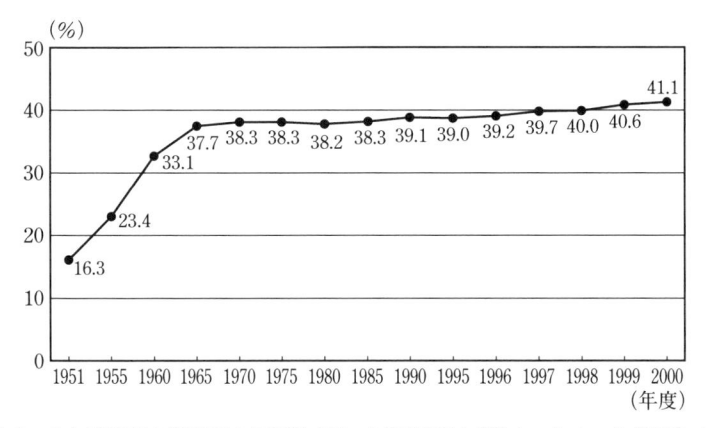

図2.1 火力発電所の熱効率の年推移［データは東京電力(株)ホームページ（2003）より］

また図2.2に最新の火力発電所を示してある。図に示すように火力発電所は大変大きな設備であるため、機器搬入や輸送の便利さからと、燃料輸送のため海岸の近くにある。また海岸近くに設置される理由は、後述するが熱効率を左右する発電所の冷たい冷却水として海水が容易に得られるためである。

火力発電所は広大な海岸の敷地に設立されており、石炭、石油あるいはガスの貯蔵所からの供給設備から始まり、ボイラーあるいは排熱回収ボイラー、タービンあるいはガスタービン、発電機、冷却装置（復水器）、給水加熱器、放水路、変電所、巨大な排煙装置など多くのものから構成されている。それらを全部解説することは困難であるので主な設備のみを解説する。

横浜火力発電所（神奈川県）
[利用資源：重油，原油，NGL，LNG]

豊津火力発電所（千葉県）
[利用資源：LNG]

広野火力発電所（福島県）
[利用資源：重油，原油，天然ガス，NGL]

千葉火力発電所（千葉県）
[利用資源：LNG]

図 2.2　東京電力(株)火力設備の例［写真提供：東京電力株式会社］

2.2 熱力学

　火力発電所の諸計算は熱力学で表せることが多い。本章では熱力学の基礎を学び，それがどのように火力発電所に適用されるかを学ぶ。

2.2.1 熱力学の諸定義

　熱力学は空間的，時間的な広がりを持つ巨視的なもので多数の分子，原子，電

子からなる自由度が極めて大きい巨視的な**系**を対象とする。**孤立系**（isolated system）は外界とはまったく交渉を持たない独立した系，**閉じた系**（closed system）は熱や仕事の出入りはあるが，外界との間に物質の出入りがない系，**開いた系**（open system）は外界との間に物質の出入りがある系をいう。

　孤立系の熱平衡とは一つの孤立系を放置すれば，最初の状態にかかわらず，やがて終局的な状態に落ち着く。この様な状態を**熱平衡状態**（thermal equilibrium）という。実際は分子などが複雑な運動をしているが，巨視的には少数の変数，例えば温度と圧力などによって決まる。二つの系が接触するとき，二つの系は熱平衡に達するが，熱平衡到達後は両者間の接触を断っても状態変化が起こらないし，また再び接触しても平衡は破れない。したがって例えば，系Aと系Bが熱平衡にあり，系Bと系Cが熱平衡にあれば系Aと系Cは熱平衡にあることになる。また熱的接触を断つ壁を断熱壁と定義する。

　また熱力学的接触とは系が相互に作用するような状態をいう。

　例えば 1) **機械的作用**（mechanical action）は電磁気的な力などで作用し，2) **熱的作用**（thermal action）は熱伝導，熱放射などエネルギーの移動を伴い，3) **質量的作用**（mass action）は物質の交換が行われることをいう。

　熱力学では作用を及ぼす源として外界を考えるとき，これを**仕事源，熱源，質量源**という。源は考える系に対して十分に大きく，それ自身が熱平衡にあり，系がどんなに変化しても，それらが一定の環境として作用するものである。

　熱力学的に**状態量**（state quantity）を考えてみる。これは後述するように温度，圧力，内部エネルギー，エンタルピー，エントロピーなどである。熱平衡状態にあるような物質に仕切りを入れても，熱平衡は維持される。熱平衡は内部的な性状で系全体の分量に関係しない状態量で表され，温度，圧力などで表すことができる。このような量を**示強性の量**（intensive state quantity）という。

　また分割すると，分量に比例して変化する量がある。このような量を**示量性の量**（extensive state quantity）といい，エネルギー，エントロピーなどで表せる。

　また熱力学では系が単独あるいは他の系と接触しつつ，その変化を取り扱う

が，最初と最後の状態が熱力学的平衡な状態であることが必要である。

　サイクルとは始めと終りで注目する系の状態が一致する過程をいう。これらの過程は**無限小過程**（infinitesimal process），**準静的過程**（quasi-static process）などに分類できる。無限小過程とは最初と最後が微小な変化しかしない過程をいう。準静的過程とは変化の過程において，系も外界も常に熱平衡状態を保つとみなせる理想的変化を行わせる過程である。例えばピストンで仕事をして気体を膨張あるいは圧縮するとき，圧力をわずかに小さくあるいは大きくして，結果的には可逆的になるようにする。**準静的等温過程**（quasi-static isothermal process）は一定温度の外界と接触させ，系の温度をこの温度に保ちつつ行われる過程である。**準静的断熱過程**（quasi-static adiabatic process）とは熱的に外界との熱接触を断ち，外界と仕事の授受を行う過程である。

2.2.2　熱力学第1法則 (the first law of thermodynamics)

　熱力学第1法則は一般のエネルギー保存の法則である。**熱力学第1法則は系が与えられた最初の状態から最後の状態まで変化するとき，その系が外界から与えられる仕事 W（work），熱量 Q（heat quantity），質量的作用量 Z（mass action quantity）の総和は状態1と状態2により決まり，途中の過程によらない**ことをいう。なお，工業熱力学ではエンタルピーを i で表すが，ここでは h を使っている。

$$U_2 - U_1 = W + Q + Z \tag{2.1}$$

U_1 と U_2 がそれぞれ状態1，2の内部エネルギーである。

　また運動エネルギーや位置のエネルギーなどを内部エネルギーに加えた全エネルギーをそれぞれ E_1 と E_2 とすると，

$$E_2 - E_1 = W + Q + Z \tag{2.2}$$

となる。このとき $(E_2 - E_1)$ は，内部エネルギー以外の増加として後に述べる速度エネルギーと位置のエネルギー $(v^2/2 + gz)$ がある。ここで v は流れの速度，z は基準点からの位置，g は重力加速度である。もし考える系がサイクルを行うと，

$$W+Q+Z=0$$

となり，$-W$ は $Q+Z$ という代償を外界から支払う，あるいは外界からもらうことによって外界に対して仕事をすることになる。このような代償を払わず（外部からもらわず）に仕事をすることを第1種永久機関という。熱力学第1法則はこの**第1種永久機関が不可能である原理**ともいわれている。なお通常扱う熱力学では Z は省略する。作動流体を理想気体としてもう少し解説を加える。

理想気体とは気体の状態が体積 V，圧力 P および温度 T によって決まり，各々が相関を持つ気体をいう。一つの系がある平衡状態から別の平衡状態に遷移するとき，外界から仕事 dW がなされ，外界から熱量 dQ が移動したとすると，系の内部エネルギー dU の変化は以下のとおりとなる。まず dV は系の体積が増加する方向を正とする。

圧力に抗して気体が外部に仕事がなされるが，われわれの熱力学では Z は省略され，その仕事 W は，

$$dW=PdV \tag{2.3}$$

したがって，

$$dU=dQ+dW=dQ+PdV \tag{2.4}$$

これが熱力学の基礎式である。

$$d(PV)=PdV+VdP \tag{2.5}$$

ゆえに符号を考え，

$$dQ=d(U+PV)-VdP \tag{2.6}$$

ここでエンタルピーを定義する。

$$H=U+PV \tag{2.7}$$

単位質量では h 比エンタルピー，u 比内部エネルギー，v 比体積とする。

$$h=u+Pv \tag{2.8}$$

となる。

したがって，

$$dq=d(h)-vdP \tag{2.9}$$

となる。エンタルピーは重要な量であり，今後順次解説する。

2.2 熱力学

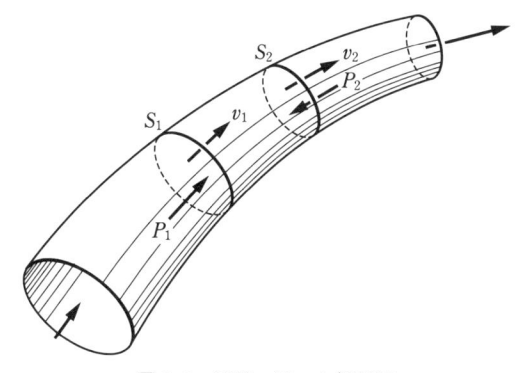

図 2.3 流線に沿った解析図

図 2.3 に示すように連続した流れがあるとする。その時，

$$q + w = h + \frac{v^2}{2} + gz \tag{2.10}$$

となる。以下，それを説明する。まず時間と共に変形しない流線を考える。流体内の各点で流速 v，密度 ρ および圧力 P を考える。流体は熱平衡にあるとする。そして理想気体の状態方程式 ($P = \rho RT$) による P は密度 ρ と温度 T により決まる。流体は断面積 S_1 から断面積 S_2 を単位時間に通過する。連続の式から，

$$\rho_1 S_1 v_1 = \rho_2 S_2 v_2$$

となる。断面積 S_1，S_2 で流間長さ dl として小さく取ると，

$$\frac{\partial(\rho S v)}{\partial l} = 0$$

と書いてよい。断面積 S_1，S_2 で挟まれた空間を考える。熱の出入りはなく，粘性などの抵抗もなく仕事は断面積 S_1，S_2 に働く外圧 P_1，P_2 によるものとする。単位時間あたり流体が受け取る仕事は $P_1 S_1 v_1 - P_2 S_2 v_2$ であり，これを dl について積分し $-dl \cdot \partial(PSv)/\partial l$ となる。また内部エネルギーを u とすると，熱平衡を仮定して密度 ρ と温度 T から定まる。

断面積 S_1，S_2 で挟まれる流体の部分は dt 時間経過すると，S_1，S_2 から dtv_1，dtv_2 だけずれた断面積に挟まれた領域に移動する。そのため実質部分が持ってい

たエネルギーは，

$$-\rho_1\left(u_1+\frac{v_1^2}{2}+gz_1\right)S_1v_1dt+\rho_2\left(u_2+\frac{v_2^2}{2}+gz_2\right)S_2v_2dt \tag{2.11}$$

だけ増す．単位時間あたり，単位長さあたり l をとると，

$$\frac{dl\partial\left\{\rho Sv\left(u+\frac{v^2}{2}+gz\right)\right\}}{\partial l}$$

だけ増すから熱力学の第1法則によって，これは $-dl\cdot\partial(PSv)/\partial l$ に等しい．

$$\frac{\partial\left\{\rho Sv\left(u+\frac{v^2}{2}+gz\right)\right\}}{\partial l}=-\frac{\partial(PSv)}{\partial l} \tag{2.12}$$

$$\frac{\partial\left\{\rho Sv\left(u+\frac{P}{\rho}+\frac{v^2}{2}+gz\right)\right\}}{\partial l}=0 \tag{2.13}$$

連続の式から $\partial(\rho Sv)/\partial l=0$

$$\frac{\partial\left(u+\frac{P}{\rho}+\frac{v^2}{2}+gz\right)}{\partial l}=0 \tag{2.14}$$

となり $u+P/\rho=u+Pv$ となるから，つまり，

$$h+\frac{v^2}{2}+gz=\text{const.} \tag{2.15}$$

になる．

これは**ベルヌーイ**（Bernoulli）**の式**として知られている．

2.2.3 熱容量，比熱

ある系に dQ の熱量を準静的に加え，ある過程によって Cx なる量が一定に保たれたまま，系の温度が dT だけ上昇したとすると Cx をこの過程の**熱容量**（heat capacity）という．単位質量についての熱容量を**比熱**（specific heat）という．また1モル当たりの熱容量をモル比熱という．

$$Cx=\left(\frac{dQ}{dT}\right)_x \tag{2.16}$$

圧力を一定にしたときこの熱容量を**定圧熱容量** C_P（heat capacity at constant pressure）あるいは**定圧比熱** c_P（specific heat at constant pressure），体積を一定にしたとき**定積熱容量** C_V（heat capacity at constant volume）あるいは**定積比熱** c_V（specific heat at constant volume）という。また断熱過程に対して $C_{断熱}=0$，等温過程に対して $C_{等温}=\infty$ と形式的に定義ができる。

理想気体では定積モル比熱 c_V と定圧モル比熱 c_P との間に，

$$c_P = c_V + R \quad (\text{Mayer の関係式}) \tag{2.17}$$

これは以下によって証明される。

また気体 1 mol について準静的過程に対する第一法則は，

$$dq = du - Pdv \tag{2.18}$$

理想気体の内部エネルギー u は比体積 v によらないので（1.32 式以下で説明する），

$$du = c_V(T)dT \tag{2.19}$$

とおき，

$$dq = c_V(T)dT - Pdv$$

定積モル比熱は $dv=0$ としたときであるから，この時 dq/dT は定積モル比熱 c_V に他ならない。

$$dq = c_V dT + d(Pv) - vdP \tag{2.20}$$

$Pv = RT$ を入れれば，

$$dq = (c_V + R)dT - vdP \tag{2.21}$$

これより定圧モル比熱 c_P は，

$$c_P = \left(\frac{dq}{dT}\right)_{dP=0} = c_V + R \tag{2.22}$$

になる。

2.2.4 状態方程式 (equation state)

純粋気体や液体のように流体の熱平衡に対しては温度 T，圧力 P，体積 V の間に $T = f(P, V)$ の函数関係が存在する。**理想気体**（ideal gas）の状態方程式として一般的に $PV = g(T)$ と書けるが，温度は絶対温度とすると，

$$PV = nRT = NkT \tag{2.23}$$

n はモル数，N は分子数，R は**気体定数**（gas constant），k は **Boltzmann 定数**である。

$R = 8.31441 \text{ J/K·mol}$

$k = 1.380662 \times 10^{-23} \text{ J/K}$

すべての気体は高温または低密度の極限で，分子間力が与える影響が無視できるので，理想気体として近似することができる。また理想気体の内部エネルギーは V によらない（2.32 式以降で証明する）。

$$\left(\frac{\partial U}{\partial V}\right)_T = 0,\ U = U(T) \tag{2.24}$$

普通の温度範囲において，多くの純粋気体では比熱は一定とみなされ，

$$U = nc_V T \tag{2.25}$$

ここに**定積モル比熱** c_V は，

$$c_V = \frac{3}{2}R \quad \text{（単原子分子気体）} \tag{2.26}$$

$$= \frac{5}{2}R \quad \text{（2 原子分子気体）} \tag{2.27}$$

$$= 3R \quad \text{（多原子分子気体）} \tag{2.28}$$

混合理想気体においては I 種気体 n_i mol$(i=1, \cdots, r)$ からなる混合理想気体は

$$PV = nRT,\ n = \sum n_i \tag{2.29}$$

さらに多くの場合，

$$u = \sum_{i=1}^{n} n_i c_{Vi} T \tag{2.30}$$

が成立する。u は温度の関数であり，体積によらない。しかし一般的には比熱は必ずしも一定ではないが，理想気体として比内部エネルギー u は温度の関数で比体積 v によらない。i 成分の分圧（partial pressure）P_i は

$$P_i V = n_i RT,\ P = \sum P_i \tag{2.31}$$

となる。

U が温度の関数であることは以下のように説明できる。熱力学を勉強した後

にこの部分を読むとわかりやすい．もし状態方程式が $P=f(V)T$ の形で表せるとき，内部エネルギーは体積 V に無関係である．これは以下によって説明できる．考える系の内部エネルギーを U，エントロピーを S とすると，

$$dS = d\frac{Q}{T} = \frac{(dU + PdV)}{T} \tag{2.32}$$

$$\left(\frac{\partial S}{\partial V}\right)_T = \frac{\left(\frac{\partial U}{\partial V}\right)_T}{T} + \frac{P}{T} \tag{2.33}$$

$$\left(\frac{\partial S}{\partial T}\right)_V = \frac{1}{T}\left(\frac{\partial U}{\partial T}\right)_V \tag{2.34}$$

両式が完全微分であることを考え，$\partial^2 S/\partial T\partial V = \partial^2 S/\partial V\partial T$ が完全微分である条件をそれぞれ書けば，

$$\frac{\partial\left(\frac{1}{T}\frac{\partial U}{\partial V}\right)}{\partial T} + \frac{\partial\left(\frac{P}{T}\right)}{\partial T} = \frac{\partial\left(\frac{1}{T}\frac{\partial U}{\partial T}\right)}{\partial V} \tag{2.35}$$

$\partial^2 U/\partial T\partial V = \partial^2 U/\partial V\partial T$ によって共通の項を消せば，

$$\left(\frac{\partial U}{\partial V}\right)_T = \frac{T^2 \partial\left(\frac{P}{T}\right)_V}{\partial T} \tag{2.36}$$

この式に $P=f(V)T$ を代入すると，

$$\left(\frac{\partial U}{\partial V}\right)_T = 0 \tag{2.37}$$

これより内部エネルギーは V と関係ないことがわかる．

2.2.5 **熱力学第2法則** (the second law of thermodynamics) と**エントロピー** (entropy)

ある系がある状態 A から別の状態 A' に変化し，外界がそれに伴って状態 B から状態 B' に変化する．何らかの方法で状態 A' を最初の状態 A に戻し，外界も逆に B' から B に変化することができるような過程を**可逆過程** (reversible process) であるという．例えば熱的現象の準静的過程として可逆を考えることができるが，実際は摩擦などが伴い不可逆である．可逆過程は理想化したときに

のみ考えられる。可逆過程にならないときを不可逆過程という。過程がサイクル，また熱機関を考えたとき，可逆であれば**可逆機関**（reversible engine），不可逆であれば**不可逆機関**（irreversible engine）であるという。

熱力学第2法則を考えるとき，**Carnot サイクル**を考え思考実験を行うことが多い。図 2.4 のサイクルを定義したとき熱源 $R_1(T_1)$，熱源 $R_2(T_2)$ と等温過程で吸収する熱量を Q_1, Q_2 とすれば，

$$\frac{Q_1}{T_1} + \frac{Q_2}{T_2} = 0 \tag{2.38}$$

となる。この過程は理想気体の状態方程式と熱力学第1法則から証明できる。

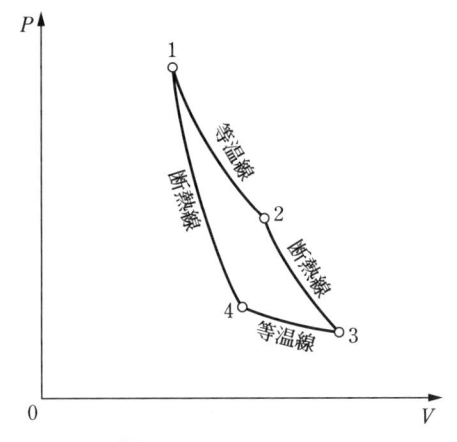

図 2.4 Carnot サイクル

以下に，この準静的循環過程の図を考える。

理想気体に準静的過程を行わせる。状態1～状態2への移行は温度 T_1 等温過程で膨張し，状態2～状態3は断熱膨張，状態3～状態4等温過程で温度 T_2 の熱源に接触して等温圧縮で，状態4～状態1は断熱圧縮を行うものとする。等温過程では内部エネルギーの変化がなく，吸収される熱量は気体が外部に出す仕事 PdV に等しい。したがって，1～2 の過程では n mol の気体を考えると，

$$Q_1 = \int \frac{nRT_1 dV}{V} = nRT_1 \log \frac{V_2}{V_1} \tag{2.39}$$

同様に 3〜4 の過程では，

$$Q_2 = \int \frac{nRT_2 dV}{V} = nRT_2 \log \frac{V_4}{V_3} \tag{2.40}$$

図のような場合 $V_2 > V_1$，および $V_3 > V_4$ だから $Q_1 > 0$，$Q_2 < 0$ である。

一方，断熱過程では，$dQ = C_V dT + PdV$ に理想状態方定式 $PV = nRT$ を代入し，断熱であるので，$dQ = 0$ として，

$$C_V dT + nRT\left(\frac{dV}{V}\right) = 0 \tag{2.41}$$

$C_P - C_V = nR$ であるから，この式を積分して

$$C_V \log T + nRT \log V = C_V \log T + (C_P - C_V) \log V = 0 \tag{2.42}$$

とすると，$C_P/C_V = \gamma$ として，

$$TV^{\gamma-1} = \text{const.} \quad PV^{\gamma} = \text{const.} \tag{2.43}$$

となる。これを **Possion の式**という。断熱過程についてそれぞれ書くと，

$$\left(\frac{V_2}{V_1}\right)^{\gamma-1} = \left(\frac{V_3}{V_4}\right)^{\gamma-1},$$

$$\frac{V_2}{V_1} = \frac{V_3}{V_4} \tag{2.44}$$

したがって，

$$\frac{Q_1}{T_1} + \frac{Q_2}{T_2} = 0$$

となる。

また以上から各種熱機関の効率も計算できるので，その例を示す。

理想気体が，次の 3 種の準静的循環過程を行う。それぞれの効率を求める。ただし $\gamma = C_P/C_V$，C_P，C_V は一定とする。

（1） Otto サイクル（図 2.5）

c-d で気体が外になす仕事から a-b で外からなされる仕事を差し引いた正味の仕事は，

$$W = C_V\{(T_c - T_d) - (T_b - T_a)\} \tag{2.45}$$

気体が受け取るのは b-c の過程で，その熱量は $Q = C_V(T_c - T_b)$ であり，断

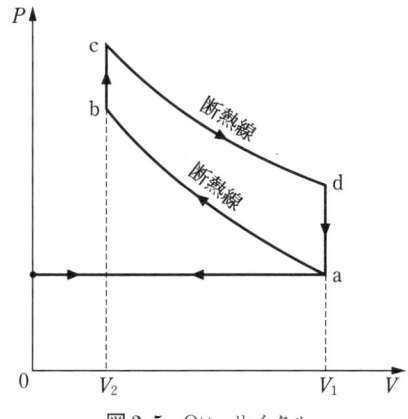

図 2.5 Otto サイクル

熱過程の条件で $TV^{\gamma-1}=$ 一定から，

$$T_c V_2^{\gamma-1} = T_d V_1^{\gamma-1}, \ T_b V_2^{\gamma-1} = T_a V_1^{\gamma-1} \tag{2.46}$$

$$\eta = \frac{W}{Q} = \frac{(T_c - T_d) - (T_b - T_a)}{T_c - T_b} = 1 - \frac{T_d - T_a}{T_c - T_b} \tag{2.47}$$

$$\eta = 1 - \left(\frac{V_2}{V_1}\right)^{\gamma-1} \tag{2.48}$$

（2） Joule サイクル（図 2.6）

断熱過程 c-d，a-b での仕事のほかに b-c，d-a の仕事があるから，

$$W = C_V\{(T_c - T_d) - (T_b - T_a)\} + P_2(V_c - V_b) - P_1(V_d - V_a) \tag{2.49}$$

$$PV = nRT = (C_P - C_V)T - C_V(\gamma - 1)T \tag{2.50}$$

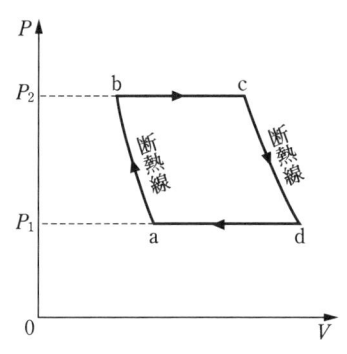

図 2.6 Joule サイクル

となり，
$$W = C_P\{(T_c - T_d) - (T_b - T_a)\} \text{ となる。} \tag{2.51}$$

一方，気体が熱を受け取るのは b-c の過程で，$Q = C_P(T_c - T_b)$ である。断熱過程での条件式 $PV^\gamma = \text{const.}$ から，$TP^{(1-\gamma)/\gamma} = \text{const.}$ であるので，

$$\eta = \frac{W}{Q} = 1 - \frac{T_d - T_a}{T_c - T_b} = 1 - \left(\frac{P_1}{P_2}\right)^{(\gamma-1)/\gamma} \tag{2.52}$$

となる。

（3） ディーゼルサイクル（図 2.7）

$$\begin{aligned}
W &= C_V\{(T_c - T_d) - (T_b - T_a)\} + P_2(V_c - V_b) \\
&= C_V(T_c - T_d - T_b + T_a + (\gamma-1)(T_c - T_b)) \\
&= C_V\{\gamma(T_c - T_b) + T_d - T_a\}
\end{aligned} \tag{2.53}$$

他方，b-c で吸収する熱量は

$$Q = C_P(T_c - T_b) \tag{2.54}$$

なので，

$$\eta = 1 - \frac{1}{\gamma}\frac{T_d - T_a}{T_c - T_b} \tag{2.55}$$

$$\begin{aligned}
&\frac{T_c}{T_b} = \frac{V_2}{V_3}, \\
&T_a V_1^{\gamma-1} = T_b V_3^{\gamma-1}, \\
&T_c V_2^{\gamma-1} = T_d V_1^{\gamma-1}
\end{aligned} \tag{2.56}$$

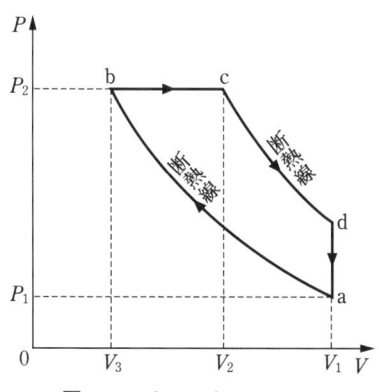

図 2.7　ディーゼルサイクル

から得られる。

2.2.6 熱力学第2法則

以下に述べることは経験的に述べられていることではあるが，同じことを言っている。これらを熱力学の第2法則という。

（1） **Clausius の原理**　熱が高温度の物体から低温度の物体へ移動するとき，それ以外に何も残されていなければ不可逆である。逆に低温物体から高温物体へ，それ以外に何も変化を残さず移ることはあり得ない。

（2） **Thomson の原理**　仕事が熱に変わる現象は，それ以外何の変化も残らなければ不可逆である。あるいは温度一様な物体から奪った熱を全部仕事に変え，それ以外何の変化も残さないことは不可能である。

（3） **第2種永久機関不可能の原理**　一つの熱源を冷やして仕事をする以外に，外界に何の変化も残さずに周期的に働く機関（第2種永久機関）は実現不可能である。

2.2.7 Carnot サイクル

一般的な Carnot サイクルでは熱源 R_1, R_2 から熱 Q_1, Q_2 をとり，外界に $A=Q_1+Q_2$ の仕事をする機関をいう。$Q_1>0$，$Q_2<0$，仕事 L は

$$L=Q_1+Q_2-Q_1-|Q_2|, \tag{2.57}$$

効率は，

$$\eta=\frac{L}{Q_1}=1-\frac{|Q_2|}{Q_1} \tag{2.58}$$

したがって，Carnot サイクルは作業物質に関係なく動作させることができる。

また同じ熱源の間に働く任意の不可逆 Carnot サイクルの効率 η' は η より小さい。これは実際には損失が存在し可逆にならないためである。

また熱源 R_1, R_2 と絶対温度 T_1, T_2 の比は，この間で働く可逆 Carnot サイクルの効率 η との関係，

$$\frac{T_2}{T_1} = \frac{|Q_2|}{Q_1} = 1 - \eta \tag{2.59}$$

で定義される。すなわち理想気体温度系の与える温度は絶対温度に一致する。

$$T_{\text{ice point}} = 273.16°\text{C} \tag{2.60}$$

と定め，これを **Kelvin 温度目盛**という。

2.2.8　任意のサイクルに関する Clausius の不等式

注目する系が外界と作用しながら，一つのサイクルを行うとき $T_i(i=1,\cdots,n)$ なる温度の熱源 R_i から吸収した熱量を Q_i とすると，

$$\sum_{i=1}^{n} \frac{Q_i}{T_i} \leq 0 \tag{2.61}$$

積分形にすると，

$$\oint \frac{dQ}{T} \leq 0 \tag{2.62}$$

これは，以下によって証明される。

一つの補助熱源 R_0（温度 T_0）を考える。$R_1 \sim R_n$ とそれぞれ $C_1 \sim C_n$ なる Carnot サイクルを働かせて，C_i によって R_0 から熱量 Q_i'，外界から仕事 A_i' をとり，R_i に Q_i を与える。

$$\begin{aligned} Q_i' &= \frac{Q_i T_0}{T_i}, \\ A_i' &= Q_i - Q_i' = Q_i \left(1 - \frac{T_0}{T_i}\right) \end{aligned} \tag{2.63}$$

そして補助サイクル $C_1 \sim C_n$ を働かせた結果，熱源 R_0 から熱量 $(Q_1' + \cdots Q_n')$ をとり，外界に，

$$\sum Q_i - \sum A_i' = T_0 \sum \frac{Q_i}{T_i} \tag{2.64}$$

の仕事をしたことなる。Thomson の原理により，これは負またはゼロでなくてはならない。

したがって(2.61)と(2.62)式が成立する。

また，考える系のある熱平衡状態 a_0 を基準とし，任意の熱平衡状態 a_1 におけ

るその系のエントロピー $S(a_1)$ を，

$$S(a_1)=\int_{a0}^{a1}\frac{dQ}{T} \tag{2.65}$$

で定義する。系が温度 T で外界から吸収する微小熱量が dQ である。

$$dS=\frac{dQ}{T}=\frac{dU-dW}{T} \tag{2.66}$$

となる。

また図 2.8 に示すように不可逆過程を含むエントロピー関数について考えてみる。まず1～2 へ変化するとき，別のルートでそれぞれ向う。一つの過程では可逆的なルート B で符号を逆にでき，別のルート A は不可逆過程のルートをとり符号は逆にできない。

$$\int\frac{dQ}{T}=\int_{1-A}^{2}\frac{dQ}{T}+\int_{2}^{1-B}\frac{dQ}{T}=\int_{1-A}^{2}\frac{dQ}{T}-\int_{1-B}^{2}\frac{dQ}{T} \tag{2.67}$$

内部可逆なルートは積分を逆にできるが不可逆な過程はそれができない。Clausius の不等式が成立するから，

$$\oint\frac{dQ}{T}<0 \tag{2.68}$$

また可逆なルートでは，

$$\int_{1-B}^{2}\frac{dQ}{T}=S_2-S_1 \tag{2.69}$$

よって，

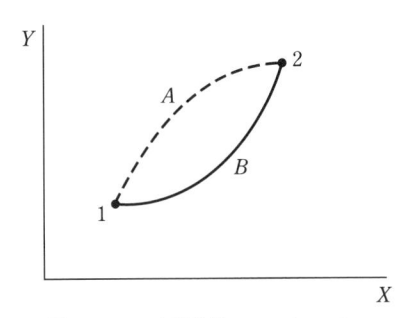

図 2.8 不可逆過程のエントロピー

$$S_2 - S_1 > \int_{1-A}^{2} \frac{dQ}{T} \tag{2.70}$$

したがって不可逆過程では，

$$S_2 - S_1 > \int \frac{dQ}{T} \tag{2.71}$$

となる．これを**エントロピー増加の原理**という．

2.2.9 エントロピー線図

エントロピーは前述のごとく P, V, T などと同じく物質の状態で決めるため，線図として用いられる．縦軸に絶対温度 T, 横軸ににエントロピー S をとって，状態を示す．図 2.9 に示すように，$TdS = dQ$ なので面積は熱量を表す．

$$\int_A^B dQ = \int_{S_1}^{S_2} TdS = \text{面積 } ABB'A' \tag{2.72}$$

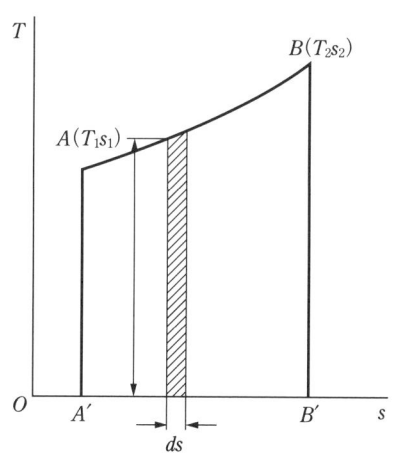

図 2.9 一般のエントロピー図

次に Carnot サイクルを T-s 線図に書くと図 2.10 になる．AB 線と CD 線は等温変化で水平になることは明らかである．

BC 線と AD 線は断熱線で，これらは垂直になる．何故なら $dQ=0$ であるから $TdS=0$, したがって $dS=0$ で, S は定数となる．この意味からも断熱線を

図 2.10 Carnot サイクルの T-s 図

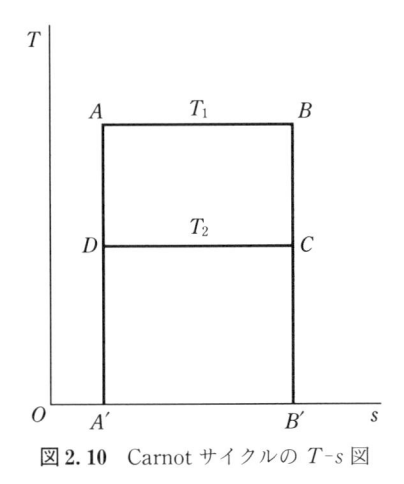

等エントロピー変化ともいう。面積 $ABCD$ がサイクル中の仕事，面積 $ABB'A'$ が加えられた熱量，面積 $DCB'A'$ が低温物質に放出された熱量を表している。この意味は，高温側から熱をもらって仕事をするときは，必ず低温側に熱を放出しなければならないということである。極めて重要な事項である。ここでは $Q_2 > 0$ としてある。

$$\eta = \frac{Q_1 - Q_2}{Q_1} = \frac{T_1 - T_2}{T_1} \tag{2.73}$$

となる。

2.2.10 一般蒸気の性質

1 kg の液体をシリンダーに入れ，機密にして自由に動きうるピストンをはめ込み，圧力 P を加えて外から熱することを考える。外から熱すると温度は上昇し，体積も増してくる。しかし，いつまでも温度は上昇せず，液の性質と外圧によって極限値がある。水の場合，水銀柱 760 mm の圧力で熱すると，温度は 100°C まで上昇し，液体の状態では存在しない。

この温度をこの圧力に対する**飽和温度**（saturation temperature）とよび，この温度における液体を**飽和液**（saturated liquid）という。飽和液の温度と圧力

の間には一定の関係がある。温度を決めて圧力を指定すればその温度に対する圧力も定まる。この圧力をその温度に対する**飽和圧力**（saturation pressure）という。飽和温度に達した後，さらに温度を上昇すると，体積が急に増加する。この現象を**蒸発**（vaporization）という。さらに熱すると，気泡が発生し**沸騰**（boiling）に至る。さらに熱を加えると蒸気の発生が増し，温度は一定になる。液体は**蒸気**（vapor）になり，その体積は著しく大きくなる。さらに温度を加えると液体のない状態になり，**乾き飽和蒸気**（dry saturated vapor）という。その前に多少とも液体を含むときはこれを**湿り飽和蒸気**（wet saturated vapor）という。両方を総称して**飽和蒸気**（saturated vapor）という。飽和液を熱して乾き飽和蒸気に至るまでの熱量を蒸発の**潜熱**（latent heat of vaporization）という。乾き飽和蒸気を更に熱すると，再び温度が上昇して**過熱蒸気密度**（superheated vapor）になる。図 2.11 に示すように P-v 線図で曲線 BK は飽和液，曲線 KD は乾き飽和蒸気といい，この曲線を飽和線という。圧力を上昇していくと A 点と C 点が K 点に達する。

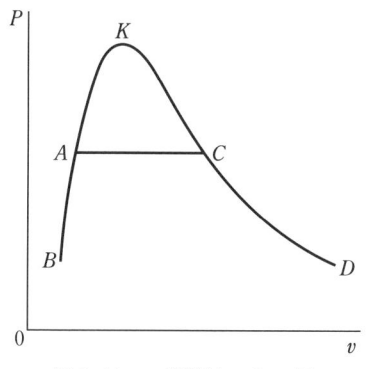

図 2.11 一般蒸気の P-v 図

　この点を**臨界点**（critical point）と称し，その点の圧力を**臨界圧力**（critical pressure），その温度を**臨界温度**（critical temperature）という。この点では蒸発熱は存在しない。臨界点に達した水は何ら体積変化なしに，すなわち蒸発の過程を経ずに蒸気に変わることになる。

さて飽和蒸気の中には湿分を含んでいる。湿分を表すのに乾き度湿り度が定義される。蒸気 1 kg 中に乾き蒸気 x kg，湿り蒸気 $(1-x)$ kg が含まれている。この時の湿り飽和蒸気の比体積 v，比内部エネルギー u，比エンタルピー h および比エントロピー s の関係式を求めよう。ただし，″は乾き飽和蒸気の′は飽和液の状態を示す。

比体積　　　　　　$v = xv'' + (1-x)v' = v' + x(v'' - v')$ 　　(2.74)

比内部エネルギー　$u = xu'' + (1-x)u' = u' + x(u'' - u')$ 　　(2.75)

比エンタルピー　　$h = xh'' + (1-x)h' = h' + x(h'' - h')$ 　　(2.76)

比エントロピー　　$s = xs'' + (1-x)s' = s' + x(s'' - s')$ 　　(2.77)

2.3 蒸気機関への応用

2.3.1 ランキンサイクル

蒸気サイクルの中でも最も重要なものは，**ランキンサイクル**（Rankine cycle）である。石油，石炭あるいは天然ガスで蒸気を作りそれを蒸気タービンに吹きつける駆動力を得るものである。効率向上に再熱，再生サイクルなどがあるが追って解説する。図 2.12 に示すサイクルで 1 kg の水が行う仕事を考える。A 点で示した圧力 P_A，比体積 v_A なる飽和水を断熱的に圧縮して，P_A から P_B まで高める。水は非圧縮性であるので変化 AB は等積変化である。したがって $v_A = v_B$

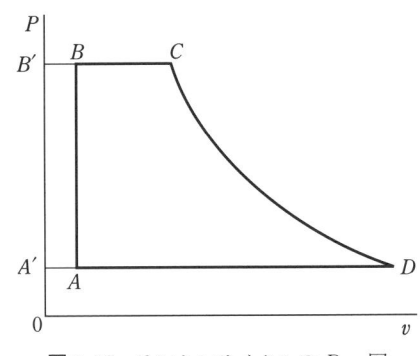

図 2.12 ランキンサイクルの P-v 図

2.3 蒸気機関への応用

である。

B における水は非飽和である。これを圧力 P_B のもとで加熱し飽和温度とする。その後加熱すると蒸発が起こり飽和蒸気となる。さらに加熱すると加熱蒸気となる。この変化が等圧変化 BC で示される。$P_C = P_B$ である。C なる状態からタービンに注入し，仕事をさせ P_A まで圧力を下げる。この蒸気は復水器で冷却され元の A 点に戻る。最後の変化は等圧線で示される。このときの仕事は $ABCD$ の面積で表される。仕事 w とすると，

$$w = 面積\ ABCD = 面積\ B'CDA' - 面積\ B'BAA' \tag{2.78}$$

$$w = \int_{P_D}^{P_C} v_s dP - \int_{P_A}^{P_B} v_w dP \tag{2.79}$$

v_s は比体積で変化 CD に沿っての積分，v_w は変化 AB に沿った積分である。ランキンサイクルの仕事は A，B，C，D 各点のエンタルピーを h_A，h_B，h_C，h_D とすれば，

$$dq = h - vdP \tag{2.80}$$

$dq = 0$ から断熱変化 CD では $(h_C - h_D)$ あるいは AB では $(h_B - h_A)$ となり，

$$W = (h_C - h_D) - (h_B - h_A) \tag{2.81}$$

である。この関係は等圧変化 BC の加熱と等圧変化 DA の放熱との差である。

効率は，

$$\eta = \frac{W}{q} = \frac{(h_C - h_D) - (h_B - h_A)}{h_C - h_B} \fallingdotseq \frac{h_C - h_D}{h_C - h_A} \tag{2.82}$$

となる。$h_B - h_A$ は上述のようにポンプで消費する仕事であり，ここで扱う仕事としては第1項と比べると無視できる。

また別の例として，図 2.13 に T-s 線図でランキンサイクルを表してみる。

T-s 線上でランキンサイクルの $ABB'C'CD$ は図 2.13 に示される。AB はポンプの中の断熱変化を表しており，仕事が小さいので A 点と B 点は一致しており区別はない。したがって等圧線 BB' は飽和線上 AB' と拡大して示してあるが，ほとんど一致している。水は等圧線上 BB' に沿って飽和温度まで熱せられる。その後 $B'C'$ に沿って等温的に蒸発が行われ，C' に達する。その後は加熱

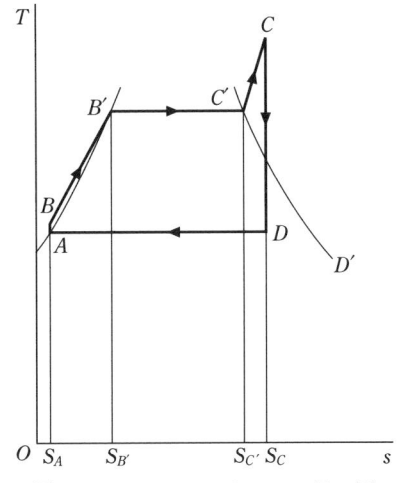

図 2.13 ランキンサイクルの $T\text{-}s$ 図

蒸気として $C'C$ まで等温的に熱せられる。CD はタービン中の断熱膨張し，DA は復水器で凝縮される。このサイクルで加えられる熱量は，

給水の加熱　　　　面積 $BB'S_{B'}S_A$
給水の蒸発　　　　面積 $B'C'S_{C'}S_{B'}$
蒸気の加熱　　　　面積 $C'CS_CS_{C'}$

したがって，加えられる全熱量 Q_1 はこれらの和であって，

$$Q_1 = 面積\ BB'C'CS_CS_A$$

放出される熱量 Q_2 は復水器の冷却水に与えられる。

$$Q_2 = 面積\ ADS_CS_A$$

仕事に変わった熱量 A は，

$$A = 面積\ ABB'C'CD$$

となり，効率は，

$$\eta = 面積\ ABB'C'CD / 面積\ BB'C'CS_CS_A \tag{2.83}$$

となる。

　通常計算に必要な定数は数値的に飽和・過熱蒸気表で与えられており，容易に計算できる。以下について注意を要する。

① 断熱的に変化した D 点は水分を含んだ蒸気となる．断熱的であるので比エントロピーは C 点の値であり，乾き蒸気と湿り蒸気を求めることが必要である．この値から D 点の比エンタルピーが計算できる．また湿り蒸気が多いとタービンの羽根を痛めるので，乾き度の高い状態の D 点にするための工夫が行なわれる．(2.74)から(2.77)の式を用いてこれらの計算を行う．

② 図からも明らかなように蒸気温度が高いほど効率が高いことがわかるが，同時に冷却温度が低いほど効率が上昇することに注意すべきである．

2.3.2 再生サイクル (regenerative cycle)

ランキンサイクルでは，復水器で冷却水に与える熱量が大変多い．そこで膨張の途中で蒸気の一部を取り出し，給水の加熱に用いれば効率を上昇できることになる．このような方式を再生サイクルといい，図 2.14 に示す．

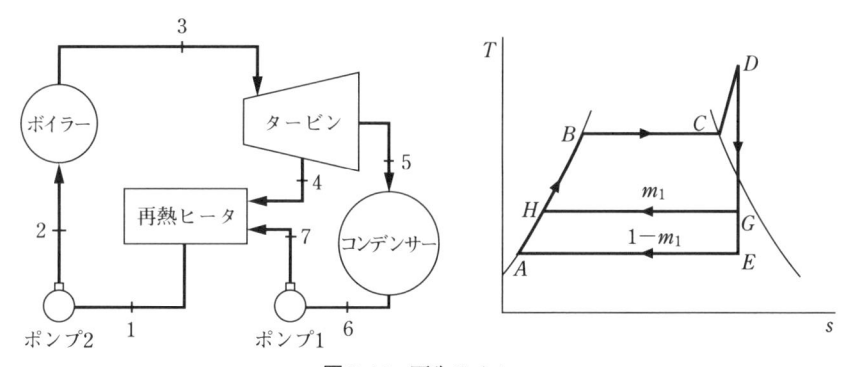

図 2.14 再生サイクル

A なる状態でポンプにおいて加圧された給水が B の状態でボイラーに送られる．そこで加熱され C の状態になる．その後，加熱器に入り D なる状態になる．タービンで断熱変化するとき途中で G なる点で一部蒸気が抽出され，**給水加熱器**（feed water heater）に戻される．抽出した蒸気で水を過熱する．抽気されなかった蒸気は E まで断熱膨張をして復水器に入り A に至る．A の水は給水加熱器で H に至る．いま，G で m_1 なる蒸気が給水加熱器に行くとすると，

$$m_1(h_g - h_h) = (1 - m_1)(h_h - h_a) \tag{2.84}$$

なる関係が得られる。

$$m_1 = \frac{h_h - h_a}{h_g - h_a} \tag{2.85}$$

したがって効率は，ポンプのエネルギーなどは少いとして，

$$\eta = \frac{(h_d - h_E) - m_1(h_g - h_E)}{h_d - h_h} \tag{2.86}$$

となる。乾き蒸気や湿り蒸気からその時のエンタルピーを求めることは上記の通りである。

2.3.3 再熱サイクル (reheat cycle)

ランキンサイクルでは多くの場合，加熱蒸気を使って膨張させるが，圧力の低下と共に温度が下がり加熱度が下がる。この加熱度が下がった蒸気を再熱器 (reheater) に入れて再び高温にして，再びタービンに入れて膨張させると効率が向上するだけでなく蒸気中の水分を下げることができる（図2.15）。

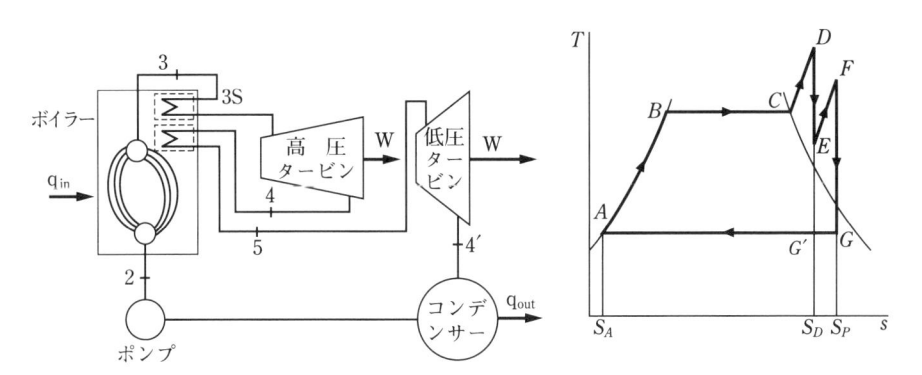

図 2.15 再熱サイクルと T-s 線図

CD は加熱器での変化で加熱し，タービン中で DE なる変化をして仕事をする。飽和線に近づいたとき，これを再熱器に入れ等温過熱をしてタービンに送り返す。FG なる変化の仕事をし，その後 GA は復水器の過程で冷却する。このとき再熱器で加える熱量を Q' とすると，

$$Q' = \text{面積 } S_D EFS_P = h_F - h_E \tag{2.87}$$

Q' だけ余分に熱を供給するかわりに，仕事も増加する．この時の増加分の仕事 W_1 は，

$$W_1 = (h_D - h_E) + (h_F - h_G) - (h_D - h_{G'}) = (h_F - h_E)$$
$$- (h_G - h_{G'}) \tag{2.88}$$

$$W_1 = \text{面積 } EFGG' = Q' - (h_G - h_{G'}) \tag{2.89}$$

効率は，

$$\eta = \text{面積 } ABCDEFG / \text{面積 } S_A ABCDEFGS_F$$
$$= \{(h_D - h_E) + (h_F - h_G)\} / \{(h_D - h_A) + (h_F - h_E)\} \tag{2.90}$$

となる．

2.3.4 損失

タービンの効率を求めたが実際はタービンを流れる蒸気の損失や熱伝達の損失など種々の損失があり，タービンの内部効率は 80%～90% 程度である．またポンプの損失，パイプの摩擦や熱損失，ボイラーにおける熱損失や蒸気や時の流れに伴う摩擦損失などがある．それぞれの損失は見積もられている．

以上からタービンの効率を計算できるので参考に示してある．

例題として，次のページの表 2.1 を参照して以下のタービンの効率を求めよ．

（1） ボイラーで加熱された 3.0 MPa の飽和蒸気が 0.1 MPa の大気圧において復水器で冷却された．その時の効率を計算せよ．

〈解答〉 効率 23.7% となる．乾き度 $x = 0.8058$

（2） 上記において 0.01 MPa の大気圧において復水器で冷却された．その時の効率を計算せよ．

〈解答〉 効率 32.32% となる．乾き度 $x = 0.7383$

（3） 4.0 MPa の蒸気がタービンに入り，復水器の圧力は 0.01 MPa である．

表 2.1 水の過熱蒸気，飽和蒸気，飽和水の関係

状態	圧力 P [MPa]	温度 Tv [°C]	比体積 v [m³/kg]	比エンタルピー h [kJ/kg]	比エントロピー s [kJ/kg・K]
液体	4.0	250.33	0.00125206	1087.40	2.79652
ガス	4.0	250.33	0.0497493	2800.3	6.06851
過熱	4.0	400	0.07338	3215.7	6.7733
液体	3.0	233.84	0.00121634	1008.35	2.64550
ガス	3.0	233.84	0.0666261	2802.3	6.18372
過熱	3.0	500	0.1161	3456.2	7.2345
液体	0.5	151.84	0.00109284	640.115	1.86036
ガス	0.5	151.84	0.374676	2747.5	6.81919
過熱	0.5	240	0.4647	2940.1	7.2317
過熱	0.5	250	0.4744	2961.1	7.2721
過熱	0.5	500	0.7108	3483.8	8.0879
液体	0.4	143.62	0.00108387	604.670	1.77640
ガス	0.4	143.62	0.46224	2737.6	6.89433
過熱	0.4	400	0.7725	3273.6	7.8994
液体	0.1	99.63	0.00104342	417.51	1.30271
ガス	0.1	99.63	1.69373	2675.9	7.35982
液体	0.01	45.83	0.00101023	191.83	0.64925
ガス	0.01	45.83	14.674	2584.8	8.15108

その時の効率を計算せよ。

〈解答〉 効率 33.73% となる。乾き度 $x=0.7227$

（4） 3.0 MPa の飽和蒸気の後に，過熱器を設け，500°C，3.0 MPa まで過熱しタービンに入れる。復水器は 0.01 MPa である。この時の効率を計算せよ。

〈解答〉 効率 35.65% となる。乾き度 $x=0.8778$

（5） 再燃サイクルのタービン入り口の温度は 3 MPa，500°C である。高圧タービンで 0.5 MPa になるまで膨張し，再熱器に送られ 500°C に再熱され，低圧タービンで 0.01 MPa にする。この発電機の効率を計算せよ。また高圧，低圧タービンの乾き度を求めよ。

〈解答〉 高圧タービンの入り口と出口は等エントロピーで加熱状態。この値に近い 0.5 MPa に近い状態の定数を表から求める。この状態では $P=0.5$ MPa, $T=240.7℃$, $h=2941.6$ [kJ/kg], $s=7.2345$ [kJ/kg・K] となる。これを初期状態として低圧タービンを考える。効率 37.642%。乾き度 $x=1.0$ （高圧タービン），$x=0.982$ （低圧タービン）

（6） 再生サイクルで運転されている発電プラントで，圧力 3 MPa，温度 500℃の過熱蒸気がタービンに入り，0.01 MPa で排気される。タービンから抽気された 0.5 MPa の蒸気で運転される。この時の効率を計算せよ。

〈解答〉 高圧部から抽気された比エントロピーは等エントロピーであり同じであるので，0.5 MPa で比エントロピーに近い値は $T=240.7℃$, $h=2941.6$ [kJ/kg], $v=0.4656$ [m³/kg] である。また高圧部蒸気―抽気―低圧部蒸気の比エントロピーは同じである。すると低圧部蒸気の乾き度は 0.8778 になる。タービン出力計算のため抽気の割合を計算すると 0.163 になる。すなわち 1 kg 蒸気に対して $m_1=0.163$ kg となる。効率 37.6%

（7） これらの計算を通じタービンの効率向上の方法を整理せよ。超臨界で運転されるときその制限は何か。

〈解答〉 臨界圧にすると材料が特殊な溶解をしたり，金属が熱疲労をする。これらを防ぐため新たな開発が必要である。むやみに温度を上げることは現実的でない。

2.4 燃料

2.4.1 燃料概観

燃料としては化石燃料，アルコール燃料あるいは核燃料が使われている。将来は近海に存在するメタンハイドレードなどがある。化石燃料のうち石油，石炭，LNG などが広く使用されているが，近年になり燃焼に伴って出てくる炭酸ガス

CO_2 が地球温暖化の要因であるので，できるだけ CO_2 が発生しないものが選ばれるようになってきた。しかし化石燃料では石炭が一番資源量が大きく，現段階では石炭を燃料にする火力発電も運転されているし，中国ではまだ数多く建設されている。石炭は燃焼後 SO_x が発生するので，脱硫装置を用いてこれらのガスの排出を抑えることも必要である。日本ではほぼ完全にこのようなガスは取り去られているが，世界的に見るとこのような設備を設置すると建設費がかかり，その結果電気代が高くなることがあり，設置していない場合が多い。

石炭（coal）は太古の時代，樹木やシダの堆積層が地中に埋没し熱と圧力に曝された結果，炭素と炭化水素に転換されたものである。**ピートモス**あるいは**泥炭**（peat coal），**亜炭**（lignite coal），**瀝青炭**（bituminous coal）あるいは高級な**無煙炭**の順に良質となる。現状では石炭も経済的な評価が行われ，露天掘の採炭でしか採算が合わず，日本ではオーストラリアから輸入されている。また CO_2 が発生したり，燃焼後の排出ガスや灰の処理が大変であるので，国の研究として石炭液化あるいはガス化技術の開発が行われている。無煙炭は光沢があり，黒い硬い石炭で工業用に使用される。瀝青炭は揮発成分も多く，点火が容易である。亜炭は重要度の低い燃料として用いられるが，発熱量も小さく灰分が多い。

石油（petroleum）は**原油**（crude oil）から精製されたものである。原油は硫黄，窒素，酸素あるいは灰分を含んだガスを含む**炭化水素**であり，**パラフィン系**（paraffin），**ナフテン系**（naphthalene）があり，産地によってその組成が異なる。原油は分留が行われ，沸点の低いほうから**ガソリン**（gasoline），**軽油**（Diesel oil），**灯油**（kerosene），**重油**（heavy oil）あるいは**潤滑油**（lubricating）などになる。わが国では石油はほとんど産出されず海外から輸入する。火力発電には重油が用いられ，石炭に比べ完全燃焼しやすく，点火，燃焼の制御が易しく，排分の処理量は少ない。

LNG（liquefied natural gas）は**天然ガス**を $-160°C$ で液化したものである。メタンが主成分で硫黄分は含まない。したがって SO_x の発生がなく，水素が多いので炭酸ガスの発生量が少なく，よって公害が少ない。また着火温度が $645°C$ と高く，燃焼するにも空気との混合割合が高いことなど危険性が少なく有利であ

る。

また，水素は人が発生させて利用できることもあり，燃料として研究がすすめられている。

2.4.2 燃焼

火力発電では2.4.1で述べた燃料が点火され燃焼する。燃料は水分，炭素，硫黄，水素，メタン，プロパンその他飽和，不飽和の炭化水素で構成される。燃焼過程で燃料は空気と混ぜられ燃焼されるが，これらの過程は燃焼反応として表せる。1 kgモルの炭素と1 kgモルの酸素が反応して1 kgモルの炭酸ガスが発生する。酸素は空気として供給されるが，空気の場合約21％の酸素と79％の窒素である。したがってメタン1モルを燃焼するとき，次式で表せる。

$$CH_4 + 2O_2 + 2(3.76)N_2 \longrightarrow CO_2 + 2H_2O + 7.52N_2 \qquad (2.91)$$

このように燃料を完全に燃焼させる最小の空気量を**理論燃焼空気**という。実際には燃料が空気と完全に混入しないので過剰に空気を混入する。理論空気量に対して過剰空気量の比を**空気比**という。また蒸気反応式をみても燃料によって理論空気量は異なる。

反応系の熱力学第1法則は次のように表せる。

$$Q_c + n_i h_i = W_c + n_e h_e \qquad (2.92)$$

これらの計算では温度25℃，圧力0.1 MPaのすべての元素のエンタルピーを基準にしている。上記の式の左辺の第2項は反応物のエンタルピー，右辺の第2項は生成物のエンタルピーである。またW_cは外部にされた仕事である。

メタンの反応について書くと次のようになる。W_cの仕事は行われないので

$$Q_c + n_i h_i = n_e h_e \qquad (2.93)$$

メタンの生成のエンタルピーは$n_i h_i$であり，符号はマイナスである。CO_2とH_2Oはそれぞれ生成エンタルピーの和であり，それぞれ符号はマイナスである。また25℃，0.1 MPaを基準としているが，これを例えば3.5 MPa，300℃の状態にするときは，理想気体として定圧比熱からエンタルピーを出す方法，あるいは数値表から求める方法が用いられている。

2.5 ボイラー，復水器，給水加熱器など

2.5.1 ボイラー

ボイラーは燃料を炊き蒸気を作りタービンに送り込む装置であり，多数の水管が使われている。これは効率よく水を蒸気に変えるために，大形ボイラーは例外なく**水管ボイラー**が採用されている。ボイラーの例を図 2.16 に示すが，上下に汽水ドラムで構成され，それを水管で導いている。

ボイラーは**炉**（furnace），**ボイラー本体給水ポンプ，空気予熱器**（air preheater），**節炭器**（fuel economizer），**再熱器**（reheater）などで構成される。また**バーナー，ファン，煙突，灰処理装置**，石炭では**粉砕器**や**ストッカー**などが補助設備としてある。また，日本では**集塵器**や**脱硫装置**も例外なく設置されている。

またボイラーには**自然循環ボイラー，強制循環ボイラー**と**貫流ボイラー**がある。

図 2.17 に自然循環ボイラーを示す。蒸発管と降水管から成り立つが，蒸発管で降水管におりてきた水が加熱された蒸気になり汽水ドラムに入る。温度が上昇すると下部の飽和密度と汽水ドラムの蒸気の密度差がなくなり還流しにくくなる。したがって圧力を高くできない欠点がある。

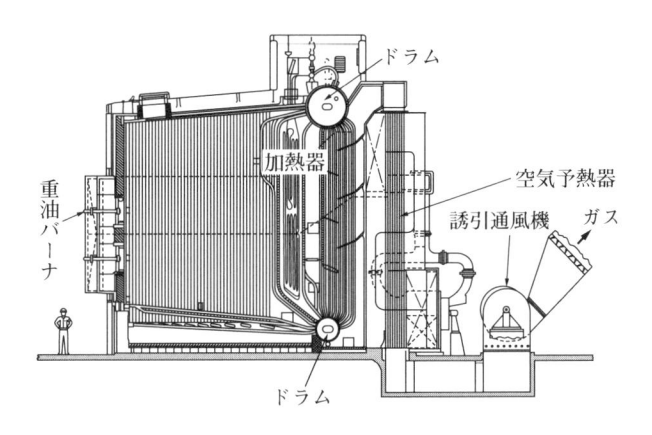

図 2.16　水管ボイラー

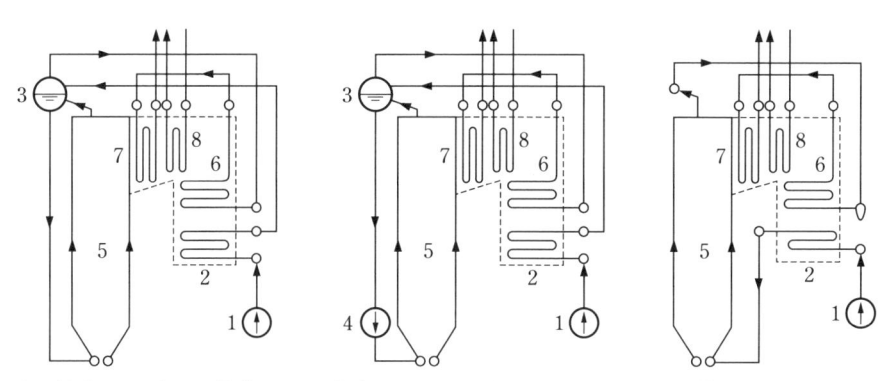

(1：給水ポンプ　2：節炭器　3：汽水ドラム　4：循環ポンプ　5：蒸発管　6：一次加熱器
7：二次加熱器　8：再熱器)

図 2.17　自然循環ボイラー　　　図 2.18　強制循環ボイラー　　　図 2.19　貫流ボイラー

　図 2.18 に強制循環ボイラーを示す。自然循環ボイラーの欠点を補うため降管に循環ポンプを設けてあり，強制的にボイラー水を循環させる。水の流れが速くなるので薄肉の管が使用できる。

　図 2.19 に低流ボイラーを示す。さらに圧力が高くなり，臨界圧や超臨界圧になると，ボイラーの中で水は流れ，汽水ドラムも必要なくなる。

　さらにバーナーは燃料によって変わり，**石炭燃焼ボイラー，重油燃焼ボイラー，石炭重油混焼ボイラー，ガス燃焼ボイラー**などに分類でき，バーナーの構造もそれによって異なる。

2.5.2　復水器

　復水器は熱力学的に火力発電のシステムの低圧熱源として利用される。システムから放出されるエネルギーを吸収し，タービンから放出される蒸気を凝縮し，飽和水として水を再利用する。タービンの出力は，低圧の凝縮水の飽和温度に対応する圧力が低いほど大きくなり，大変重要な機器である。各種ポンプと冷却装置で構成される。

　日本の例だと火力発電所は海岸に設置されるので，冷却水は海水である。この

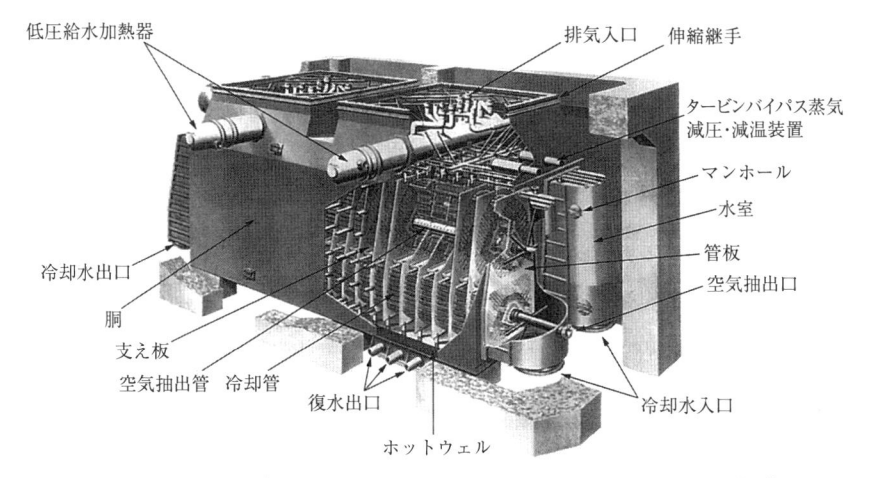

図 2.20　復水器の例 [『電気工学ハンドブック』より電気学会の許諾を得て複製]

海水の温度で蒸気は冷却されるので，温度が低いに越したことはない。できるだけ温度の低い海水で冷却される。また貝類の繁殖は冷却効果を妨げるので定期的に除去しなければならない。さらに蒸気が冷却されると飽和水になるが，その中に含まれる不純物の除去あるいは空気などのガスも除去しなければならない。それらのために，各工夫が施されている。

また海水や河川水が得られないときは，クーリングタワーによって冷却水を循環する必要がある。冷却水が蒸気と直接触れる湿式と乾式があるが，湿式の場合，低温時に可視白煙が発生することがある。

2.5.3　給水加熱器

タービンから抽気された蒸気は管の外側で凝縮することによって給水が管の中を流れ，熱が伝達される。タービンから抽気された蒸気が給水加熱器の給水管の外側で凝縮した水を**凝縮水**というが，この水は給水管に圧入されるかトラップを通して低圧の給水加熱器に送られる。この様子を図 2.21 に示す。火力発電所では多くの抽気段が利用されているが，タービンの効率はこれによって改善される。

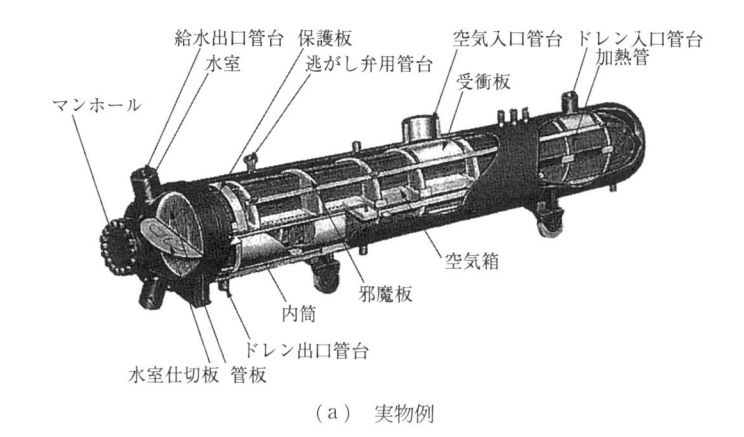

2.5 ボイラー，復水器，給水加熱器など

(a) 実物例

(b) 高圧給水加熱器の使用例

図 2.21 高圧給水加熱器［『電気工学ハンドブック』より電気学会の許諾を得て複製］

2.5.4 環境対策設備

排煙の環境対策設備として，コロナ放電によって排煙の固形物に電荷を与え，電圧を印加して集塵する**電気集塵装置**がある。$0.1\,\mu$m 以下の固形物が取れるので大変多く使用されている。また排煙には硫黄分が含まれるため，**排煙脱硫装置**も付けられている。**湿式石灰石-石こう法**が用いられている。石灰石や水酸化マ

グネシウムのアルカリ材でのスラリおよび水溶液で排煙中の硫黄成分を除去し，石こうなどを作る。石こうはセメントや石こうボードに利用される。おおよそ 90～95%の硫黄分を取り除くことができる。

また NO_x の排出も問題になっている。NO_x は高温で燃焼すると発生し易いことなどから，燃焼を制御したり，排煙中の NO_x にアンモニアを作用させる方法などが開発されている。

さらに石炭燃焼では灰処理装置が必要であり，埋め立て用土として利用されている。

火力発電所で高い構造物は**煙突**である。排ガスの拡散を目的に高い煙突が採用されている。また煙突を集合形煙突にするなども行われている。

2.5.5 蒸気タービン

イギリスにおいて，蒸気の力でピストンを往復運動させることは，1700年頃から行われていた。19世紀後半になると蒸気機関の改良が行われて，回転力を利用して蒸気機関ができるようになった。

タービンではこのような構造が多段にできるようになり，大出力のタービンができるようになった。**衝動タービン**（impulse turbine）では**ノズル**（nozzle）で蒸気の圧力を下げ，蒸気の流速を加速して**バケット**（bucket）に吹きつける。蒸気の圧力の変化はない。

反動タービン（reaction turbine）は，**可動羽根**（moving vane）が**固定羽根**（stationary vane）を通過するとき圧力は低下する。タービンの羽根の構造を図 2.22 に示す。

両方を併用すると**混式タービン**（combination turbine）となる。

（1）衝動タービンの蒸気の速度と圧力の関係を図 2.23 に示す。ノズルの中で膨張し高速で羽根に吹きつける。したがって一段で羽根を回すため，回転が速くなり小形タービンに向く。また複数の段数で速度を下げ，圧力を一定に保つ構造も考案されて，**カーチスタービン**とよばれている（図 2.24）。

蒸気の入射角がゼロの時が最適であるが，図に示すようにある程度の入射角度

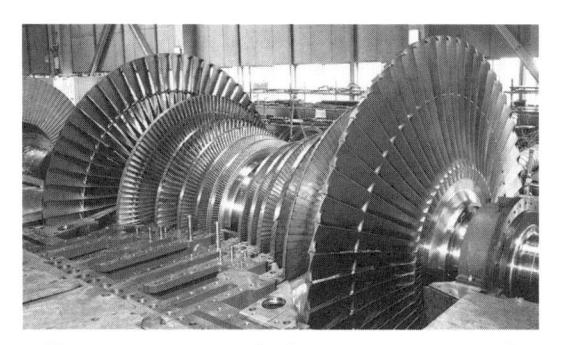

2.5 ボイラー，復水器，給水加熱器など

図 2.22 タービンの羽根 [写真提供：株式会社 東芝]

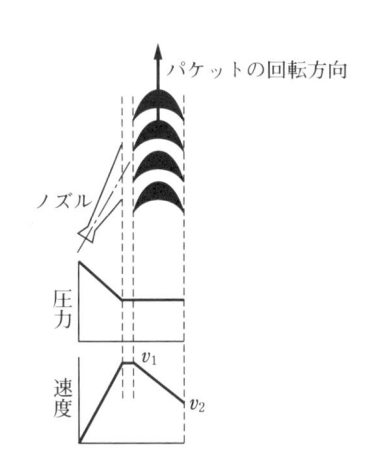

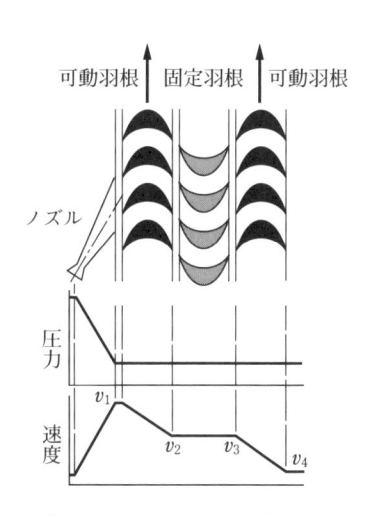

図 2.23 衝撃タービンの圧力および速度

図 2.24 カーチスタービンの例

θ が必要であり，そのための効率の低下は $\cos^2\theta$ に比例する．これに対して可動羽根の仕事率の比を**段効率**とよび，$\eta\Delta_H$ で表す．

$$\eta\Delta_H = W_p/\Delta H = W_p/m\Delta h \quad (m \text{ は段数}) \tag{2.94}$$

（2） 反動タービンは蒸気の膨張を回転羽根の中で行わせて，蒸気の反動力を利用している．図 2.25 には蒸気圧力と速度の関係を示してある．反動タービンでは固定羽根と可動羽根の効率が全体の効率に影響する．

また蒸気タービンの効率はタービンの出力を $P[\text{kW}]$，使用蒸気量を $z[\text{kg/h}]$，

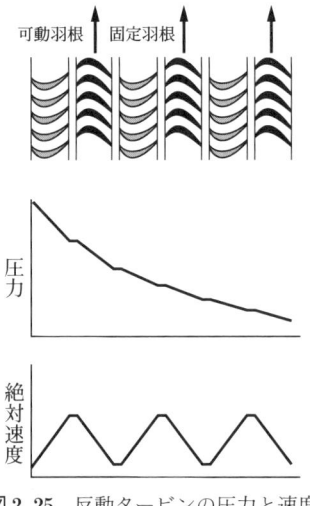

図 2.25　反動タービンの圧力と速度

タービン入り口の比エンタルピーを h_1[kJ/kg], タービン出口のエンタルピーを h_2 とすると効率は,

$$\eta_T = \frac{3600P}{z(h_1-h_2)\cdot 100}$$

となり, 最新の大容量機では 85〜94%, 中容量では 70〜80%である.

また h_2 の代わりに復水の比エンタルピー h_3 をとると, 蒸気タービンの熱効率という.

（3）混式タービンとして, 段数の多いタービンでは, 衝動と反動とを組合わせたもので大出力タービンが実現している. 蒸気タービンは連結の方式で分類されている. 図 2.26 に示すように軸を一直線に配置したものを**タンデムコンパウンドタービン**（tandem compound turbine）, 並列に配置したものを**クロスコンパウンドタービン**（cross compound turbine）という.

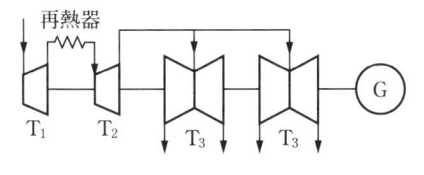

(a) タンデム形

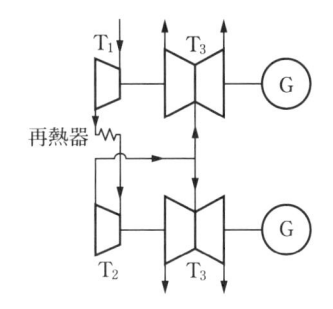

(b) クロスコンパウンド形

図 2.26 タンデムタービンとクロスコンパウンドタービン

2.6 発電機

　この節では火力用発電機の説明を行う．各種原動機には，それに合った発電機を接続するので，ここでまとめて解説する．

2.6.1 火力用発電機

　ここではタービンに直結される交流同期発電機について説明する．同期発電機は定格回転速度 N[rpm]，極数 p および発生する周波数 f[Hz] との間には，

$$f = \frac{N \cdot p}{120}$$

の関係がある．したがって 60 Hz と 50 Hz，2 極と 4 極があるので 1500〜3600 rpm の間にある．火力では 2 極，原子力では 4 極が一般的に用いられる．また図 2.27 にロータ挿入中の発電機を示す．ロータは 2 極構造で固定子に挿入され

図 2.27 ロータ挿入時のタービン発電機 [IEEE *"Power Engineering Review"*, July 2002 より許諾を得て転写]

ている。

リアクタンスは $X_d''==0.1\sim0.3$, $X_d'=0.15\sim0.3$, $X_d=1.6\sim2.2$ である。最大の容量は 1120〜1300 MVA である。

また電機子の耐熱クラスは冷却媒体で決まるが，最大では 155°C のものまである。これらは水素冷却，水冷却あるいは空気冷却などによって決まる。最近では空気冷却の容量が大きくなり，400 MVA のものまで空気冷却でできる。また空気冷却・鉄心水冷却では 200 MVA/200 kV（パワーホーマー発電機），水素冷却・電機子水冷却では 1700 MVA が実現している。発電機の容量増は図 2.28 に示すコイルの冷却と絶縁物の熱伝達率の向上が大切である。この例では中空導体を用いて冷却を考えた構造になっている。また電機子の耐電圧は定格電圧 [kV] で決まり，$2 \cdot E + (0.5\sim3)$ kV である。また導体冷却のため中空導体やダクトを採用しコイルを直接水素や水で冷却して冷却性能を上げたり，導体と鉄心間の対地絶縁物の熱伝導を改善し冷却強化することにより，発電機の小型化や容量増大に役立てている。

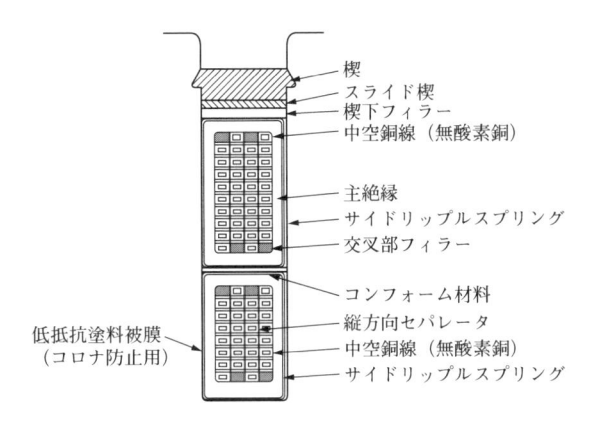

図2.28 コイルの構造

2.6.2 原子力用発電機

　原子炉で発生する蒸気は火力発電と比べると比較的低圧であること，湿分が多いことなど相違点がある。したがって蒸気量の多いことが要求され，大きな排気面積が必要とされる。そのため低圧最終段の羽根は50インチ以上の大きなものを使用する。また湿分が羽根を侵食するため，羽根の回転のスピードも落とす必要があることなどで1500から1800 rpmにして，4極の発電機を用いている。この発電機は火力用と比べると回転子径が約1.5倍，重量が約2倍になるが，回転数が低いので回転子軸材や楔あるいは絶縁物にかかる応力が少なく，大容量化が可能である。世界では3000 MVA程度の発電機が可能と言われている。

2.6.3 水車発電機

　水の位置エネルギーを電気に変えるよう，水車に接続されている発電機である。ダム式発電所が一般的であるが，小水力発電のように極めて小さい発電所も最近は多く利用されている。また近年では，原子力発電が出力一定運転されるため，需要の少なくなる深夜電力を利用してダムに水をくみ上げ，昼にその水を再度利用する揚水発電が多くなってきた。国内は昭和30年代まで水力発電が多かったが，エネルギー需要が増加し火力・原子力発電が主流になってきた。水車発

電機の定格回転速度は水車によって決まり，1200 から 60 rpm，可変速揚水発電（6 から 100 極）と幅広く採用されている．図 2.29 に示すように，発電機の径は当然大きくなり，タービン発電機より大きい．高落差ではペルトン水車，中落差ではフランシス水車，低落差ではカプラン水車が使われるためである．発電機は水車とフランジ構造で接続される．水車発電機は，負荷が変動するとき周波数維持のために大きなはずみ車効果を持っていることが必要である．また水車が暴走するとき，ある程度の加速度に耐える構造を持つこと，あるいは水車および発電機の回転部重量に耐える**スラスト軸受**をもっていなければならない．水車発電機はスラスト軸受けを回転子の下に配置した立軸形が用いられる．世界的に見ると最大容量は 840 MVA であるが，極く小さい容量から 500 MVA 程度までであり，回転速度もまちまちである．固定子は空気冷却がほとんどであり，稀に水冷却方式が採用される．

図 2.29 水車発電機の例 ［写真提供：株式会社 東芝］

2.6.4 可変速揚水発電

ポンプ水車の揚程と損失水頭の差と，水車の落差の損失水頭のそれぞれの和はすでに述べたようになるため，一つのランナーで共に最適特性を持たせることは困難である．このため可変速にする必要がある．また原子力がベースロードになると，周波数調整をきめ細かくするために，調整可能にしたり，揚水発電で調整

2.6 発電機

可能にする必要が生じてきた。このためにも可変速が必要である。国内では原子力発電が主力になり，原子力発電は出力が変更しにくいため，昼間の高負荷時に，瞬時変動電力を可変速揚水発電に頼ることになっている。また夜間の軽負荷時には，火力発電が夜間には運転を取りやめて周波数調整容量が不足するため，可変速揚水発電を用いる。このようなときは，誘導電動機の2次励磁による速度制御と同じ特性を持たせることが必要である。図2.30に示すように，発電電動機の回転子を突極形から円筒巻線形に変更し，かつ高電圧を印加するようにする。すなわち回転周波数と励磁周波数を共に可変とし，その和を電源周波数と一致させることによって実現できる。この方法はGTOなどのパワーエレクトロニクスを利用し，可変周波数を作り運転を可能にしている。

揚水発電時に周波数調整ができ，ポンプと水車の回転速度が最適化され，同期化力が増し電力動揺の収束が早く，始動装置が不要となるなど特長のある発電電動機が実現できる。他方，回転子に高電圧大電流を通電する必要がある。現在では国内の葛野川発電所に 500 rpm±4%発電機 475 MVA，電動機 460 MW，電圧 18 kV の設備などがあり，今後ますます活用されると考えられる。

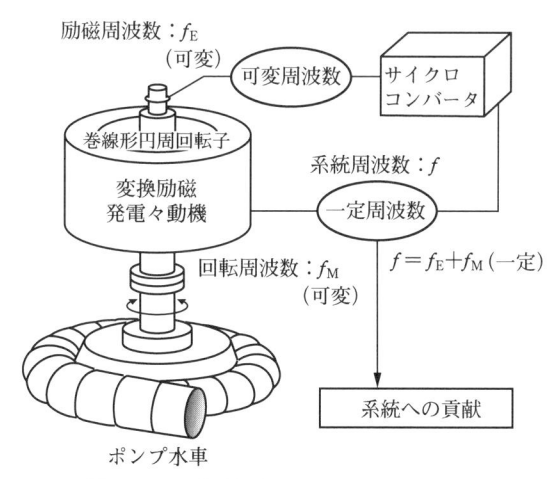

図 2.30 可変速揚水発電のシステム図構成

2.6.5 永久磁石発電機

　従来のサマリウム（Sm）系に対して高性能・低価格であるネオジム（Nd）系の磁石が開発されてきた。また耐熱性も改善されてきたため，これを発電機の回転子に取り付けた永久磁石発電機や電動機に利用されている。永久磁石電動機は応用範囲が広くよく知られているが，ギヤレス風力発電機やマイクロガスタービン発電機にも利用されている。高速度で運転されるマイクロガスタービンでは，100,000 rpm以上のものまである。

2.7　コンバインドサイクル発電システム

2.7.1　ガスタービン発電（シンプルサイクル発電）

　蒸気タービンは蒸気を回転エネルギーに変換する装置である。燃料を使って，ガスの熱エネルギーを機械力に変える装置がガスタービンである。ガスタービンの熱効率は30～35％と大変低いにもかかわらず，建設コストが安く，起動停止時間が短く負荷応答特性がよい。また天然ガスを燃料とするのでCO_2の発生が少ないことなどから，急速に普及しつつある。また燃焼温度を高くすると効率が上昇するので，羽根の耐熱材料や冷却技術の進歩とともに高効率化と大容量化が計られている。ガスタービン入口温度も1300～1450℃，容量で300 MW機まで上昇した。また排ガスは500～600℃と依然として上質の熱源として利用できるので，最近はコンバインドサイクル発電として活用されている。

　ガスタービンサイクルは図2.31（a）に示すように空気圧縮機，燃焼器とガスタービンからなる。空気圧縮機でできた圧縮ガスの約1/3を燃焼器に入れるとともに，残りの2/3の圧縮空気をガスタービンに導き冷却に使用される。燃焼器の中では天然ガスが燃料として約1800℃で燃やされ，高温ガスとなり，ガスタービンに導くために1100～1450℃まで冷却している。図2.31（b）にガスタービンのサイクル図を示す。

　また図3.32にガスタービンの例を示す。これは図2.6で解いたようにJouleサイクルである。

2.7 コンバインドサイクル発電システム

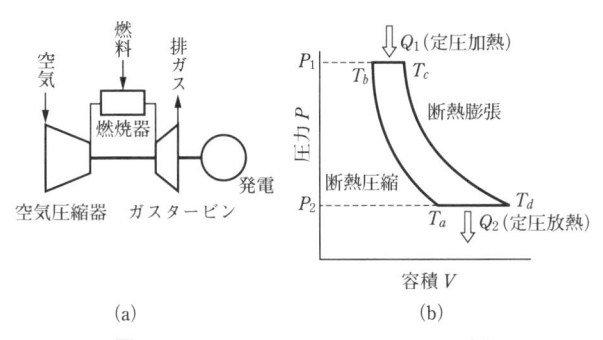

図 2.31 ガスタービンサイクルと PV 図

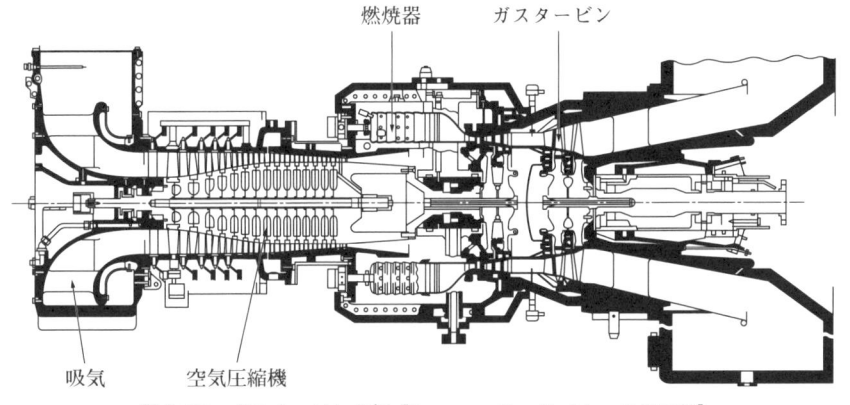

図 2.32 ガスタービンの例 [European Gas Turbines 社製の例]

　ガスタービンは本来航空機用に広く開発されてきたが，地上用に改良され普及してきたものである．蒸気タービンのように本来密閉されたサイクルの中を循環し相変化はしないが，ガスタービンはボイラーのように燃焼器で熱供給を受け，それがタービンに吹きつけられて動力を得ている．また排ガスは大気に放出される．また大気から空気を吸い込み，圧縮機で圧縮したガスを燃焼器で燃焼する．ガスタービンでは約 50% が圧縮機の駆動力に使われ，約 50% が出力として発電機やポンプ，圧縮機の駆動などに利用される．

　ここで圧縮と膨張は可逆で断熱的，また作動ガスの運動エネルギーは出口と入口では変化せず，かつ損失がない，さらに作動ガスは同じ圧力比熱を持ち変化しないなどの仮定をする．

このガスタービンサイクルは Joule サイクルで表される。
(2.52)式から

$$\eta = 1 - \left(\frac{P_1}{P_2}\right)^{(\gamma-1)/\gamma}$$

$P_2/P_1 = r$ とおいて

$$\eta = 1 - \left(\frac{1}{r}\right)^{(\gamma-1)/\gamma} \tag{2.95}$$

以上からガスタービンの出力向上策として，
① タービンや圧縮機の効率向上
② ガスタービン入口温度 T_c の上昇
③ 圧力比 r の向上
④ T_a，T_d の温度の低下

などが考えられる（(2.52)式参照）。

その他，ガスタービンの効率向上には蒸気サイクルと同じに再生サイクル，再熱サイクルなどが考えられる。

この技術を完成するためには，大変大きな開発力が必要である。例えば高温のガスを扱うため，耐熱材料を必要とする燃焼器やタービンの羽根には高温耐熱材料が貼ってあり，それが時間と共に劣化してしまい保守作業をする必要がある。また構造も含めて大変な技術である。燃焼器やタービンの羽根部分は，冷却のため内部から圧縮空気を噴出し冷却する構造になっており，風を噴出しながら回っている羽根車を連想させる（図2.33）。

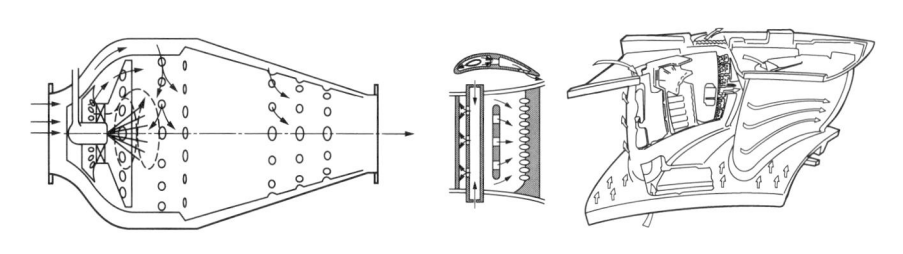

(a) 燃焼部の内部　　　　(b) タービンの羽根

図 2.33　ガスタービンの冷却

コンプレッサの圧縮空気を各所から噴きつけ部品を冷却する。最近のガスタービンでは圧縮空気の代わりに加熱した蒸気が採用され，より温度の高いガスタービンが実現できている。

2.7.2　コンバインドサイクル発電

ガスタービンの排出ガスを利用するため，その後に蒸気発生装置を配置したものをコンバインドサイクル発電という。ガスタービンの排ガスは温度が高く蒸気発生のボイラーに容易に使用できる。ガスタービン発電の特長を前に述べたが，建設が容易で安価である。また炭酸ガスの排出や SO_x や NO_x の発生も少なく，まさに最近の発電所に向いている。ガスタービン発電装置に従来の蒸気発電機を組み合わせるコンバインドサイクル発電は，効率が50％を超えており，まだ改善の余地がある。図2.34にコンバインドサイクル発電の概念図を示すが，特に変わった発電装置ではない。図に示すようにコンバイドサイクル発電ではエネルギーの大部分が回収でき，効率が上昇する。しかし通常の火力発電装置は効率が約40％であり，10％の効率改善はまさに画期的である。世界では現在この方式が採用されている。

これまで理想的な熱サイクルを考えてきたので，図2.35に示す T-s 図が不

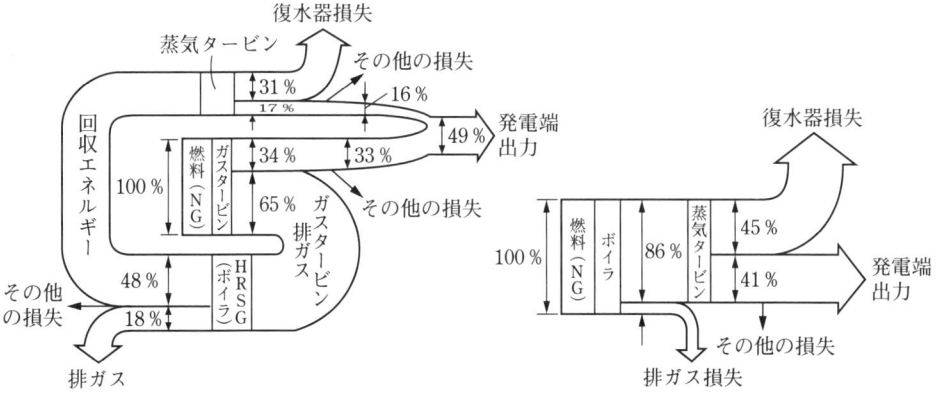

(a) コンバインドサイクル発電プラント　　(b) 新鋭大型蒸気発電プラント

図2.34　コンバインドサイクル発電と蒸気発電の効率の比較図

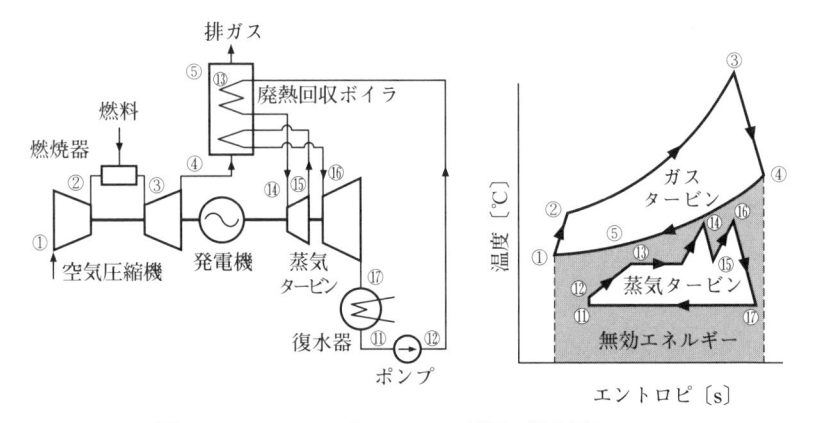

図 2.35 コンバインドサイクルの発電の概念図と
コンバインドサイクル発電システムの T-s 図

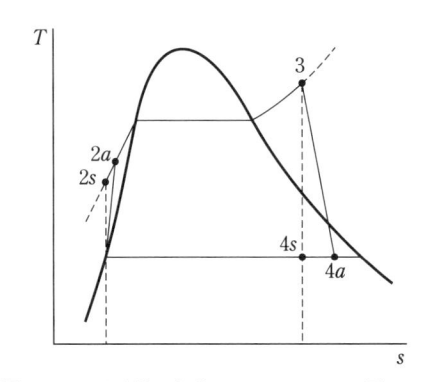

図 2.36 不可逆が存在するときの T-s 図
理想的 (s) な変化が不可逆 (a) になる

思議に見える。これは変化が可逆であると仮定したためである。図 2.36 は不可逆仮定を想定したときの T-s 図を示してある。比エントロピーは解説したように常に増大しおり，実際の断熱変化では増大する。これは種々の損失に伴う変化である。

このような組み合わせの発電方式を**トッパー**とよんでいる。通常の発電機関の上に同じような発電装置を接続する方式である。同じ例で MHD 発電を蒸気火力発電装置の上位に配置することも考えられ，これもトッパーの一種である。コ

ンバインドサイクル発電システムの効率は1300℃で50%，1500℃で53%に達するといわれており，今後の主力発電装置の一つである。しかし同時に低NO_x化が要求されており，ガス温度を高くすることと，燃焼温度を下げ低NO_x化を図ることとが矛盾しており，開発が要求される事項である。

2.8 マイクロガスタービン発電

1990年代から大きな話題をよんでいる発電装置がある。ターボチャージャーの技術を利用して，65,000から120,000 rpmで運転するガスタービン発電機である（図2.37）。出力は20〜200 kWであるが，発電効率は20〜30%程度である。病院，ホテルやコンビニエンスストアで利用されるような，小規模な分散発電装置である。しかも，市街地で使用されると廃熱利用ができ，その結果，総合熱効率は70%以上も可能であるといわれている。適用が容易なため，従来の発電システムと並存する可能性がある。ガスタービンは遠心圧縮機1段と遠心タービン1段燃焼器から構成され，極めてコンパクトである。圧力比は3〜5，燃焼温度は800〜900℃である。また高速で運転するため軸受けは空気軸受けであり，発電機は発電機の項で説明した永久磁石タイプである。

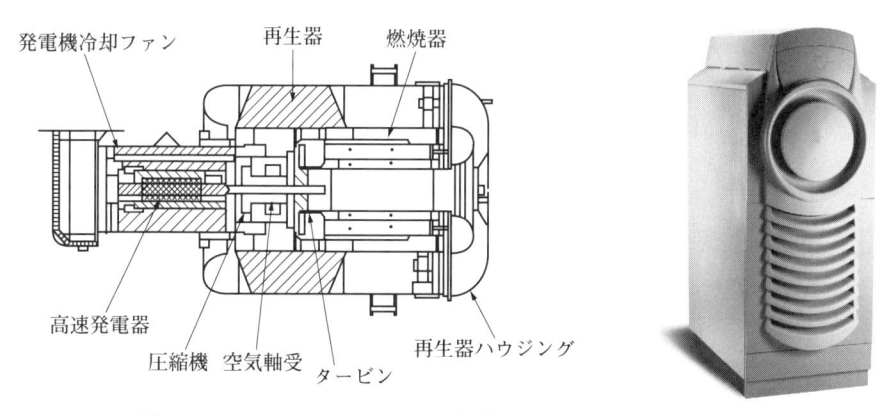

図2.37 マイクロガスタービンの例 ［右写真提供：株式会社 明電舎］

2.9 ディーゼル発電

ディーゼル機関は重油で運転できる往復運動で，ピストンとシリンダで構成されている。空気を吸入圧縮し，圧縮の終りに重油を噴霧する。熱効率は熱力学で解いてあるが，圧縮圧力が高いほど熱効率が高くなる。圧力は3～4気圧で熱効率は30～38%である。図2.38に示すように**給気工程，圧縮工程，爆発工程，排気工程**からなる。船舶に使われるケースが多いが地上でも多用される。廃熱回収を行うことにより，総合熱効率は70%以上になる。始動停止が容易，燃料が取り扱い易い，建設工期が短い，熱効率が高いなどの特長がある。往復運動なのでトルクに脈動があり，騒音があるなど問題も多い。電源停止時の非常電源として重宝されている。

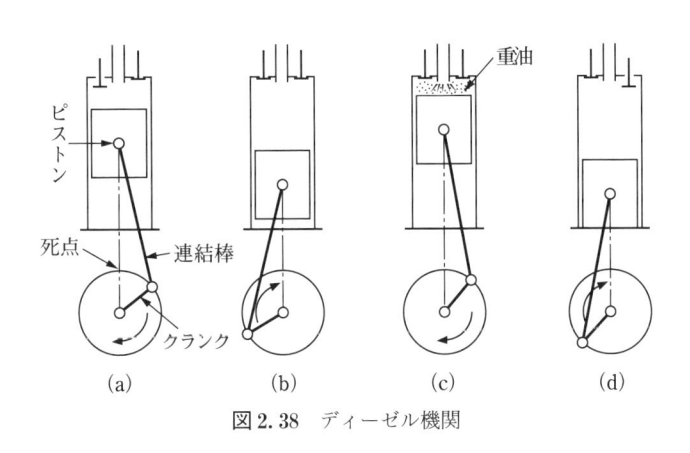

図 2.38　ディーゼル機関

2.10 地熱発電

2.10.1 地熱発電とは

地下5～10kmに存在する，マグマだまりの熱エネルギーを利用して発電する方式が**地熱発電**（geothermal power plant）である。深さ2km程度から，熱水や蒸気という形で取り出した**地熱流体**（geothermal fluid）でタービンを回す。

マグマだまりの温度は 1000°C 程度であり，雨水が浸透して過熱された蒸気を取り出したり，人工的に水を注入し蒸気を発生させ，それを利用している．将来構想としては，さらに深くマグマ近くで岩石の割れ目に水を注入して蒸気を取り出す研究も行われている．

以上のように，地熱発電はこれらの資源が存在する火山国でしかできないことになる．大規模に行う国として，アメリカ合衆国，フィリピン，イタリア，メキシコおよび日本がある．中でもアメリカ合衆国は 3 GW の総発電量を誇っている．地熱発電が注目されているのは，地熱が自然エネルギーであり，発電に化石燃料を必要とせず，炭酸ガスの放出がないためである．国によっては総発電量の 20% 近くに達しているところもあり，電力供給の要になっている国もある．わが国において地熱発電が行われている場所は，東北と九州に限られるが，その状況

表2.2 地熱発電方式

発電所	所在県	運開年	発電方式	設備容量（MW）
森	北海道	1982	DF	50
松川	岩手	1963	DS	23.5
葛根田1	岩手	1978	SF	50
葛根田2	岩手	1996	SF	30
大沼	秋田	1964	SF	9.5
澄川	秋田	1995	SF	50
上の岱	秋田	1994	SF	27.5
鬼首	宮城	1975	SF	25
柳津西山	福島	1995	SF	65
大岳	大分	1967	SF	13
八丁原	大分	1977	DF	55
八丁原	大分	1990	DF	55
滝上	大分	1996	SF	25
大霧	鹿児島	1996	SF	30
山川	鹿児島	1995	SF	30

（注） DS：乾燥蒸気，SF：シングルフラッシュ，DF：ダブルフラッシュ

を表2.2に示す。

地熱流体では熱水と蒸気が混在し，蒸気中にはCO_2，H_2Sなど**不縮性ガス**（non-condensed gas）が含まれたり，熱水中にはNa，K，Ca，SO_4，Siなどが様々の濃度で含まれている。このように，熱水と蒸気の中には多くの溶存成分を含むので，配管などの腐食や目詰まりを起こす恐れがある。そこが通常の火力発電方式とは異なる。

2.10.2 地熱発電方式

地熱流体の熱水と蒸気の割合は異なるので，種々の工夫が行われる。

過熱蒸気が主体で熱水が少ない場合は，汽水分離器で蒸気のみを取り出してタービンを回す。コンデンサを設け背圧を低くする復水器方式と，大気中に排気する方式とがある。地熱流体中の熱水の割合が高くなると，汽水分離の後に再度蒸気を取り出し（フラッシュ），タービンの中段に入れる**フラッシュ発電方式**がある。1回行う場合（シングルフラッシュ）と，2回行う場合（ダブルフラッシュ）がある。

地熱発電方式を図2.39に示すが，取り出した地熱流体の熱水部分はポンプで

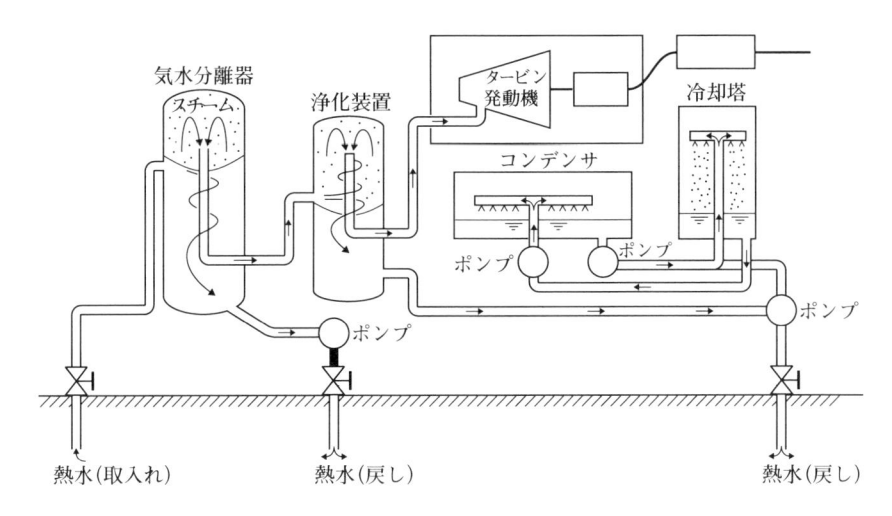

図2.39 地熱発電システム

2.10 地熱発電

再度地中に戻すので，2回フラッシュするとそれだけ圧力が下がることになる。

また，復水器の構造は国内の火力・原子力発電のように海水へ熱を放出するのでなく，大きな冷却塔で冷却するのが地熱発電の特徴である。

熱水の温度は低いが大量に熱水がある場合は，熱水の熱エネルギーで低沸点の熱媒体を加熱して，その蒸気でタービンを回すバイナリー方式がある（図2.40）。熱媒体としては従来フロンが用いられていたが，ブタンやイソペンタンなどが用いられる。

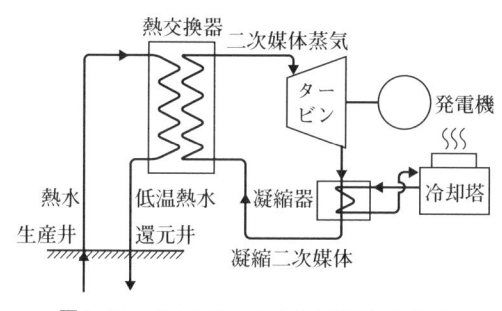

図 2.40　バイナリーサイクル発電システム

問題

(1) 火力発電所の公害対策を述べよ。
(2) ボイラを説明せよ。
(3) 蒸気タービンの連結法について説明せよ。
(4) ガスタービン発電の特長を述べよ。
(5) コンバインドサイクルの好まれる点を書け。
(6) 再生サイクルと再熱サイクルを説明せよ。
(7) ランキンサイクルの熱効率の求め方を書け。
(8) 火力発電所ではどのような燃料が使われるか。
(9) 衝動タービンと反動タービンを解説せよ。
(10) ディーゼル機関を説明せよ。
(11) 原子力発電所と火力発電所では，発電機が一般に異なるがその理由を説

　　　　明せよ。
(12)　復水器の役目を書け。
(13)　カルノーサイクルについて説明せよ。
(14)　熱機関で位置，運動，圧力のそれぞれのエネルギーの関係を説明せよ。
(15)　地熱発電はなぜ利用されるか。
(16)　地熱発電の特徴を説明せよ。

（解答は巻末）

第3章

原子力発電

原子力発電の概要 原子力発電は20世紀初頭から研究が活発になり，夢のエネルギー源として開発されてきた。とくに最近話題になっている地球温暖化現象が炭酸ガスの放出によると言われている中で，炭酸ガスをほとんど出さない発電方式として注目されている。他方，欧州ではチェリノブイリ発電所の事故以来，原子力発電を取りやめる国があり，できるだけ自然エネルギーに頼ろうとする国も現れている。エネルギー資源のないわが国では，選択の余地が少なく，慎重な対応が必要である。

3.1 原子力発電の歴史

Fermiはウラン塩に中性子を衝突させることにより，中性子がウランを分解して多量のエネルギーを発生することを見い出した。それ以降，多くの科学者が実験を行い，**ウラン**(U)，**トリウム**(Th)，**プルトニウム**(Pu)のように原子量の多い元素から原子エネルギーを取り出せることがわかった。その中で，1942年にシカゴの原子炉において Fermi の指導のもとで行われた実験で，グラファイトを中性子エネルギーを減速させる**減速材**(moderator)として用い，ウランからの中性子の量を測定すると中性子が増加することが観測された。その後，カドニウムの制御棒を入れると反応は停止することがわかった。これが核分裂連鎖反応の発見である。また第二次世界大戦下にあった当時，原子爆弾開発の要求が米国内で高まり，**マンハッタン計画**として推進された。ネバタにおける実験の成功の後，1945年8月，広島（U爆弾）と長崎（Pu爆弾）に原子爆弾が投下されたことは余りにも有名である。その後，原子力エネルギーによる発電への応用が

米国で検討され，1954年に**加圧水形原子炉**（pressurized water reactor）を用いた原子力潜水艦 *Nautilus* が就役した。またこの成功をもとに陸上でも原子力発電への応用が行われ，1957年に商業用原子炉が稼働した。米国では加圧形原子炉が主体であったが，GEが**沸騰水形原子炉**（boiling water reactor）を開発して，1960年から運転に入った。

わが国では，1966年に原子力発電(株)が東海村でガス冷却炉（コールダーホール改良形原子炉：gas cool reactor）の運転を開始し，その後次々と加圧水形炉や沸騰水形炉が運転を開始した。以上のような歴史を経て，現在の原子力発電の基礎ができた。わが国では50基以上が建設されており，アメリカとフランスに次ぐ世界で3番目の原子力発電保有国になっている。現在では電気の30%強が原子力エネルギーにより発生している。また設備利用率も高く，80%を超えるレベルになっている。しかし，わが国は不幸にも被爆国であることから，原子力エネルギーに原子爆弾と同じイメージを持つ人が多い。また，原子力発電所はへき地に建設されているので，われわれが通常見る機会は少ないが，図3.1に示すように，日本の原子力発電所は全国各地にある。

3.2 核理論

原子核は**中性子**（neutron）と**陽子**（proton）からできており，原子は**原子核**（atomic nucleus）の電子がクーロン力で結合している。原子の大きさは直径約 10^{-10} m である。原子核は**核子**（nucleon）が核力で結合している。核子の総数 A を**質量数**（mass number），陽子の総数 Z を**原子番号**（atomic number）という。したがって中性子の総数は $A-Z$ となる。表示方法は $^A_Z X$ と書く。Z が等しく A が異なる原子核を**同位体**あるいは**同位元素**（isotope）という。原子核は不安定で粒子を放出して別の原子核になるものがある。

放出する性質を**放射能**とよび，この現象を**放射性崩壊**という。不安定な原子核の崩壊速度は，不安定原子核の数に比例し，時刻 t において，N 個の不安定原子核が存在するものとする。時間 dt の間に崩壊する原子核の個数 dN は次のよ

3.2 核理論

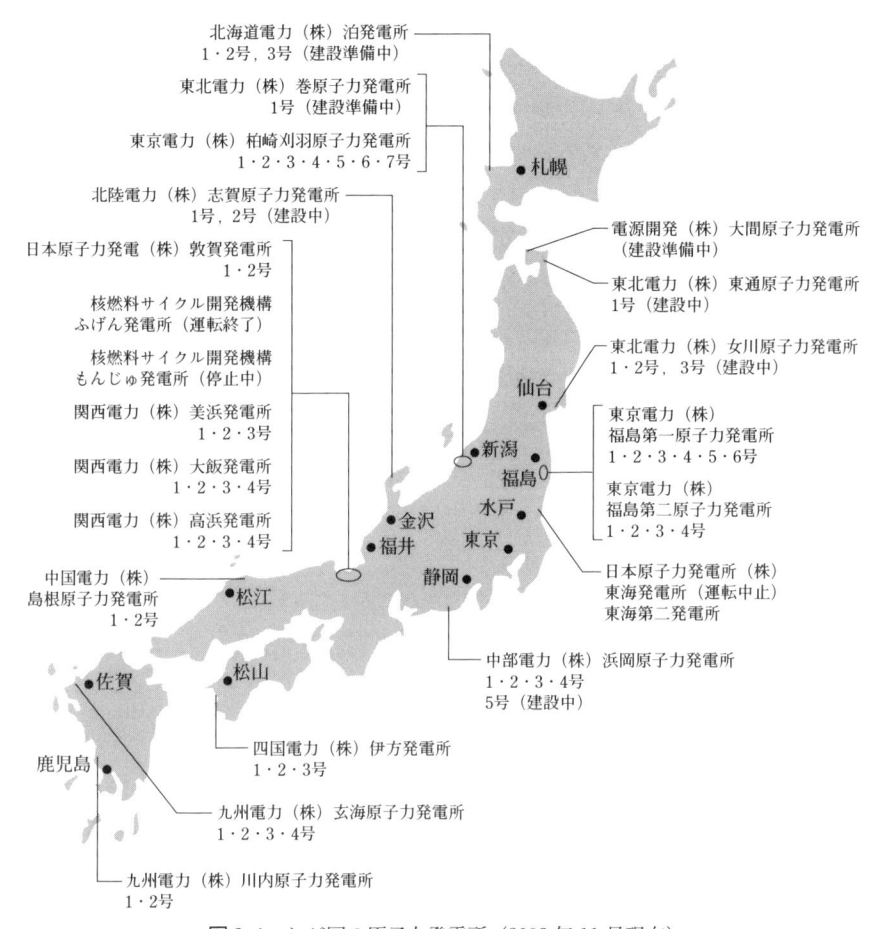

図 3.1 わが国の原子力発電所（2003年11月現在）

うに表すことができる．

$$-dN = \lambda N dt \tag{3.1}$$

λは**崩壊定数**（decay constant）であり，原子核固有の定数である．初期値をN_0とすると，

$$N = N_0 e^{-\lambda t} \tag{3.2}$$

となる．NがN_0の半分になる時間を**半減期**とよび$T_{1/2}$で表す．

$$T_{1/2} = \frac{\log_e 2}{\lambda} \tag{3.3}$$

放射性崩壊にはヘリウムの原子核である α 粒子を放出する α 崩壊，電子または陽電子を放出する β^{-1} あるいは β^{+1} 崩壊，光子すなわち γ 線を放出する γ 崩壊などがある。

3.2.1 衝突および散乱

原子核と原子核，あるいは他の粒子が衝突して，もとの粒子と異なっていく過程を核反応という。このような衝突が発生するときは，原子核あるいは粒子がクーロン力に打ち勝って近づくために，大きなエネルギーを必要とする。中性子は原子炉内には十分にあり，かつクーロン力が働かず衝突できる。以下，中性子の衝突について解説する。中性子の放出を伴わない吸収反応と，中性子が放出される反応がある。

（1） **吸収反応**（absorption）

中性子を吸収し，質量が1だけ増加して大きい同位元素になり，励起状態から γ 線を出す反応を (n, γ) 反応という。例えば，

$$_1^1H + n \rightarrow {}_1^2H + \gamma \tag{3.4}$$

その他アルゴン（Ar）やコバルト（Co）でもこのような反応が発生し，場合によっては反応生成物が放射能を帯びることがある。このような現象は**誘導放射能**とよばれる。当然，^{238}U が (n, γ) 反応を起こし ^{239}U になり，半減期を経て β 崩壊し ^{239}Np になり，最後は核分裂性物質である ^{239}Pu になる場合や，ホウ素原子 B が (n, γ) 反応を起こしリチウム（Li）とヘリウム（He）になる反応などもある。

（2） **散乱反応**（scattering）

弾性散乱（elastic scattering）とは，反応前後の運動エネルギーが保存される反応をいう。原子炉内で中性子を減速させるために軽い元素を使用するが，これは軽い元素は衝突後に運動エネルギーが移行し易いためである。**非弾性衝突**（inelastic scattering）は反応前後の運動エネルギーが保存されない反応をいい，

一部が励起状態になる反応をいう。多くの場合はγ線を出して安定する。この反応は原子核の質量が大きい場合に起こりやすく，ウランなどに中性子が衝突するとき起こる。

またベリリウム（Be）や重水がγ線を吸収すると核分裂生成物が発生し，原子炉を止めた後でも放射能を帯びることがある。

3.2.2　中性子と核の相互作用

以上のような中性子の核反応の発生を定量的に扱うためには，断面積という概念が用いられる。

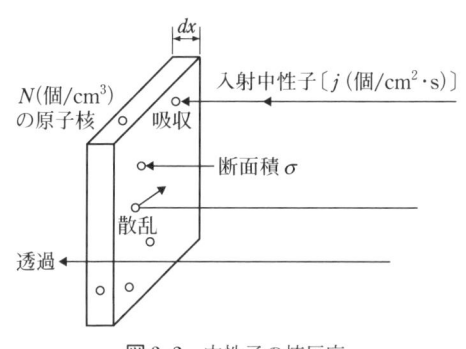

図3.2 中性子の核反応

図3.2に示すように，微小厚さdxの平板があり，この平板に垂直に単位時間と単位面積あたりj個の中性子が同じ速度，同じ運動方向に入射する。平板の原子密度は単位当たりN個である。この平板で単位面積当たり，中性子と原子核の反応の回数が毎秒rであるとき，核反応の発生回数rは原子密度N，入射中性子数jおよび平板の厚さdxに比例する。**断面積**（cross section）である比例定数をσとすると，

$$r = \sigma N j dx \tag{3.5}$$

すべての断面積をσ_tで表し，吸収が起こるときを**吸収断面積**（absorption cross section）σ_aといい，散乱の場合は**散乱断面積**（scattering cross section）

σ_s で表す。

$$\sigma_t = \sigma_a + \sigma_s \tag{3.6}$$

吸収断面積 σ_a は**核分裂断面積**(fission cross section) σ_f と**捕獲断面積**(capture cross section) σ_c の和である。

$$\sigma_a = \sigma_f + \sigma_c \tag{3.7}$$

また散乱断面積 σ_s は**弾性散乱断面積**(elastic cross section) σ_e と**非弾性散乱断面積**(inelastic cross section) σ_i の和である。

断面積は原子核と入射する中性子のエネルギーによって異なる。熱中性子(エネルギー約 0.0253 eV, 速さ 2200 m/s) に対する $^{235}_{92}$U, $^{239}_{94}$Pu, $^{233}_{92}$U の断面積を表 3.1 に示す。

(3.5)式の j は中性子の密度を n, 速度を v とすれば,

$$j = nv \tag{3.8}$$

である。

表 3.1 U, Pu の断面積

断面積 (b)	$^{235}_{92}$U	$^{239}_{94}$Pu	$^{233}_{92}$U
核分裂断面積 σ_f	582±6	746±8	527±4
捕獲断面積 σ_c	107±5	351±16	52±2
吸収断面積 σ_a	694±8	1026±13	581±7

3.2.3 核分裂

質量の大きな原子核は高エネルギー中性子を吸収すると核分裂を起こす。核分裂を起こす時に発生する中性子は**核分裂中性子**とよばれ,そのエネルギーは図 3.3 に示すように 0～約 10 MeV までの広い範囲に分布しており,平均は 2 MeV である。核分裂でできた原子核は,**核分裂生成物**(fission product) といわれている。核分裂に伴って多種のエネルギーが放出されるが,このエネルギーは核分裂生成物の運動エネルギー,放出中性子の運動エネルギー,放出される γ 線のエネルギー,中性粒子のエネルギー,および核分裂生成物からの β 線のエネルギーなどである。

3.2 核理論

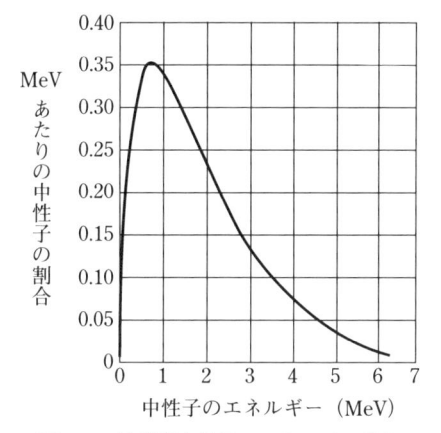

図 3.3　核分裂中性子のエネルギー分布

表 3.2　核分裂に伴うエネルギー放出量

	E_k	$E_{\gamma l}$	E_n	E_β	E_{rd}	合計
$_{92}^{233}$U	163	7	5.0	9	7	191
$_{92}^{235}$U	165	7.8	5.2	9	7.2	194
$_{94}^{239}$Pu	172	7	5.8	9	7	201

E_k：核分裂生成物の運動エネルギー，$E_{\gamma l}$：核分裂の瞬時放出の γ 線エネルギー，E_n：分裂中性子のエネルギー，E_β：核分裂生成物からの β 線エネルギー，E_{rd}：核分裂生成物からの γ 線エネルギー

表 3.2 に核分裂に伴うエネルギーを $_{92}^{233}$U，$_{92}^{233}$U，$_{94}^{239}$Pu についてそれぞれに示してあるが，1 原子が 1 回核分裂するとき，約 190 MeV のエネルギーが放出される。1 J 当たりの核分裂数は 3.3×10^{10} 個，1 MW・日のエネルギーが放出されるためには $_{92}^{235}$U が 1.3 g 必要である。核分裂をすると，核分裂前の全体の重量が分裂後に減少することが知られている。この現象を**質量欠損**（mass defect）とよび，等価なエネルギーを原子核の結合エネルギーという。相対性理論によると，質量とエネルギーの関係は，質量 m [kg] の質量欠損が出るときに発生するエネルギー E を次式のように表す。

$$E = 8.99\times10^{10}\times m \text{ [MJ]} \tag{3.9}$$

1個の中性子が原子核と作用すると核分裂現象を起こす。そのとき発生する中性子が再度，核分裂を起こせば連続的に核分裂が起こる。この現象を**連鎖反応**といい，1個の中性子が原子核に吸収されたとき発生する中性子の数が多いほど，連鎖反応は大きくなる。

3.3 各種原子炉の要素

原子炉の中では燃料が挿入され，核分裂を起こした中性子を，原子核の熱運動と熱平衡状態に達した中性子である**熱中性子**（thermal neutron）にまで減速する。そのために減速材が使用される。原子燃料には ^{233}U, ^{235}U, ^{239}Pu, ^{241}Pu など低速の中性子を吸収して核分裂を起こすことのできる**核分裂物質**（fissile material）を使用する。また中性子を吸収して ^{233}U, ^{239}Pu を作る ^{238}U や ^{232}Th は，**親物質**（fertile material）とよばれる混合物が使用される。この親物質が核分裂物質に変わる過程を**転換**（conversion）という。原子炉の中で生成された核分裂物質と，消費された核分裂物質の比を転換率と称するが，転換により多くの核分裂物質ができることを**増殖**（breeding）という。天然ウランには約 0.7% の ^{235}U を含み，残りは ^{238}U である。^{235}U の含有率を天然ウランより高くしたものを**濃縮ウラン**（enriched uranium）という。発電用原子炉には主に 2～4% の低濃縮ウランが用いられる。濃縮ウランを作るには，比重の違ったガスを流すと速度が異なる原理を利用したガス拡散法や，重い同位体を遠心分離機に入れると外に行く原理を使った遠心分離法が用いられるが，大規模な装置が必要である。

原子爆弾を作るには ^{235}U か ^{239}Pu を用いるが，高濃縮ウランを使うので設備が大変である。しかしプルトニウムを作るには原子炉の運転で比較的簡単に実現できる。原子燃料は燃料棒に成型加工されるが，アルミニウム，ステンレス鋼，ジルコニウム合金，黒鉛などが用いられる。軽水炉では二酸化ウラン（UO_2）の形にして用いられる。また，原子炉では高速中性子を熱中性子にまで減速させるための**減速材**（moderator）が使用される。減速材は1回の散乱断面積が大きく，吸収断面積が小さく，衝突当たりの中性子のエネルギー損失の大きい軽水

（H_2O），重水（D_2O），黒鉛，ベリリウムなどが使用される。また**冷却材**（coolant）とは熱の移動を助ける材料で軽水，重水，液体ナトリウム，空気，炭酸ガス，ヘリウムなどが用いられる。軽水や重水を用いるとき，熱効率を上げたいときは炉内圧力を $7 \sim 15$ MPa と高くするが，液体ナトリウムは沸点が高いので，高速炉のような出力密度の高い原子炉に向いている。また原子燃料の周囲には中性子を炉心に送り返す**反射体**（reflector）が用いられ，重水，軽水，黒鉛，ベリルウムなどが使用される。高速炉では炉心から出てきた中性子を親物質のウランに吸収させてプルトニウムを作るために，天然ウランでできた領域を炉心周囲に設け，これを**ブランケット**（blanket）と称する。また原子燃料の反応を制御するために，中性子と消滅を調整するための**制御材**を用いる。したがって中性子吸収能力の大きいカドミウム（Cd），ホウ素（B），ハフニウム（Hf）などの元素が用いられる。実際にはホウ素入りステンレス鋼，炭化ホウ素，銀-インジウム-カドミウム（Ag—In—Cd）合金などが用いられる。

3.4 各種原子炉

この章では各種原子炉の説明をする。世界の商業用原子炉は**加圧水形原子炉**（pressurized water reactor）と**沸騰水形原子炉**（boiling water reactor）が主流である。その他，各種の原子炉をこの項で解説する。

3.4.1 加圧水形原子炉（PWR）

この原子炉は，米国において原子力潜水艦で使用されていたものを商業用原子炉に改良したものである。Westinghouse 社や Babcock and Wilcox 社などが参加した。世界で最も多く使われ，運転中の原子炉は 250 基を超える。加圧水形原子炉のシステム図を図 3.4 に示す。冷却材と減速材として 15.5 MPa に加圧された軽水を用い，核分裂によってウラン燃料に発生した熱を吸収する。**冷却水ポンプ**（reactor coolant pump）は炉で加熱された水を一次加熱気器である**蒸気発生器**（steam generator）に送り，再び炉に戻す。蒸気発生器の二次側では圧力

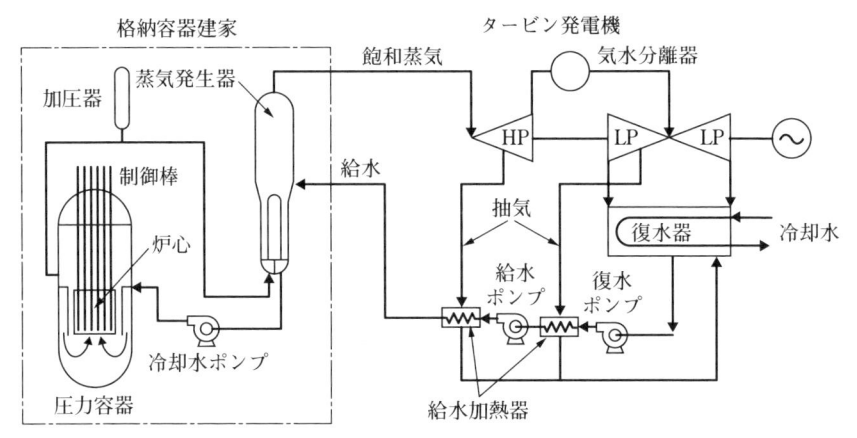

図 3.4 加圧水型原子力発電所のシステム図

7.6 MP 291°C の飽和蒸気が発生する。この蒸気がタービンに入り，復水器に入り凝縮する。

　加圧水型原子炉では，蒸気発生器や冷却水ポンプからなる冷却材ループの数は標準化されており，500 MW，800 MW および 1100 MVA 級の出力に対して 2，3，4 ループを採用している。最近では 4 ループで 1500 MW のものが開発されている。**炉心**（reactor core）はほぼ円筒状に配列された**燃料集合体**（fuel assembly）で構成されている。燃料棒はジルカロイド-4 被覆管に濃縮ウランペレットを挿入し，上部ばねを入れたものをヘリウム（He）で封入してあり，高さ約 3.7 m である。燃料集合体は格子配列に 14×14，15×15，17×17 の 3 種類が使用されている。17×17 配列の場合，24 個のジルカロイド-4 製の**制御棒クラスタ**（control rod cluster）案内シンブルと，一本の炉内計測用案内シンブルなどによって構成され，それに 264 本の燃料棒を挿入したものである。制御用クラスタ方式で，上部の駆動軸との連結機構に取り付けられたスパイダ状の継手に棒状のクラスタ要素を取り付けたものである。燃料集合体の案内シンブル内を上下して制御する。

　クラスタ要素はステンレス鋼の被覆管内に，中性子吸収材である銀-インジウム-カドミウム合金を入れたものである。蒸気発生器はインコネル伝熱細管を U

3.4 各種原子炉

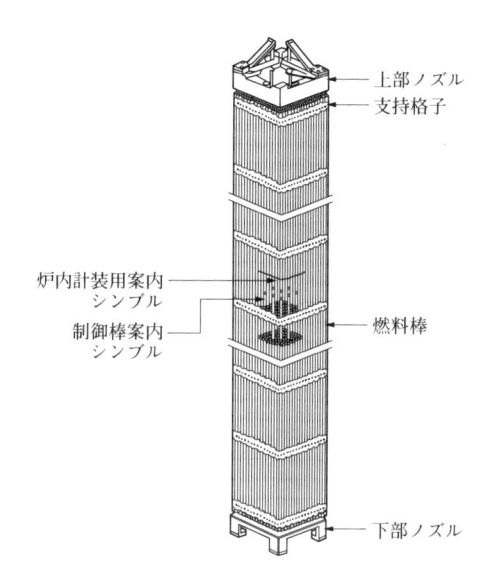

図 3.5 燃料集合体 [『電気工学ハンドブック』より電気学会の許諾を得て複製]

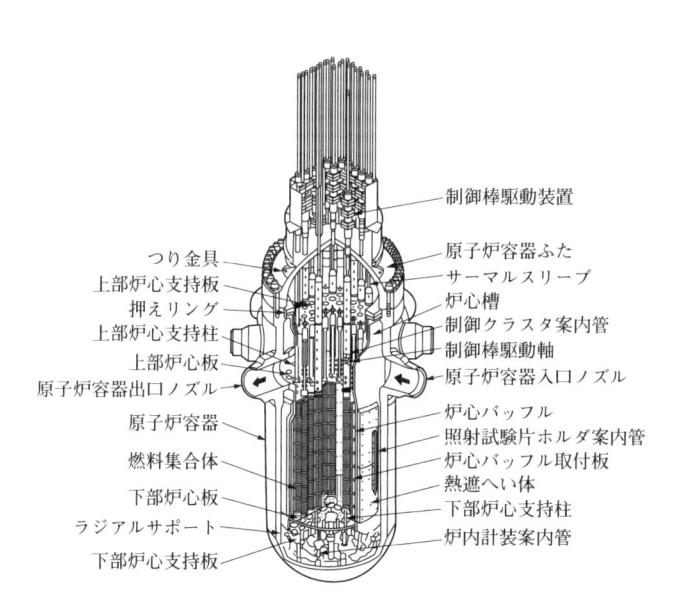

図 3.6 原子炉内部構造 [『電気工学ハンドブック』より電気学会の許諾を得て複製]

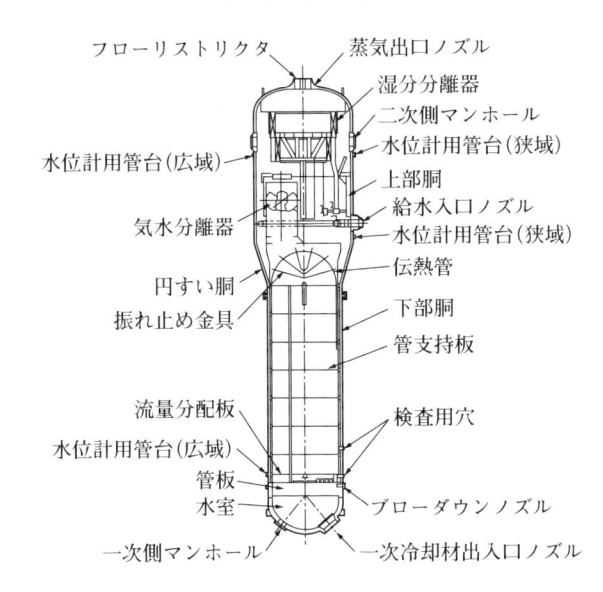

図 3.7 蒸気発生器の構造 [『電気工学ハンドブック』より電気学会の許諾を得て複製]

字管式構造にしてできている。蒸気発生器の二次側への給水は伝熱管上端から行われ，気水分離器で分離されて，蒸気出口から出て行く。図 3.7 に，その構造を示す。

加圧器は図 3.8 に示すように運転中一次側冷却圧力を一定に保つための設備で，底部にはヒータを，上部にはスプレー，安全弁および逃がし弁を設けてある。運転中は下半分は液体で上半分は気体になっており，ヒータとスプレーによって圧力を制御している。

加圧水形原子炉（PWR）の保持設備は，事故を軽減するための重要な設備が多い。

化学体積制御系は原子炉の冷却水の純度と水量の維持，およびほう酸の濃度調整，**予熱除去系**は炉停止および燃料交換期間中における核分裂生成物の崩壊熱の除去，**安全注入設備**と**原子炉格納容器スプレイ設備**は冷却水喪失事故時の場合の非常用炉心冷却を行う，など多くの重要な装置が設置されている。

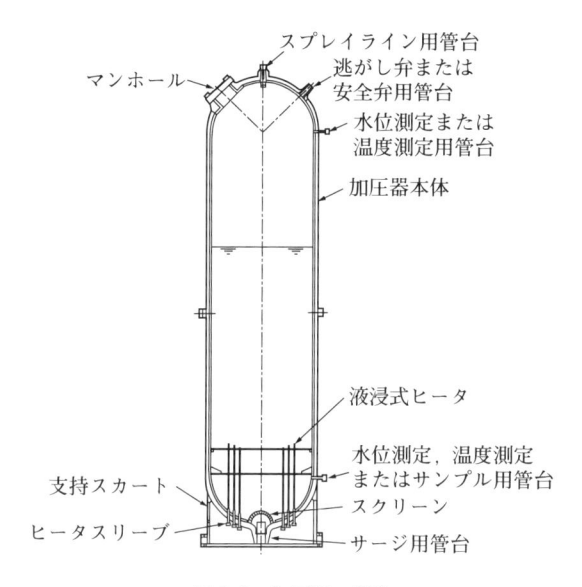

図 3.8 加圧器の構造

3.4.2 沸騰水形原子炉 (BWR)

沸騰水形原子炉は，加圧形原子炉と共に使われている軽水を利用した原子炉で，現在約 80 基が運転されている．この原子炉は米国の GE 社によって開発されたもので，1957 年に初めて商用化された．

図 3.9 からわかるように原子力圧力容器の中は燃料，制御棒，中性子検出器，**炉心シュラウド，気水分離器**（moisture separator），あるいは**蒸気乾燥器**（steam dryer）などから構成されている．上部で沸騰するが，湿り蒸気は上部の蒸気分離器と蒸気乾燥器を出た後タービンに行く．通常の水は**再循環ポンプ**（re-circulated pump）で**ジェットポンプ**（従来形 BWR 形）あるいは**インターナルポンプ**（最新形 ABWR 形）に連動し，燃料部に循環される．圧力容器から出る蒸気は 278°C，7.2 Mpa であり飽和状態にある．タービンを経た後，給水は給水加熱器を経て炉に戻る．

炉心シュラウドは円筒状のステンレス鋼製構造体で炉心を囲み，給水の下降流と冷却する上昇流を分離する構造となっている．

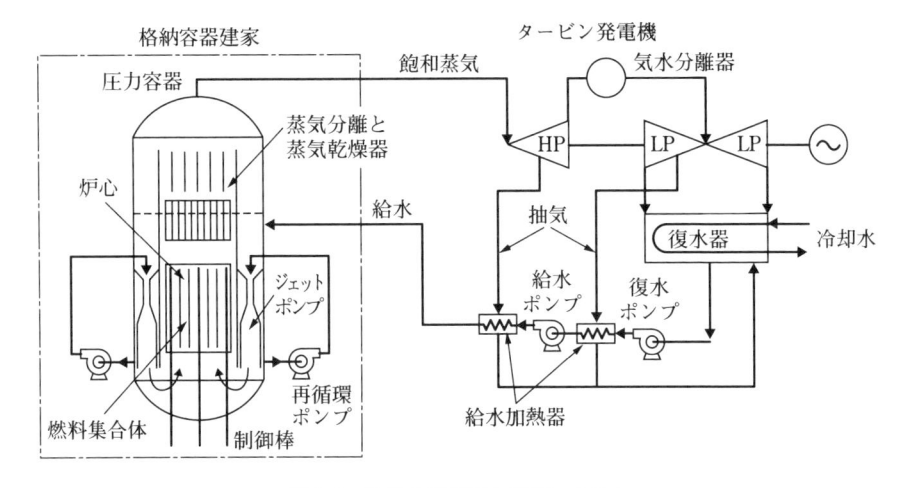

図 3.9 沸騰水形原子力発電システム

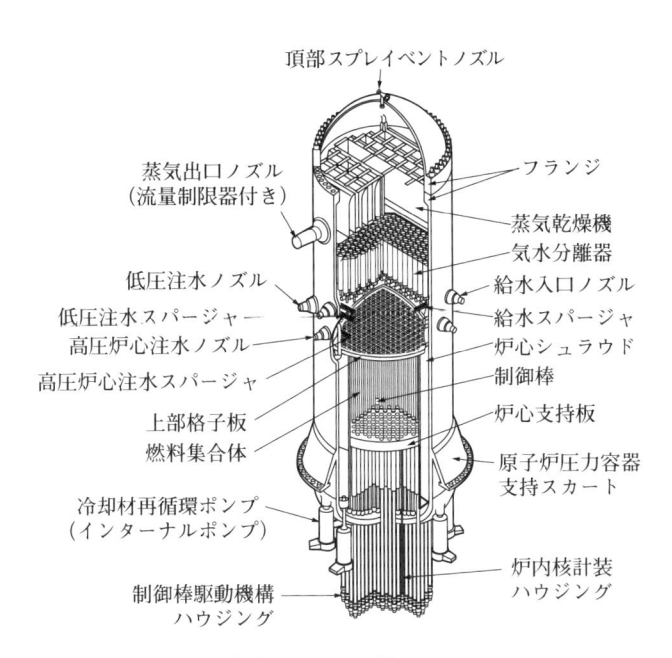

図 3.10 原子炉内部構造（ABWR）[『電気工学ハンドブック』より電気学会の許諾を得て複製]

これらの構造を図 3.10 に示すが，内部構造がよくわかる。この例はインターナルポンプで構成された ABWR 形の構造例である。

 燃料集合体の断面図を図 3.11 に示す。燃料は低濃縮二酸化ウランを円筒状のペレットに焼結成形し，ジルカロイ被覆管にして熱伝達をよくするためヘリウムガスを封入してある。燃料集合体は図に示すように 900 本近い数で構成され，その周囲は制御部で埋められている。

 制御棒は反応度制御と出力分布調整の二つの機能を持つもので，ボロンカーバイド粉末をステンレス鋼管に充填して，ステンレスシースで十字形に組み立てたものである。制御棒は 4 本の燃料集合体の中央に位置し，炉心全体に一様に分布している。制御棒の駆動は従来水圧式であったが，ABWR では電動で駆動することになった。しかし，スクラムという炉の活動を瞬時に止めるため，制御棒を挿入するときは水圧駆動である。沸騰水形では制御装置を下部から挿入してあり，加圧水形とは異なる。スクラム時に駆動装置が挿入できないことを考えて，ホウ酸水注入系を設け，定格出力から完全冷温停止にできる能力を持っている。

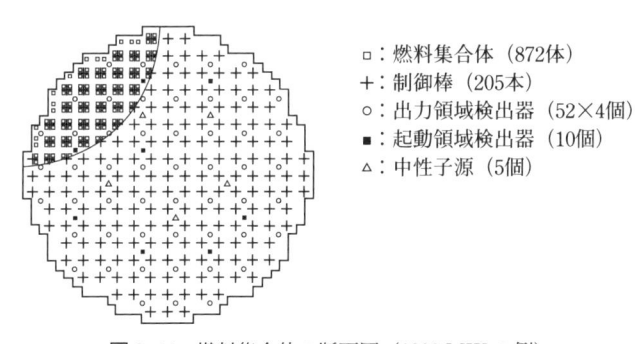

□ : 燃料集合体（872体）
+ : 制御棒（205本）
○ : 出力領域検出器（52×4個）
■ : 起動領域検出器（10個）
△ : 中性子源（5個）

図 3.11　燃料集合体の断面図（1300 MW の例）

 図 3.12 に示すように，**再循環系はジェットポンプ**を使ったものと，**インターナルポンプ**を使ったものがある。ジェットポンプは炉心シュラウドと圧力容器の間に間隔をおいて 20 台設置される。インターナルポンプは大きな容量では 10 台設置されるが，駆動のための軸封部がなく，保守点検が容易である。また大口径

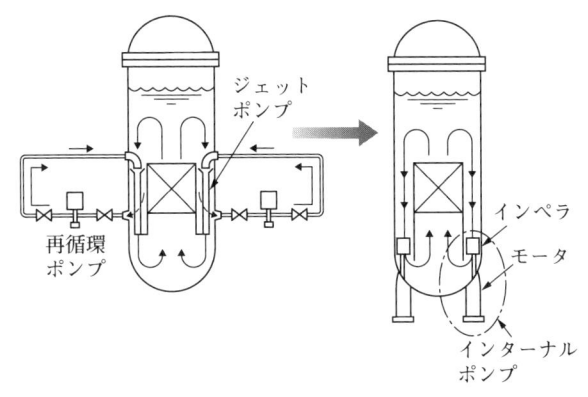

ジェットポンプ方式 　　　　インターナルポンプ方式

図 3.12　再循環系

　再循環配管がなくなるので，その破断を心配する必要がなくなる。原子炉の出力は再循環系の流量を増し，炉心内の気泡量を減少させ反応を増加させる。しかし加圧水型と比べると元々の圧力が低いため出力密度は低い。
　その他，原子炉補助系として，原子炉内に濃縮される不純物を除去し，復水脱塩装置とともに冷却水をろ過脱縁装置に入れて浄化した後，復給水系に戻す**原子炉浄化装置**や，原子炉停止時冷却モード時に熱を除去できる**残留熱除去系**，また，給水系や復水系が使用できないときに原子炉水位を維持するため，貯蔵タンクの水を使う**原子炉隔離時冷却系**，その他，冷却系や安全装置あるいは計測装置など，多くの装置がついている。
　また，その他の軽水炉として最近話題になるのが**プルサーマル**である。高速増殖炉で製造できるプルトニウムがリサイクルできることは知られているが，それが実用化されるまでは，プルサーマルを使用しなければならない。回収されるプルトニウムを使って，ウランの所要量を軽減しようとするものである。軽水炉でプルトニウムを再利用するという意味で，プルサーマルという。UO_2+PO_2 の形の燃料となり，**MOX**（モックス，Mixed Oxide Fuel）とよばれている。

3.4.3 その他の原子炉
(1) ガス冷却形原子炉
　ガス冷却炉（gas cool reactor）は炭酸ガスやヘリウムなどで冷却するものをいうが，減速材は黒鉛が用いられ，燃料は天然ウランや濃縮ウランが用いられる。冷却ガスを熱交換器に通して蒸気として，タービンを動作させる。軽水形と比べ出力密度が低く，水に比べて高温で利用できる。出力密度が小さく，黒鉛の熱容量が大きいので，異常時に温度が急速には上昇しない。水処理がなく，それだけ温排水処理が少ないなどの特徴がある。英国で開発された**コルダーホール改良形炉**（Colder Hall Reactor），**改良形ガス冷却炉**（AGR），あるいは**高温ガス冷却炉**（HTGR）がある。後者はヘリウムガスを使って750～950℃にでき，熱サイクル上有利である。

(2) 重水減速形原子炉（HWR）
　カナダで開発されている原子炉で，減速材として重水を利用している。重水は中性子吸収断面積が小さく，燃料として天然ウランが利用できる。また，転換率が高いなどの特長がある。減速材と冷却材を分けて，冷却材に軽水や炭酸ガスを使ったものがある。代表的なものを，**CANDU炉**（Canadian deuterium uranium reactor）という。国内の「ふげん」はこの形であるが，燃料に天然ウランの他プルトニウムを使用している。

(3) 高速増殖炉（Fast Breeder Reactor）
　核分裂の結果，親物質から消費した核燃料以上の核分裂物質を生産する原子炉である。この原子炉では，プルトニウムの親物質である $^{238}_{92}U$ からできたブランケットで取り囲んである。通常の軽水炉では0.1 eV程度の熱中性子で反応させるが，高速増殖炉では100 ekVの高速中性子で反応させる。したがって臨界量が大きいので，多量の燃料を装荷するため，炉心を高出力にし，減速材より熱冷却を主体にナトリウムやナトリウム-カリウム合金が使われる。ただしこれらの冷却材が水と反応すると危険なので注意が必要である。

　表3.3に各原子炉の転換率を示す。高速増殖炉の転換率が高いことがわかる。

表 3.3 各原子炉の転換率

炉形	転換率
軽水炉	0.5〜0.6
新形転換炉（重水炉）	0.8
高温ガス炉	0.8〜0.9
高速増殖炉	1.2〜1.5

3.5 使用済み燃料の再処理と放射性廃棄物処理

　核燃料は原子炉を停止しても熱が発生している。使用済み燃料は放射能や崩壊熱を減衰するため，水中に1年程度貯蔵する。この燃料を**再処理**（fuel reprocessing）して，使用できる燃料に加工する。現在はイギリスやフランスに委託して処理を行っている。

　また，放射性廃棄物は低レベルと高レベル廃棄物に分けられる。低レベル廃棄物は原子炉を運転中に発生し，ろ過，蒸発，焼却などして，セメント，アスファルトなどで固化してドラム缶に入れ，地中に保管する。高レベル廃棄物は，貯蔵によって放射線を減少させた後，ガラス固化する。これを鉛などを入れた二重の金属容器に入れて深い岩盤中に埋めることが検討されている。しかし，1000年程度の長期間にわたり放射線が出るので，問題視されることが多い。この問題は未解決である。

3.6 原子力の安全と電気エネルギーの問題

　原子力発電は，どうしても日本が経験した原子力爆弾のイメージを連想させる。またアメリカ・スリーマイルアイランド，旧ソ連・チェリノブイリ原子力発電所，国内では関西電力・美浜発電所2号機の蒸気発生器電熱管損傷，高速増殖型炉「もんじゅ」の二次主冷却配管からのナトリウム漏れ，東海村 JCO のウラン加工施設における臨界事故など，多くのことを学んできた。その規模の大きさ，失われた人命あるいは目に見えない恐怖など，多くのことを学び経験した。

原子力発電所発電所はこのようなことを考えて，どのような事故が発生しても安全側に向かうように設計されている。このようなことを**フェイルセイフ**（fail-safe）あるいは**フールプルーフ**（fool-proof）とよんでいるが，今後ますますこのような思想が取り入れられ，工学的に誰でも納得できるようなシステムにしなければならない。

またプルトニウムは，国際問題として大きな政治的課題になっている。これは，濃縮ウランの製造には大きな設備が必要で，その規模も外部から容易に視察できるのに対し，プリトニウムは核分裂反応から容易に作られ，その分離も化学的に容易に行われるからである。秘密裏に原子爆弾が作製できるという危険がある。そのため国際機関による査察が世界規模で行われている。この問題には国家間の安全保障問題が絡んでくる。

現在，日本の電力エネルギーは約1/3が原子力から発生している。これに代わるものとしては，現在のところ石油，天然ガスあるいは石炭で電気を発生できるが，二酸化炭素ガスの地球温暖化が問題になり，むしろ抑える必要がある。原子力に頼らないとすると，生活スタイルを完全に変えなければならない。もしくは，さらに自然エネルギーの開発を進めるかである。日本が，いや世界が，今後どのようにして電気エネルギーを確保していくかが，大きな問題になっている。

問題

(1) PWRとBWRの差を述べよ。
(2) ^{235}Uが1kg完全に質量欠陥をした。そのときのエネルギーはいくらか。
(3) プルサーマルについて述べよ。
(4) 減速材，反射材，冷却ガスについて，PWR，BWR，重水炉，FBR，ガス冷却炉でどのようなものが使われているか述べよ。
(5) 次の言葉を説明せよ。
　　熱中性子，核分裂，冷却材，半減期，α線，β線，γ線

(解答は巻末)

第4章

燃料電池発電

燃料電池発電の概要 燃料電池は1940年頃から本格的な研究が始まり，1960年代にアポロ宇宙船の電源として実用化が開始された。その後，産業用，民生用電源としての応用開発が進められ，今日の定置用燃料電池および自動車用燃料電池へと進展してきた。燃料電池は高効率電源であり，環境に優しく，小型，軽量である等数々の利点を有するため，今後広い分野への適用が期待される。

すでに**りん酸形燃料電池**（PAFC）はセル寿命4万時間を達成し，工場，ホテル，病院のコジェネ機器として活用されているのみならず，高品質電源として，さらに最近では生ゴミ，家畜糞尿等から発生するバイオガスを燃料とした環境に適した発電機器として利用されている。

一方，**固体高分子形燃料電池**（PEFC）は高出力密度の向上により，従来の定置用の他に自動車の駆動源としての適用が検討され，すでに各所で公道走行試験が開始されている。

その他の高温形燃料電池である**溶融炭酸塩形燃料電池**（MCFC）および**固体酸化物形燃料電池**（SOFC）も着実に運転実績を挙げ，近い将来ではコジェネ機器として，長期的には高効率発電機器として適用されることが期待されている。

以下これらの燃料電池の原理・構成，開発の現状，適用等を中心に紹介する。

4.1 燃料電池の基本

4.1.1 燃料電池の原理

1839年にイギリスのグローブ卿が発明した燃料電池を図4.1に示す。希硫酸溶液の入った電槽中に白金黒付白金電極のついた生成ガス採集用の容器を入れ，

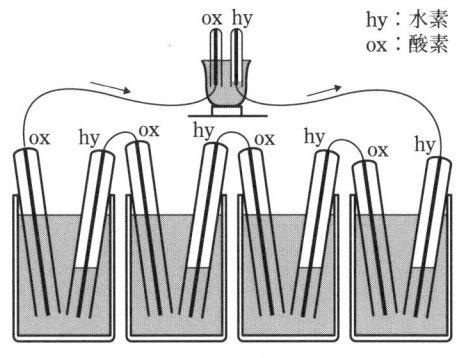

図4.1 グローブ卿の燃料電池

水の電気分解をした後その生成ガスが電極に触れている状態で各電槽の電極を直列に結ぶことにより，これにつないだ他の電槽で水の電気分解を行い，公開の席で初めて発電している様子を実験的に示した。水素を供給する電極を**燃料極**（anode），酸素を供給する電極を**空気極**（cathode）とよび，各極の反応は(4.1)から(4.3)式で示される。

燃料極では，

$$H_2 \rightarrow 2H^+ + 2e^- \tag{4.1}$$

空気極では，

$$\frac{1}{2}O_2 + 2H^+ + 2e^- \rightarrow H_2O \tag{4.2}$$

全体として，

$$H_2 + \frac{1}{2}O_2 \rightarrow H_2O \tag{4.3}$$

酸素を供給する電極はプラス，水素を供給する電極はマイナスとなり，外部に電流を取り出すことができる。

現在使用されている，りん酸形燃料電池あるいは固体高分子形燃料電池は図4.2に示すように，燃料極，電解質，空気極から構成され，りん酸形燃料電池は電解質にりん酸が，固体高分子形燃料電池は高分子膜が使用されている。いずれ

4.1 燃料電池の基本

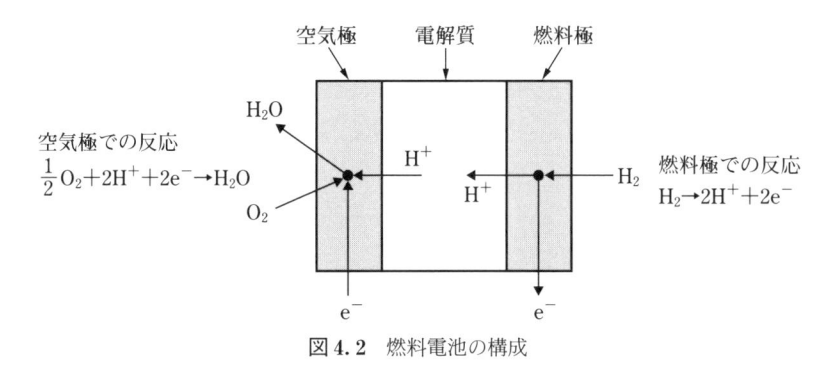

```
          空気極    電解質    燃料極
           ↓        ↓        ↓
       ┌──────┬──────┬──────┐
   H₂O │      │      │      │
       │      │      │      │
空気極での反応  │  H⁺ →  │      │
½O₂+2H⁺+2e⁻→H₂O │      │  ← H⁺  │ ← H₂  燃料極での反応
       │      │  H⁺    │      │       H₂→2H⁺+2e⁻
        O₂   │      │      │
       └──────┴──────┴──────┘
           ↓                ↓
           e⁻               e⁻
```

図 4.2 燃料電池の構成

の燃料電池も燃料極では水素分子が2個の電子を放出して2個の水素イオンとなる。水素イオンは電解質内を移動する。一方，空気極では空気中の酸素分子1個が，電解質を移動してきた4個の水素イオンと外部回路を通ってきた4個の電子と反応して水を生成する。以上の反応により，外部に電力を供給することができる。

燃料電池は化学エネルギーを燃焼することなく，直接，電気エネルギーに変換する発電装置である。

4.1.2 電気エネルギーへの変換および理論起電力

供給するガス量に対し，最大いくらの電力を発生することができるかについて次に示す。

水素と酸素から電気を得る燃料電池を水素-酸素燃料電池といい，この電池へ供給されるガスの熱エネルギーがすべて電気エネルギーへ変換されるのではなく，(4.4)式のように変換可能なエネルギーと変換不可能なエネルギーに分けられる。

$$\begin{matrix}燃料電池へ供給される\\エネルギー\end{matrix} = \begin{matrix}電気へ変換可能な\\エネルギー\end{matrix} + \begin{matrix}変換不可能な\\エネルギー\end{matrix} \quad (4.4)$$

ここで燃料電池へ供給されるエネルギーは**エンタルピー変化**(ΔH)（change in enthalpy）で示され，水素が持っている1モル当たりのエネルギーは285.8

kJ/mol である。一方，電気へ変換可能なエネルギーはギブスの**自由エネルギー変化**(ΔG)(change in Gibbs free energy)で示され，水素1モル当たり，237.2 kJ/mol となる。残りは熱として放出される。この関係が(4.5)式および図4.3 に示される。

$$\Delta H^0 = \Delta G^0 + T\Delta S^0 \tag{4.5}$$

ここで，ΔH^0：燃料電池反応の標準生成エンタルピー変化（kJ/mol）

　　　　ΔG^0：燃料電池反応の標準生成ギブスエネルギー変化（kJ/mol）

　　　　T：絶対温度（K），

　　　　ΔS^0：エントロピー変化（J/K・mol）

なお，標準状態とは温度25℃（298.15 K），圧力1気圧（101,325 Pa）を示し，ΔH^0，ΔG^0，ΔS^0 は標準状態の ΔH，ΔG，ΔS をいう。

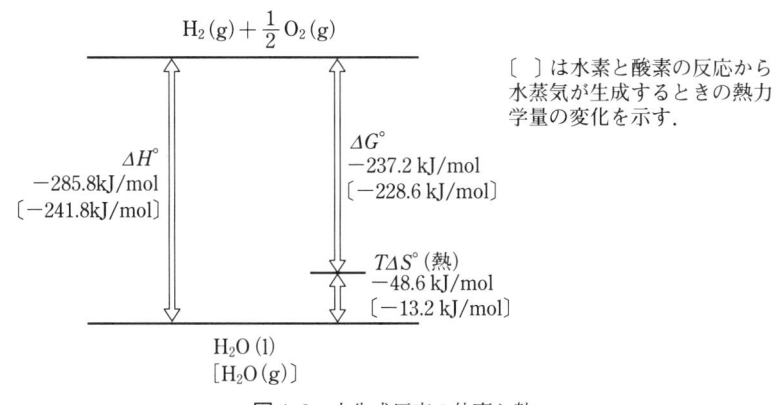

図4.3 水生成反応の仕事と熱

〔　〕は水素と酸素の反応から水蒸気が生成するときの熱力学量の変化を示す．

$H_2(g) + \frac{1}{2}O_2(g)$

ΔH°
$-285.8\,\mathrm{kJ/mol}$
$[-241.8\,\mathrm{kJ/mol}]$

ΔG°
$-237.2\,\mathrm{kJ/mol}$
$[-228.6\,\mathrm{kJ/mol}]$

$T\Delta S^\circ$（熱）
$-48.6\,\mathrm{kJ/mol}$
$[-13.2\,\mathrm{kJ/mol}]$

$H_2O(l)$
$[H_2O(g)]$

以上から供給エネルギーに対し，電気へ変換可能なエネルギー，すなわち理論効率は(4.6)式で示される。

$$\varepsilon = \frac{\Delta G^0}{\Delta H^0} \tag{4.6}$$

上記の数値を代入すると，

$$\varepsilon = \frac{237.2}{285.8} = 0.83 \tag{4.7}$$

となり，理論効率は83%となる。

ここで水素と酸素の反応により(4.3)式のように水が生成されるが，この反応により液体の水が生成される場合の ΔH^0，ΔG^0 が表4.1に，また水蒸気が生成される場合の ΔH^0，ΔG^0 が表4.2に示される。前者を高位発熱量（HHV：high heating value）といい，後者を低位発熱量（LHV：lower heating value）という。効率を表示する時，HHVかLHVかで値が異なるので，その表示が重要である。なお，表4.1，4.2に示される値はいずれも理論値である。

燃料電池の標準状態において水素1モルの分子数はアボガドロ数 N_a に等しく，水素1モルから n 倍の電子が外部回路に流れるとすると，その電気量は $n \cdot N_a \cdot e$ となるので，水素1モル当たり，取り出すことができる電流値は(4.8)式で示される。

$$I = nF \tag{4.8}$$

ここで　n：反応にかかわる電子数（上記の水素反応では $n=2$）

　　　　F：ファラデー定数（96,487クーロン/mol）（$F = N_a \cdot e$）

電気へ変換可能なエネルギーは $-\Delta G^0$ であるため，理論起電力は(4.9)式で示される。

$$E_0 = -\frac{\Delta G^0}{n \cdot F} \tag{4.9}$$

数値を代入すると，(4.10)式となる。

表4.1 水素と酸素の反応から液体の水が生成される時の熱力学量の変化，理論起電力と理論効率 [$H_2(g) + \frac{1}{2}O_2(g) = H_2O(l)$，(g)はガス状態を，(l)は液状態を示す]

温度 (°C)	$\Delta H°$ (kJ/mol)	$\Delta G°$ (kJ/mol)	理論起電力 (V)	理論効率 (%)
25	−285.8	−237.2	1.23	83.0
50	−285.0	−233.1	1.21	81.6
100	−283.4	−225.2	1.17	78.8

（注）理論効率はHHVを基準とした。

表 4.2 水素と酸素の反応から水蒸気が生成される時の熱力学量の変化, 理論起電力と理論効率 [$H_2(g) + \frac{1}{2}O_2(g) = H_2O(g)$]

温度 (°C)	$\Delta H°$ (kJ/mol)	$\Delta G°$ (kJ/mol)	理論起電力 (V)	理論効率 (%)
25	-241.8	-228.6	1.18	(80.0)
100	-242.6	-225.2	1.17	78.8
200	-243.5	-220.4	1.14	77.2
300	-244.5	-215.4	1.12	75.4
400	-245.3	-210.3	1.09	73.6
500	-246.2	-205.0	1.06	71.7
600	-246.9	-199.7	1.04	70.0
700	-247.6	-194.2	1.01	67.9
800	-248.2	-188.9	0.98	66.1
900	-248.8	-183.1	0.95	64.1
1000	-249.3	-177.5	0.92	62.1

(注) 理論効率は LHV を基準とした。

$$E_0 = \frac{237.2(kJ)}{2 \times 96487(c)} = 1.23(V) \tag{4.10}$$

となり, 理論起電力は 1.23 V となる (生成物が水蒸気の場合は 1.18 V となる)。

以上は標準状態の時の値であるが, 温度が変化するとエンタルピー変化およびギブスの自由エネルギー変化も変化するため, 理論起電力および理論効率も変化する。このため理論起電力および理論効率は図 4.4 に示すように, 温度の上昇とともに低下する。

燃料電池の燃料は, 水素以外に最近では携帯電源用として, メタノールから直接電気を取り出す**直接反応形燃料電池** (DMFC: Direct Methanol Fuel Cell) の研究が積極的に行われている。またジメチルエーテルからの電気取り出しも検討されている。これらの標準状態における理論起電力, 理論効率を表 4.3 に示した。メタノールの場合, 理論起電力は 1.21 V, 理論効率は約 97% にも達する。表 4.3 にはその他の燃料も併せて示した。白金を触媒とする現状の技術では, 常温で十分な電気化学的な活性を示すものは水素であり, 反応が遅いがメタノー

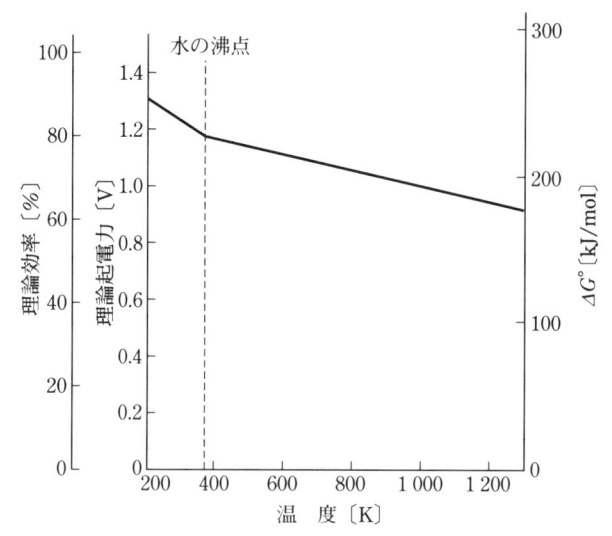

図 4.4　燃料電池の理論起動力，理論効率

表 4.3　各種燃料の反応・理論起電力・理論効率（25°C）

燃料	反応	$\Delta H°$ (kJ/mol)	$\Delta G°$ (kJ/mol)	理論起電力 (V)	理論効率 (%)
水素	$H_2(g) + \frac{1}{2}O_2(g) = H_2O(l)$	−285.8	−237.2	1.23	83.0
メタン	$CH_4(g) + 2O_2(g) = CO_2(g) + 2H_2O(l)$	−890.4	−818.0	1.06	91.9
メタノール	$CH_3OH(l) + \frac{3}{2}O_2(g) = CO_2(g) + 2H_2O(l)$	−726.5	−702.4	1.21	96.7
ジメチルエーテル	$CH_3OCH_3(g) + 3O_2(g) = 2CO_2(g) + 3H_2O(l)$	−1460.5	−1387.6	1.20	95.0

（注）理論効率は HHV を基準とした．

ル，ジメチルエーテルがこれに続く．表 4.3 に示すように，メタンも理論起電力は 1.06 V，理論効率は約 92% であるが，電気化学的に十分な活性が得られないことから，改質器によってまず天然ガスを水素に変換し，その水素を燃料として活用している．

4.1.3 電圧-電流特性

実際の燃料電池は電流を取り出すと図4.5のように電圧が低下する。電圧低下の主な要因は次の通りである。

① 種々の抵抗による**抵抗分極**（ohmic polarization）：電子の電極内での伝導およびイオンの電解質内での伝導による電圧低下。

② 電極反応に関係した**活性化分極**（activation polarization）：触媒の活性に依存する低下。

③ ガス拡散阻害による**拡散分極**（diffusion polarization）：反応物質の電極反応箇所への供給や生成物の排出のような物質移動に伴い，反応点の分圧，濃度の異なることによる電圧低下。

抵抗分極（η_{ohm}）は電流密度の増加とともに一定の割合で増加する。活性化分極（η_{act}）は電流密度の低い領域で急に増え，その後，電流密度とともに増加する。拡散分極（η_{diff}）は電流密度の低いところでは非常に小さく，大きくなるにつれ徐々に増え，電流密度が最大近くで急激に増大する。

以上から，実際のセル電圧は(4.11)式で示される。

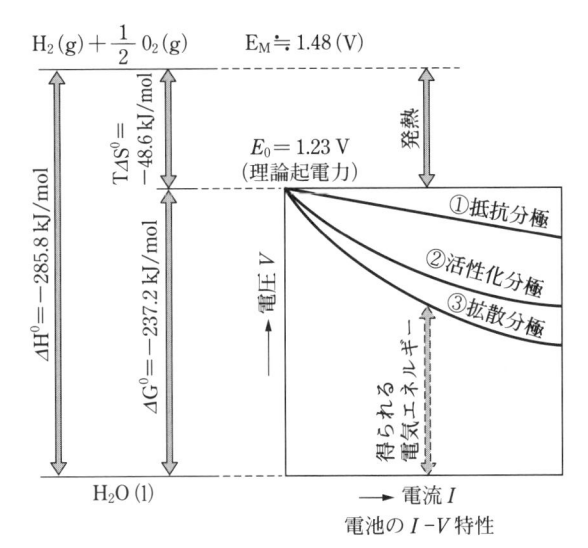

図4.5 電池の電流-電圧特性

4.1 燃料電池の基本

$$V_{Cell} = E_0 - \eta_{ohm} - \eta_{act} - \eta_{diff} \tag{4.11}$$

ここで E_0：理論起電力（V），V_{Cell}：セル電圧，η_{ohm}：抵抗分極，η_{act}：活性化分極，η_{diff}：拡散分極

また，図4.5の電圧-電流特性を拡大して横軸を電流密度の対数で表示し，図4.6に示す。

すでに効率表示についてHHVとLHVの違いを説明したが，ここでは具体的な数値の求め方について記述する。

電池の変換効率は(4.12)式で示される。

$$\text{変換効率} = \text{理論効率} \times \text{電圧効率} \tag{4.12}$$

これを変形すると

$$= \frac{\Delta G^0}{\Delta H^0} \times \frac{\text{電池電圧}}{\text{理論起電力}} = \frac{\Delta G^0}{\Delta H^0} \times \frac{\text{電池電圧}}{-\dfrac{\Delta G^0}{nF}}$$

$$= \frac{\text{電池電圧}}{-\dfrac{\Delta H^0}{nF}}$$

ここで $\Delta H^0 = -285.8\,\text{kJ/mol}$（HHVベース）

$\Delta H^0 = -241.8\,\text{kJ/mol}$（LHVベース）

$n = 2,\ F = 96{,}487\,\text{クーロン/mol}$

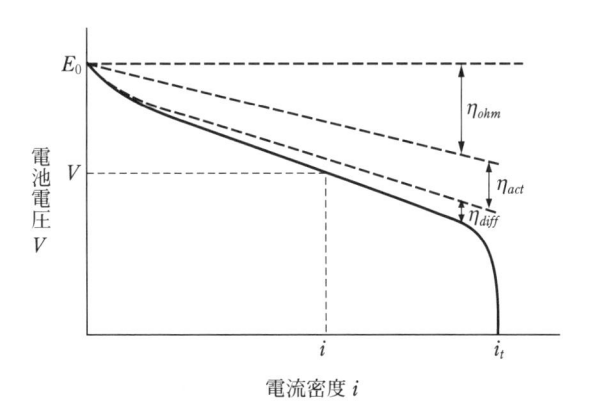

図4.6 セルの電流-電圧特性

であるため，電池の変換効率はそれぞれ(4.13)，(4.14)式になる。

$$変換効率 = \frac{電池電圧}{1.481} \quad (\text{HHV ベース}) \tag{4.13}$$

$$= \frac{電池電圧}{1.253} \quad (\text{LHV ベース}) \tag{4.14}$$

一例としてセル電圧が 0.75 V の場合の変換効率は，

HHV ベースで $\dfrac{0.75}{1.481} = 0.506 \quad (50.6\%)$

LHV ベースで $\dfrac{0.75}{1.253} = 0.599 \quad (59.9\%)$

となる。

例題として，100 A の電流を取り出すのに必要な水素および空気流量はいくらになるか検討してみる。ただし燃料利用率を 70%，空気利用率を 40% とする。燃料利用率および空気利用率の定義をそれぞれ注 1，注 2 に示す。

〈解答〉 (4.3)式から，水素 1 mol と酸素 0.5 mol から水 1 mol が得られ，その時外部に電流 2×96,487 A を取り出すことができる。これから水素の必要量は燃料利用率 70%（水素 1 mol は 22.4 ℓ）であるため，

$$\frac{100}{2 \times 96500} \times \frac{22.4 \times 60}{0.7} = 0.9948 \; \ell/\text{min}$$

空気の必要量は空気利用率 40%，酸素の分圧は 21% のため

$$\frac{100}{2 \times 96500} \times \frac{22.4 \times 0.5 \times 60}{0.4 \times 0.21} = 4.145 \; \ell/\text{min}$$

注 1) 燃料利用率の定義：セルスタック内で発電のために消費する燃料量をセルスタック入口の燃料量で除した値。燃料利用率 70% では，純水素の流入量が消費量の 1/0.7＝1.43 倍となる。

注 2) 空気利用率の定義：セルスタック内で消費する酸素量をセルスタック入口の空気中に含まれる酸素量で除した値。空気利用率 40% では，流入量がセル内酸素消費量の (1/0.4)×(1/0.21)＝11.9 倍となる。ここで空気中の酸素濃度を 21% とする。

4.2 燃料電池の種類

同様に電池に反応ガスを流し，電流 100 A を取り出しながら 1 時間運転する。このとき，電池内で生成される水分量はいくらになるかを検討する。

〈解答〉 (4.3)式より，水 1 mol を生成するために必要な電流は $2\times96{,}487$ A である。水 1 mol/s は 18 g/s であるから，

$$\left(\frac{100}{2\times96500}\right)\times18\times60\times60=33.58\,\text{g/h} \text{ となる。}$$

次に，定格運転時のセル電圧が 0.75 V の時，家庭用コジェネの発電端効率，送電端効率はいくらかになるか検討する。ただし燃料処理装置効率：75％，インバータ効率：90％，補機動力効率：90％とする。なお，発電端効率および送電端効率は注 1 に定義される。

〈解答〉 発電端効率：$0.506\times0.75=0.38$　　　　38％（HHV ベース）
　　　　送電端効率：$0.506\times0.75\times0.9\times0.9=0.307$　30.7％（HHV ベース）

注1) 発電端効率および送電端効率：燃料電池発電設備に投入される原燃料のもつ発熱量に対する，出力される電気エネルギー比で表し，電気エネルギーの出力する位置によって，効率表示の定義が異なる。現在，燃料電池出力端では発電端効率とよび，発電装置全体の出力端では送電端効率とよぶ。

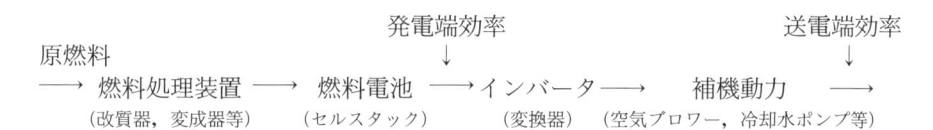

```
                          発電端効率                      送電端効率
                             ↓                              ↓
原燃料
──→ 燃料処理装置 ──→ 燃料電池 ──→ インバータ ──→ 補機動力 ──→
    （改質器，変成器等）  （セルスタック）  （変換器）  （空気ブロワー，冷却水ポンプ等）
```

4.2 燃料電池の種類

　燃料電池はすでに実用化されている**りん酸形燃料電池**（PAFC，Phosphoric Acid Fuel Cell）や現在開発中の**固体高分子形燃料電池**（PEFC，Polymer Electrolyte Fuel Cell），**溶融炭酸塩形燃料電池**（MCFC，Molten Carbonate Fuel Cell）および**固体酸化物形燃料電池**（SOFC，Solid Oxide Fuel Cell）等電解質の種類により，表 4.4 のように分類される。

表 4.4 各種燃料電池の種類と特徴

		AFC	PEFC	PAFC	MCFC	SOFC
電解質	電解質	水酸化カリウム (KOH)	パーフルオロスルホン酸膜	りん酸 (H_3PO_4)	炭酸リチウム (Li_2CO_3) 炭酸ナトリウム (Na_2CO_3)	安定化ジルコニア ($ZrO_2 + Y_2O_3$)
	イオン導電種	OH^-	H^+	H^+	CO_3^{2-}	O^{2-}
	比抵抗	~1 Ω cm	≦20 Ω cm	~1 Ω cm	~1 Ω cm	~1 Ω cm
	作動温度	50~150°C	60~80°C	190~200°C	600~700°C	800~1000°C
	腐食性	中程度	中程度	強	強	―
	使用形態	マトリックスに含侵	膜	マトリックスに含侵	マトリックスに含侵またはペーストタイプ	薄膜状
電極	触媒	ニッケル・銀系	白金系	白金系	貴金属触媒不要	貴金属触媒不要
	燃料極	$H_2 + 2OH^- \rightarrow 2H_2O + 2e^-$	$H_2 \rightarrow 2H^+ + 2e^-$	$H_2 \rightarrow 2H^+ + 2e^-$	$H_2 + CO_3^{2-} \rightarrow H_2O + CO_2 + 2e^-$	$H_2 + O^{2-} \rightarrow H_2O + 2e^-$
	空気極	$\frac{1}{2}O_2 + H_2O + 2e^- \rightarrow 2OH^-$	$\frac{1}{2}O_2 + 2H^+ + 2e^- \rightarrow H_2O$	$\frac{1}{2}O_2 + 2H^+ + 2e^- \rightarrow H_2O$	$\frac{1}{2}O_2 + CO_2 + 2e^- \rightarrow CO_3^{2-}$	$\frac{1}{2}O_2 + 2e^- \rightarrow O^{2-}$
燃料(反応物質)		純水素(炭酸ガス含有は不可能)	水素(炭酸ガス含有は可能)	水素(炭酸ガス含有は可能)	水素, 一酸化炭素	水素, 一酸化炭素
化石燃料を用いたときの発電システム熱効率		45~50%	30~40%	40~45%	50~65%	55~70%

　このように燃料電池は使用する電解質によって区別され,電解質のイオン伝導性,耐久性等には最適な使用温度が存在する。例えば PEFC は 60~80°C,PAFC は 190~200°C,MCFC は 600~700°C,SOFC は 800~1000°C であり,これらの温度で作動させるのが普通である。
　上記の燃料電池以外にアルカリ水溶液形燃料電池(AFC, Alkaline Fuel

Cell）がある．電解質にアルカリ水溶液を使用するため，二酸化炭素（CO_2）を吸収して炭素イオンを生成し，その量が蓄積して増大すると電圧特性低下をもたらす．このため CO_2 を含む改質ガスは使用できず，純水素の供給を主体とした宇宙用電源等，限られた分野に適用されている．なお酸化剤として酸素あるいは空気が使用される．

　家庭用コジェネ機器として，あるいは自動車の駆動源として開発が進められている固体高分子形燃料電池（PEFC）は，電解質に固体高分子膜が用いられている．この膜内を水素イオンが移動するためには，水分の供給を必要とする．PEFCの作動温度は約80℃のため，電極には白金を主体とした触媒が使用され，改質ガス中に含まれる一酸化炭素（CO）の濃度により，電圧特性が著しく低下する．そのため，CO濃度の許容値は10 ppmレベル以下と厳しく管理されている．

　工場，ホテル等で運転実績を有するりん酸形燃料電池（PAFC）は，高濃度のりん酸を電解質として使用し，その動作温度は約200℃である．電極反応を促進するため，白金を主体とした触媒が使用される．改質ガス中に含まれるCO濃度により電圧特性が低下するが，運転温度がPEFCと比べ高いことから，PEFCの一酸化炭素許容濃度より高く，CO濃度の許容値は1％以下とされている．

　炭酸イオン（CO_3^{2-}）が電解質中を移動する溶融炭酸塩形燃料電池（MCFC）は，リチウムとカリウムあるいはリチウムとナトリウムの混合炭酸塩が電解質に用いられており，作動温度はこれらの固体物質が溶融してイオン導電体となる600℃から700℃程度に設定されている．電極反応促進のための白金触媒は高温作動のため必要とせず，また一酸化炭素も燃料の一部として使用される．

　動作温度の一番高い燃料電池は固体酸化物形燃料電池（SOFC）である．電解質にジルコニアを用い，この電解質内を酸素イオン（O^{2-}）が移動する．800℃から1000℃にすることにより，酸素イオンの導電性が維持される．

　以下，各種燃料電池の動作原理，反応，構成，特徴等を記述する．なお，アルカリ水溶液形燃料電池は適用が限定されているためここでは省略した．

4.2.1 固体高分子形燃料電池（PEFC）

　PEFCの動作原理を図4.7に示す。燃料極と空気極の間に水素イオンを移動させる固体高分子膜が挟まれて，電解質として使用される。燃料極に燃料（純水素または改質ガス）を，空気極に空気を供給すると，既出の式の反応によって電気エネルギーを外部へ取り出すことができる。

　PEFCの単セルは図4.8に示すように，固体高分子膜の両面に触媒層を形成した電極をそれぞれ配置して**膜電極接合体**（MEA：Membrane Electrode Assembly）をつくり，燃料ガスの流路となる燃料極セパレータ，空気極の流路となる空気極セパレータから構成され，これらの単セルが多数積層されて電池を構成する。スタック構成例を図4.9に示す。セルスタックの両端に金属の集電板を配置して外部電流取り出し端子とし，その外側に絶縁板を介して締め付け板を配置している。発電に伴って生成する水が反応ガスの通路に沿って上から下へ移動し，セルスタック下部から排出しやすくするため，電極面を垂直に配置する。また膜の湿潤を適正に保つため，温度制御を厳しく行う必要があり，冷却板は単セルごとに配置されている。

　電解質として，イオン伝導の優れた**パーフロロカーボンスルホン酸**（perfluorocarbon sulfonic acid；PFS）ポリマーが使用されている。この膜は図4.10に示すように疎水性のPTFE（ポリテトラフルオロエチレン）を骨格とし，

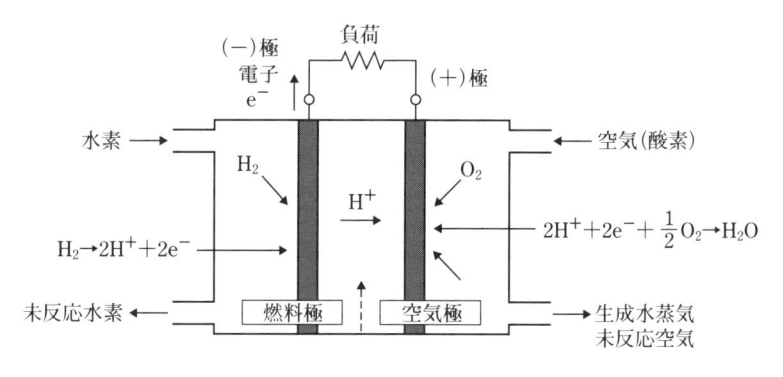

図4.7　PEFCの動作原理

4.2 燃料電池の種類

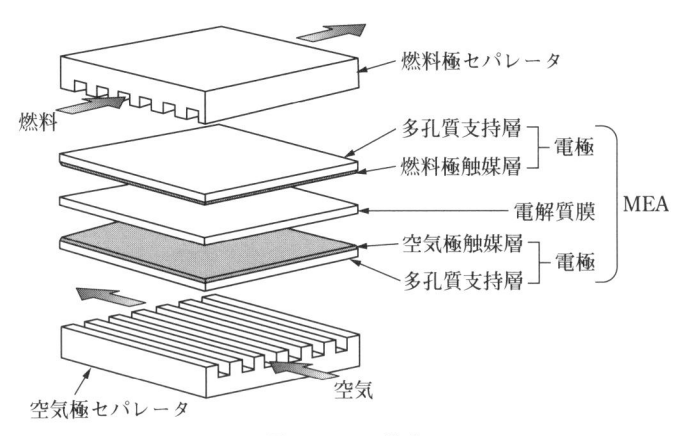

図4.8 セル構成

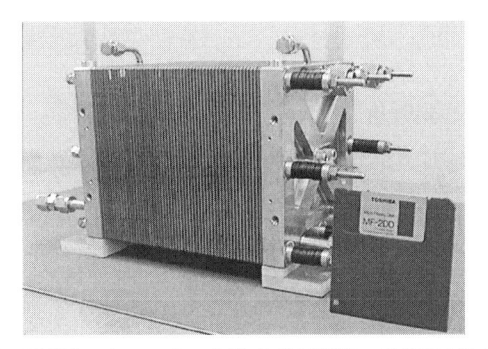

図4.9 PEFCのセルスタック構成［写真提供：東芝IFC株式会社］

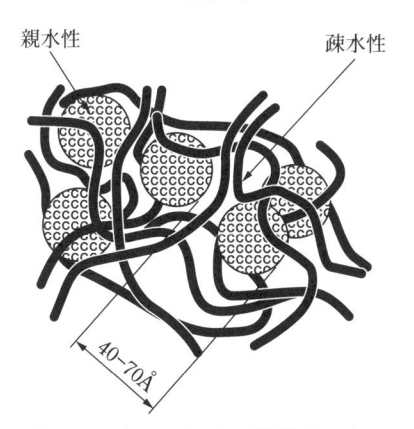

図4.10 高分子膜の相分離構造モデル

イオンの伝導機能を有する側鎖部分より構成され，プロトンと水が移動しやすくなっている。また負極では水素の酸化反応を，正極では酸素の還元反応を迅速に進めるため，白金や白金合金からなる触媒層が電解質膜の両側に形成されている。

PEFC は常温で作動し，電解質に高分子膜を使用しているため，①電解質の散逸の心配はない，②常温で起動するため，起動時間が短い，③作動温度が低いため，電池を構成する材料の制約が少ない，④高分子膜の薄膜化による低抵抗化と高活性な電極触媒による高出力密度化が可能，という特長がある。

一方固体高分子膜に供給される水分量が少ないと内部抵抗は増大し，供給量が多いと電極内の細孔が塞がれ，ガス拡散が阻害される。このようなセル内の水管理をきめ細かく行わないと，セル性能および寿命の維持が困難となる。水の管理が特に長寿命化には欠かせない。

4.2.2　りん酸形燃料電池（PAFC）

りん酸形燃料電池（PAFC）は，水素イオンがシリコンカーバイド（SiC）微粒子とりん酸電解液等で構成された電解質層を移動する以外は PEFC の動作原理および反応と同じである。

PAFC の単セルは図 4.11 に示すように，一辺の長さが 50 から 100 cm 角，厚

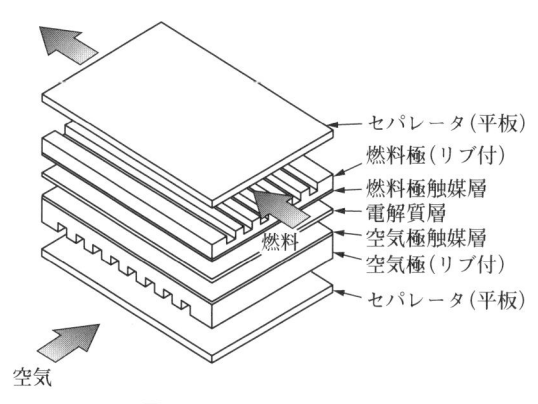

図 4.11　PAFC のセル構成

みが数 mm の大きさで，電解質である濃厚りん酸を保持した電解質層（マトリックス）の両側に電極（燃料極および空気極）が密接して配置されている．電極はカーボン粉に白金等の貴金属粒子を担持した触媒と，PTFE（ポリテトラフルオロエチレン）からなるガス透過性触媒層，およびこれを支持する多孔質カーボン支持層からなる．各セルを分離するセパレータはガス不透過性で電子伝導性を有するカーボン板が用いられている．また長時間の運転を維持するために，りん酸が電解質層の他にリブ付き電極内にも含浸されている．

単セル当たりの出力電圧は 0.6 から 0.8 V と低いので，高い電圧を得るためにはセルを数百セル積層してスタックを構成する．スタックの構造を図 4.12 に示す．セル温度は平均 200°C に維持されるように数セルごとに冷却板が挿入されている．スタック全体は上下に集電板，絶縁板，締め付け板が取り付けられ，燃料および空気を給排するマニホールドがスタックの周囲に配置されている．

PAFC の電解質にりん酸を使用しているため，改質ガス中に含まれる二酸化炭素による変質はない．動作温度は 200°C 程度のためりん酸に触れるところを腐食しないよう処置しておけば銅，鉄等の金属は使用可能である．また水冷却が可

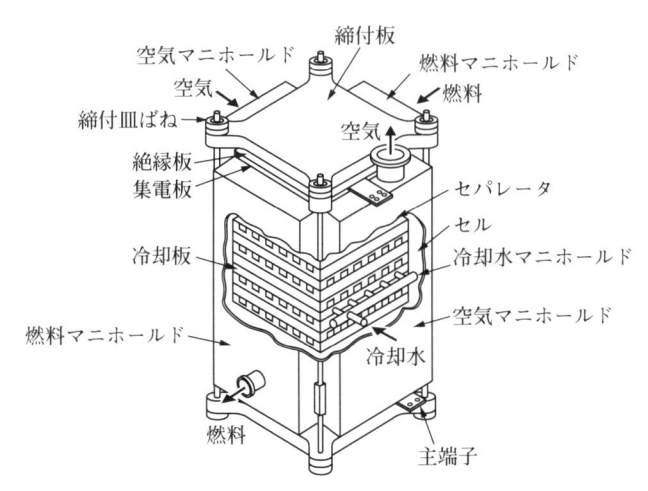

図 4.12 PAFC のセルスタック

能なため，小型化並びに暖房・給湯等広い範囲の熱利用も可能である。

PAFC は 1965 年頃から電池並びにプラントとしての研究が精力的に開始され，燃料電池のセル寿命である 4 万時間が 1990 年の後半に検証された。

4.2.3　溶融炭酸塩形燃料電池（MCFC）

溶融炭酸塩形燃料電池（MCFC）の動作原理を図 4.13 に示す。

電解質を挟んで燃料極と空気極を対向させて配置する。空気極には空気と二酸化炭素の混合ガスを供給し，燃料極には水素および一酸化炭素を供給する。空気極では空気中の酸素（O_2）と二酸化炭素（CO_2）が，外部回路から電子を受け取り炭酸イオン（CO_3^{2-}）となる。CO_3^{2-} は電解質中を燃料極へ移動し，燃料極で燃料として供給された水素（H_2）と反応して二酸化炭素と水蒸気を生成する。同時に電子を外部回路へ放出する。以上の反応を下記に示す。

$$\text{燃料極} \quad 2H_2 + 2CO_3^{2-} \rightarrow 2CO_2 + 2H_2O + 4e^- \tag{4.15}$$

$$\text{空気極} \quad O_2 + 2CO_2 + 4e^- \rightarrow 2CO_3^{2-} \tag{4.16}$$

$$\text{全体の反応} \quad 2H_2 + O_2 \rightarrow 2H_2O \tag{4.17}$$

なお，炭酸イオン（CO_3^{2-}）は $CO_3^=$ とも表示でき，イオンの電荷数が 2 であることを意味する（2 価の陰イオンを表す）。

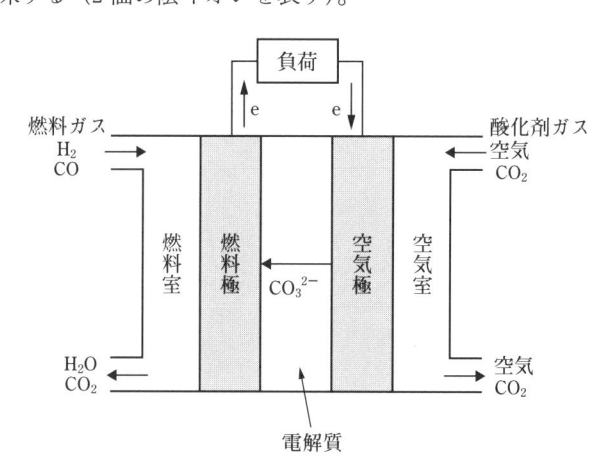

図 4.13　MCFC の動作原理

COも燃料として使用でき，その反応は下記のようになる．

$$CO + CO_3^{2-} \rightarrow 2CO_2 + 2e^- \tag{4.18}$$

またCOがH_2Oと反応して水素が生成され，生成された水素と酸化される反応も考えられる．

$$CO + H_2O \rightarrow H_2 + CO_2 \tag{4.19}$$

基本的には水素と酸素から水を生成する反応であるが，PEFCおよびPAFCと大きく異なるのは，CO_2とCO_3^{2-}が反応に重要な役割を果たしていることである．

単セルの基本構成を図4.14に示す．電解質として炭酸リチウム，炭酸ナトリウムなどの炭酸塩が用いられ，この材料は約490℃以上で溶融し，温度580〜680℃の範囲で液状になってアルファリチウムアルミネートの粒子間に保持されてイオン伝導とともに電極間のクロスオーバを抑制するガス透過障壁層の役割を担っている．セパレータはセルスタックの電気的接続を確保し，燃料ガスと酸化剤ガスを分離する障壁板の役割をしている．

動作温度が600℃から700℃のため，貴金属触媒がなくても電気化学反応が活発に進むのみならず，一酸化炭素があっても，PEFCあるいはPAFCのような触媒被毒の問題がなく，むしろ燃料として使用できることから，COの比較的多い石炭をガス化したガスも燃料として使用できる．また蒸気タービンあるいはガ

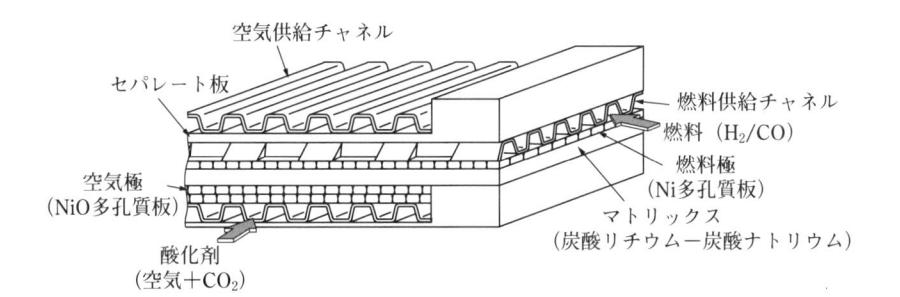

図4.14 MCFCの基本構成

スタービンと組み合わせることにより，50〜65％の高効率発電も期待できる。さらに外部発生源から希薄な二酸化炭素をカソードに供給することにより，アノード側に高濃縮された二酸化炭素が発生するので，二酸化炭素の回収装置としても利用可能である。

4.2.4　固体酸化物形燃料電池（SOFC）

固体酸化物形燃料電池（SOFC）は，電解質にイットリア安定化ジルコニア（YSZ）などの酸化物イオン導電性固体電解質を用い，その両面に多孔性電極を取り付け，これを隔壁として一方の側に燃料ガス（水素，一酸化炭素），他方の側には酸化剤（空気）を供給し，約1000℃で動作する燃料電池である。動作原理を図4.15に示す。

燃料に水素を用いた場合，

$$\text{燃料極}：H_2 + O^{2-} \rightarrow H_2O + 2e^- \tag{4.20}$$

$$\text{空気極}：\frac{1}{2}O_2 + 2e^- \rightarrow O^{2-} \tag{4.21}$$

$$\text{全体}：H_2 + \frac{1}{2}O_2 \rightarrow H_2O \tag{4.22}$$

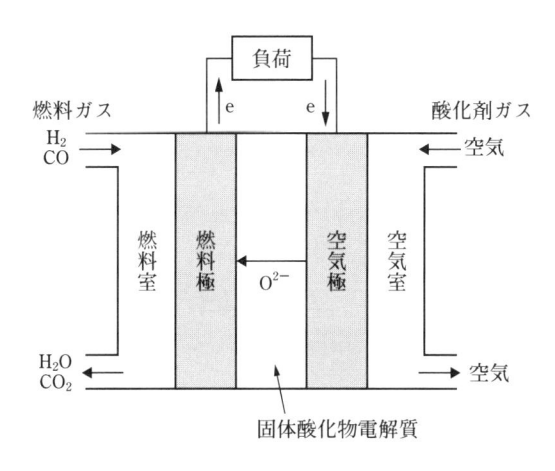

図4.15　SOFCの動作原理

燃料に一酸化炭素を用いた場合の電極反応は，

$$燃料極：CO+O^{2-} \rightarrow CO_2+2e^- \tag{4.23}$$

$$空気極：\frac{1}{2}O_2+2e^- \rightarrow O^{2-} \tag{4.24}$$

$$全体：CO+\frac{1}{2}O_2 \rightarrow CO_2 \tag{4.25}$$

となる。

　SOFC は円筒形と平板形があるが，ここでは円筒形を例に説明する。図 4.16 に示すように空気極を兼ねたランタンマンガナイトの多孔質体管の上に，緻密なジルコニア電解質層を形成し，さらにその上に多孔質ニッケル・ジルコニアサーメットの燃料極を形成したものである。空気は円筒内を流れ，燃料は円筒の外側を流れる。

　動作温度が 1000°C 程度のため，電極反応が速やかに進行し，MCFC と同様白金触媒を必要としない。ガスタービンと組み合わせることにより，70％という高効率発電システムを構成することが期待される。

　以上，4 種類の燃料電池について記述したが，全体をまとめ各種燃料電池の反応式を表 4.5 に，構成材料を表 4.6 に示す。

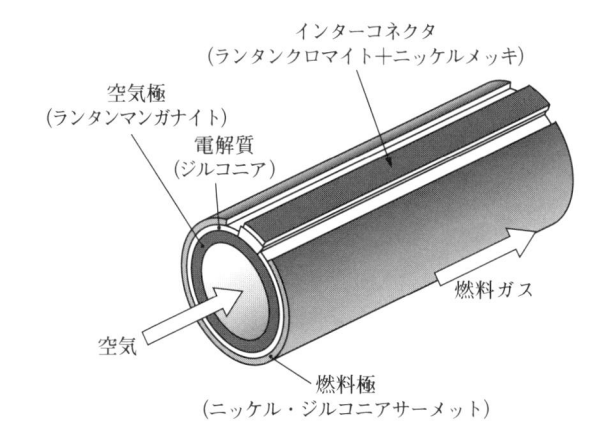

図 4.16　SOFC 円筒セル構成

表 4.5 各種燃料電池の反応式

	燃料極	空気極	全反応
PEFC	$H_2 \rightarrow 2H^+ + 2e^-$	$\frac{1}{2}O_2 + 2H^+ + 2e^- \rightarrow H_2O$	$H_2 + \frac{1}{2}O_2 \rightarrow H_2O$
PAFC	$H_2 \rightarrow 2H^+ + 2e^-$	$\frac{1}{2}O_2 + 2H^+ + 2e^- \rightarrow H_2O$	$H_2 + \frac{1}{2}O_2 \rightarrow H_2O$
MCFC	$H_2 + CO_3^{2-} \rightarrow CO_2 + H_2O + 2e^-$ $CO + H_2O \rightarrow H_2 + CO_2$ により H_2 が生成され利用される．	$\frac{1}{2}O_2 + CO_2 + 2e^- \rightarrow CO_3^{2-}$	$H_2 + \frac{1}{2}O_2 \rightarrow H_2O$
SOFC	$H_2 + O^{2-} \rightarrow H_2O + 2e^-$ または $CO + O^{2-} \rightarrow CO_2 + 2e^-$	$\frac{1}{2}O_2 + 2e^- \rightarrow O^{2-}$ $\frac{1}{2}O_2 + 2e^- \rightarrow O^{2-}$	$H_2 + \frac{1}{2}O_2 \rightarrow H_2O$ $CO + \frac{1}{2}O_2 \rightarrow CO_2$

表 4.6 各種燃料電池の構成材料

	部材	PEFC	PAFC	MCFC	SOFC
電解質	電解質	パーフロロスルホン酸基	りん酸 (H_3PO_4)	炭酸リチウム (Li_2CO_3) 炭酸ナトリウム (Na_2CO_3)	安定化ジルコニア (YSZ)
	マトリックス	—	SiC	アルミン酸リチウム (γ-$LiAlO_2$) 粉末	—
電極	燃料極	多孔質カーボン板 Pt 担持カーボン+PTFE	多孔質カーボン板 Pt 担持カーボン+PTFE	ニッケル，アルミニウム，クロム (Ni-AlCr)	ニッケル，ジルコニアサーメット (Ni-YSZ サーメット)
	空気極	多孔質カーボン板 Pt 担持カーボン+PTFE	多孔質カーボン板 Pt 担持カーボン+PTFE	酸化ニッケル (NiO)	Lランタンマンガナイト

4.3 燃料電池発電システムと水素製造

4.3.1 燃料電池発電システム

燃料電池発電システムは，電池本体に燃料（純水素または改質ガス）と空気を導入することにより電気を発生させる発電装置で，図 4.17 のようなシステム構

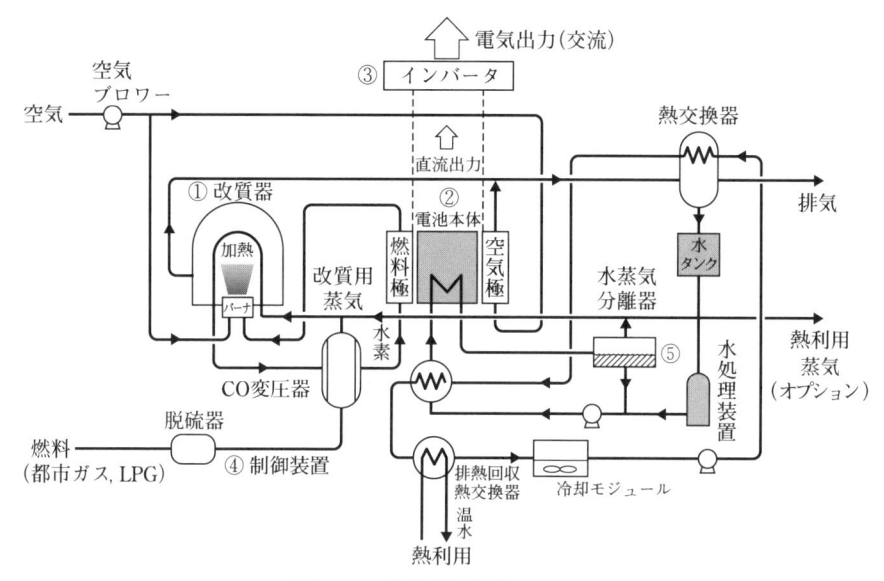

図 4.17　燃料電池発電システム

成となっている。同図は，実用化しているりん酸形燃料電池発電システムの例であるが，①天然ガスやプロパンガス等の燃料を，水素を多く含む改質ガスに変換する改質器，②改質ガス中の水素と空気中の酸素とを電気化学的に反応させて，直流電力を発生させる電池本体，③燃料電池で発生した直流電力を交流電力に変換する電力変換装置（インバータ），④各種装置を適正に動作させるための制御装置，⑤燃料電池を冷却する冷却装置（冷却モジュール水処理装置，水蒸気分離器等）並びに電池本体や改質器から出る排熱を回収する熱交換器等から構成される。

都市ガスあるいはプロパンガス中には硫黄が多く含まれているので，脱硫器で除去した後，改質器に水蒸気とともに導入される。改質器では，バーナーで加熱されたニッケルを主体とした触媒の入った改質管を通過することにより，水素を多く含むガスに改質される。このガス中には多量の一酸化炭素が含まれているので，CO 変成器で一酸化炭素を二酸化炭素へ変換し，電池本体に影響を与えない濃度（約 1%）まで一酸化炭素の濃度を低減して電池本体に導かれる。

電池本体の燃料極には改質器からの改質ガスが，空気極には外部に設置した空

気ブロワーから空気が供給される。電池本体では改質ガス中の水素の約80％が電池で消費され，残りの水素は改質器のバーナーに導かれ，改質器の改質管を加熱するバーナーの燃料として利用される。一方，空気極では導入された空気中の酸素の約60％が電池で消費され，残りの空気は改質器の燃焼排ガスとともに熱交換器で熱が回収された後，排出される。

電池本体で発電した直流電力はインバータ（電力変換器）で交流に変換され，システムに供給される。燃料電池の本体は，発電すると温度が上昇するので水で冷却される。電池を冷却した冷却水中には水蒸気が含まれるので，水蒸気分離器で水蒸気と水に分離され，得られた水蒸気は一部が改質器の改質反応に利用されるとともに，残りの水蒸気は外部へ取り出すことができる。水蒸気分離器で回収された水は熱交換器を通ったあと電池本体に戻され，再度冷却水として利用される。電池冷却システムでは，水蒸気が改質用と外部取り出し水蒸気に利用されるため，冷却水は減少する。しかし電池本体の空気排ガス中には電池で発生した生成水が含まれているので，それを回収し，水処理装置で純水にしたあと，これまでの冷却水に加算されるシステムとなっている。このようなシステム構成により，外部から水を補給することなくプラント内で水自立運転が可能となる。

現状のりん酸形燃料電池は発電効率が40％，熱効率が41％のため，総合効率は81％となる。

4.3.2 水素製造

水素社会が実現し，水素がどこでも手に入る社会インフラが構築されていれば，図4.17中の改質器は不要となる。しかし現実の社会では水素インフラが整備されていないため，家庭用燃料電池に対しては都市ガス，プロパンガス，灯油から水素を製造し，燃料電池へ供給して発電するシステムが採用されている。

以下では都市ガス，メタノールから水素をどのようにして製造するかの改質反応について記述する。なお，以前メタノールあるいはガソリンを搭載した燃料電池自動車が開発されていたが軽量で信頼性の高い高圧タンクが開発されてからはこれらの液体燃料を車上に搭載するシステムは現在開発されていない。

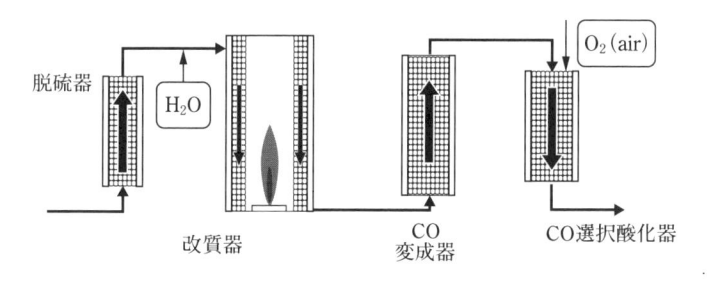

4.3 燃料電池発電システムと水素製造

(a) 燃料処理システム

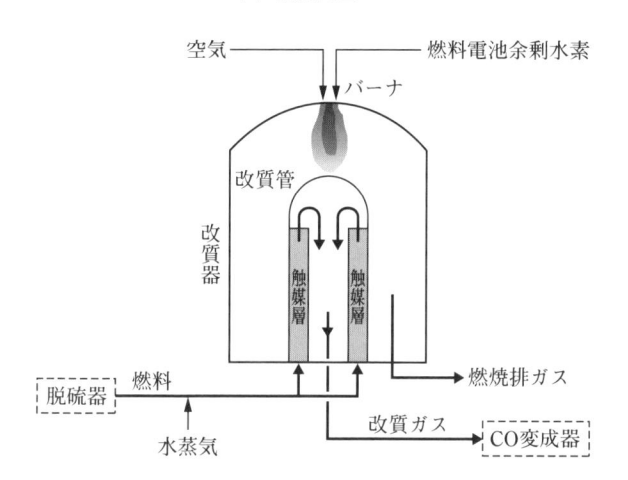

(b) 改質器の構造

図 4.18 燃料処理装置のシステム構成

（1） 都市ガスからの水素製造　　燃料電池発電システムで使われている都市ガスから水素を製造するシステム構成例を，図 4.18 に示す。

都市ガスは，ガス漏れの早期発見を目的として硫黄化合物で付臭されている。この硫黄化合物は燃料電池にとって有害であるため，硫黄を取り除く脱硫器が設置されている。活性炭やゼオライト等の吸着剤を用いて除去する吸着脱硫方式と，水素と反応させ除去する水添脱硫方式がある。

脱硫器の後段の改質器では，都市ガスの主成分であるメタン（CH_4）等の炭化水素原燃料と，発電システム内で得られた水蒸気を混合して，700℃前後に加熱

された改質管内に導くことにより改質ガスが得られる。この方法を水蒸気改質方式といい，水素製造効率の高い製造方式である。改質ガス中には水素の他に一酸化炭素（CO）および二酸化炭素（CO_2）が含まれ，特に一酸化炭素はりん酸形燃料電池および固体高分子形燃料電池の電極に使用されている触媒を被毒させ，セル電圧を大きく低減させる。このため，りん酸燃料電池ではCO変成器でCO濃度を約1％まで低減し，固体高分子形燃料電池では，さらにCO選択酸化器によって，10 ppm以下まで低減される。

改質器の内部構造例を図18(b)に示す。改質管がバーナーで加熱され，改質管に燃料と水蒸気の混合ガスを通すことにより改質ガスが得られる。

水素は下記の反応によって製造される。

$$\text{改質器の反応}: CH_4 + H_2O \rightarrow 3H_2 + CO \quad \text{反応温度約} 700°C \tag{4.26}$$

$$CO \text{変成器}: CO + H_2O \rightarrow H_2 + CO_2 \quad \text{反応温度} 350 \text{から} 400°C \tag{4.27}$$

$$\text{全体で} \quad CH_4 + 2H_2O \rightarrow 4H_2 + CO_2 \tag{4.28}$$

改質器と変成器での反応を合わせてメタン1 molと水蒸気2 molから4 molの水素を取り出すことができる。できた改質ガスの主成分は，概ね水素80％と二酸化炭素20％となる。

なお，CO選択酸化器ではCO変成器で低減されたCO濃度約1％を，空気中の酸素により一酸化炭素を選択的に反応させて，さらに10 ppm以下に低減する。

$$CO \text{選択酸化器}: CO + \frac{1}{2}O_2 \rightarrow CO_2 \tag{4.29}$$

溶融炭酸塩形燃料電池や固体酸化物形燃料電池では高温作動のためCOを燃料として使用でき，このためCO変成器やCO選択酸化器は不要となる。よって改質器の直後に燃料電池スタックを配する構成となっている。さらに高温作動のため，燃料電池内で天然ガスを直接改質することも可能である。このような方式を内部改質方式といい，独立した改質器は不要となるため，システムの簡略化が可能となる。

（2） メタノール改質 　改質の方法は大きく「水蒸気改質」,「部分酸化改質」,「併用改質」の三つに分けられる。

① 水蒸気改質

メタノールと水蒸気が反応して(4.30)式の水素を生成する。

$$CH_3OH + H_2O \rightarrow 3H_2 + CO_2 \tag{4.30}$$

メタノール 1 mol と水 1 mol から水素 3 mol と CO_2 1 mol が生成される。

このため(4.30)式から改質ガスの組成は概ね水素 75%, 二酸化炭素 25% となり, 都市ガスから得られる水素濃度より低くなる。

② 部分酸化改質

空気を添加してメタノールを一部燃焼させながら改質する方法である。反応式を下記に示す。

$$CH_3OH + \frac{1}{2}O_2 + 2N_2 \rightarrow 2H_2 + CO_2 + 2N_2 \tag{4.31}$$

メタノール 1 mol と酸素 1/2 mol から水素 2 mol を生成する。

部分酸化改質は発熱反応のため, 外から熱を与える必要がなく, また始動が早く, 改質量を短時間で増大させることが可能である。しかし水蒸気改質と比べ, 水素発生量は 2 mol で, 水蒸気改質の 3 mol と比べて 1 mol 少ない。このため水素製造効率は低く, また添加した空気の残り窒素が含まれるため, 水素濃度も低下する。

③ 併用改質

自動車用は水蒸気改質と部分酸化改質を組み合わせた併用改質が多く用いられている。これをオートサーマルといい, (4.32)式で示される。

$$CH_3OH + \frac{1}{3}O_2 + \frac{4}{3}N_2 + \frac{1}{3}H_2O \rightarrow \frac{7}{3}H_2 + CO_2 + \frac{4}{3}N_2 \tag{4.32}$$

発熱と吸熱がバランスしているので, 始動性が早く負荷追従性も優れている。併用改質は部分酸化改質より水素発生量も多く, 水素濃度も高いが, 水蒸気改質には及ばない。

以上をまとめて表 4.7 に示す。

表4.7 メタノール改質方法の比較

	水蒸気改質	部分酸化改質	併用改質
改質温度	200—300°C	400—600°C	200—600°C
水素濃度	H_2 : 75%	H_2 : 40%	H_2 : 50%
その他のガス	CO_2 : 25%	CO_2 : 20% N_2 : 40%	CO_2 : 21% N_2 : 29%

(3) その他の方法　以上は現在適用あるいは開発されている水素製造方法であるが，上記の他に水素を製造する方法として，①水を電気分解する方法，②食塩電解工場の副生物として，あるいは製鉄工場のコークス炉から生成する方法，③バイオマスをガス化したり発酵したりする方法等がある。

4.4 燃料電池の適用

各種燃料電池がどのように適用されているか，また適用されようとしているかについて以下に記述する。

4.4.1 固体高分子形燃料電池（PEFC）

(1) 家庭用燃料電池　固体高分子形燃料電池は小型・コンパクトで高効率発電が可能なことから，家庭に適用し，電気と同時に熱を供給する家庭用燃料電池発電システムを提供できる。システムの一例を図4.19に示す。都市ガスなどの化石燃料から水素を多く含む改質ガスを作り，それを用いて発電するとともに，発電時に発生する熱や燃料処理装置の排熱からお湯を取り出し，貯湯槽にたくわえて必要時に使用するシステムである。この燃料電池発電システムを導入した時の経済性および環境性について，お湯を余らせない運転をベースに，電力の不足分は商用電力で賄うとの前提で導入効果が試算された。その結果が図4.20に示される。従来のシステムと比べ，一次エネルギー消費量が20％，二酸化炭素排出量が24％，年間光熱費が19％それぞれ削減できるとの結果が得られ，経済性，環境性の面で優れていることが示された。現在，電気メーカー，住宅メー

4.4 燃料電池の適用

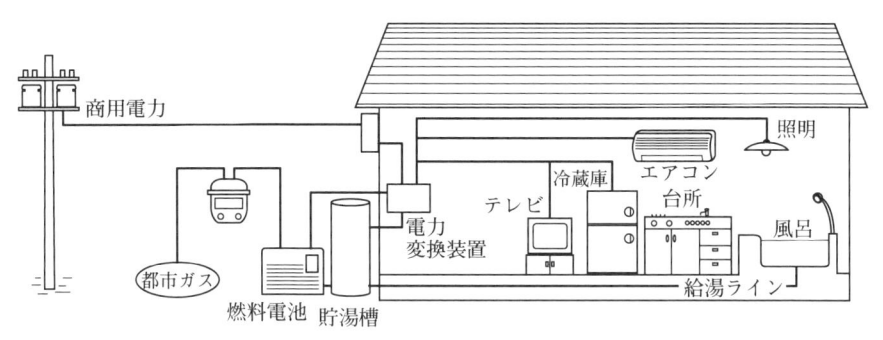

図4.19 家庭用燃料電池システム

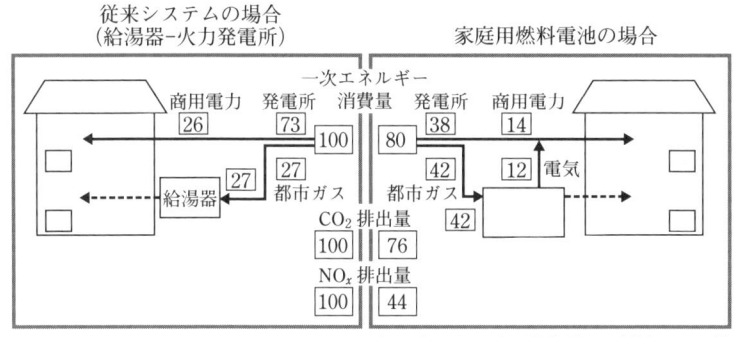

図4.20 経済性・環境性評価

● 一次エネルギー消費量20%削減，CO_2排出量24%削減，NO_x排出量56%削減
● 年間光熱費19%削減

カー，石油会社，ガス会社等が積極的に商品化に向けた研究開発を進めており，国も参画して安全性にかかわる規格，適用基準作成のデータ取得等のための評価試験が行われている．その一例を図4.21に示す．これはメーカーで開発された家庭用燃料電池のデータを取得するための試験実施状況である．効率，耐久性，安全性等の検証後，以前は2005年頃の商用化を目指していたが，現在は各種の実証試験が行なわれ，その終了後の2009年度から商品化が行なわれる予定である．

図 4.21　各種の評価状況　[写真提供：社団法人 日本ガス協会]

（2）**燃料電池自動車**　自動車の排ガスは都市の空気汚染の主原因ともいわれ，環境に優しい自動車の開発が望まれる。すでにガソリンエンジンの直噴方式，小型車用ディーゼルエンジン化，ガソリンエンジンとバッテリとを組み合わせたハイブリッド車，バッテリー搭載の電気自動車等の開発が手がけられ，燃料電池自動車の開発もその候補の一つとして進められている。図 4.22 に示すように PEFC の出力密度が年々増大し，燃料電池のコンパクト化が進められた結果として自動車の床下に搭載できるサイズにまで燃料電池用駆動システムが小型化され，燃料電池自動車の実現性が急速に高まってきた。現在，燃料電池の燃料として高圧タンクから圧縮水素を燃料電池へ供給し発電するとともに，ブレーキ回生によるエネルギー回収のため，二次電池あるいは電気二重層キャパシタを搭載し，起動時にも使用する燃料電池自動車が主に製作され，公道試験用に使用されている。

　燃料電池自動車の構成は，図 4.23 に示すように上記の純水素を直接燃料電池へ供給するものと，炭化水素を燃料として改質器で水素を多く含む改質ガスに変

4.4 燃料電池の適用

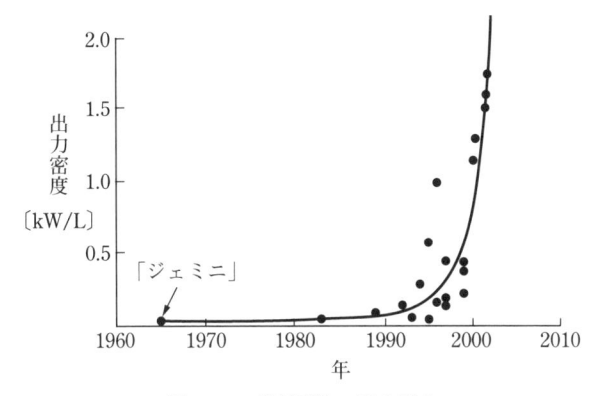

図 4.22 燃料電池の出力増大

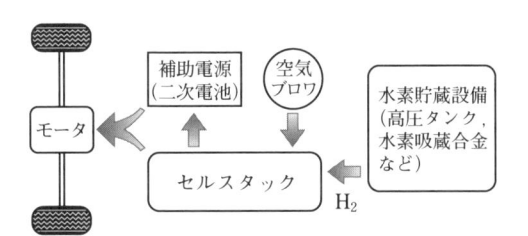

(a) 水素を燃料とする場合

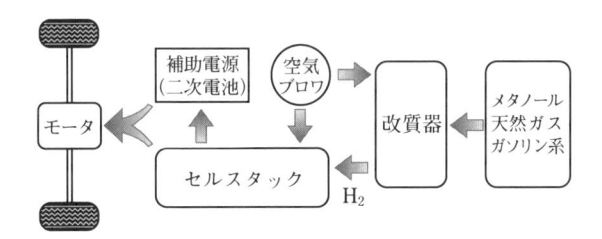

(b) 炭化水素を燃料とする場合

図 4.23 燃料電池自動車の構成

図 4.24 燃料電池自動車と水素ステーション
[写真提供：(独)新エネルギー産業技術総合開発機構]

換したあと，電池へ供給するシステムとに区分される。

　自動車に燃料電池システムを搭載するとき，スペースと重量を極力小さくする必要がある。炭化水素系を燃料とするメタノールおよびガソリンは，搭載重量と体積は小さいが改質器を必要とする。特にガソリン改質は開発に時間を要している。純水素の使用は改質の必要がないが，貯蔵タンクの体積が大きくなり走行距離に制約を受ける。しかし近年，圧力 70 MPa の水素貯蔵用タンクが開発され，燃料電池自動車に搭載されてから，図 4.23(b) の方式は開発されていない。タンクの開発が進められ現在 500 km の走行距離が確保されている。この他，燃料の選定に当たっては環境性，インフラ整備，コスト等総合的に判断し決める必要がある。

　燃料電池自動車の商用化に当たっては，①小型・コンパクト化・凍結対応，起動時間の短縮と早い応答性，②コスト低減，③安全性，環境性に向けたさらなる研究開発を必要とする。

　すでにアメリカ，ヨーロッパ，日本で燃料電池自動車の公道試験が開始されている。また試験に当たっては，水素を供給する水素ステーションも設置され，インフラ整備も逐次行われている。その一例を図 4.24 に示す。このように燃料電池自動車の実用化に向けた研究開発が，官民一体となって着々と進められている。

4.4.2 りん酸形燃料電池（PAFC）

りん酸形燃料電池は燃料電池の目標寿命時間である4万時間を達成し，工場，ホテル，病院等で使用されている燃料電池である。現在コジェネ機器として，バイオガス等を利用する環境機器として，また非常用の電源として幅広く適用が進められている。その状況を説明する。

（1） コジェネ機器としての利用　稼動しているりん酸形燃料電池プラントは，100 kWと200 kWがあり200 kWの場合の電気効率は40%，熱効率41%，総合効率81%で電気と熱を同時に供給するコジェネ機器として適用されている。プラントから供給される電圧は400 V～440 Vで，熱は蒸気および温水として取り出すことができる。プラント内システム構成とその概観の一例を図4.25に示す。

（2） バイオガスの利用　食品排水，生ゴミ，下水汚泥等の有機性廃棄物から嫌気性処理により発生するバイオガス（主成分にメタン）は，従来は低カロリーのためボイラーで燃焼させていた。しかし，燃料処理装置で水素を多く含む改質ガスに変換して燃料電池へ供給するシステムが開発されたことにより，高効率の発電システムを構成できることから，省エネルギー並びに環境機器として利用

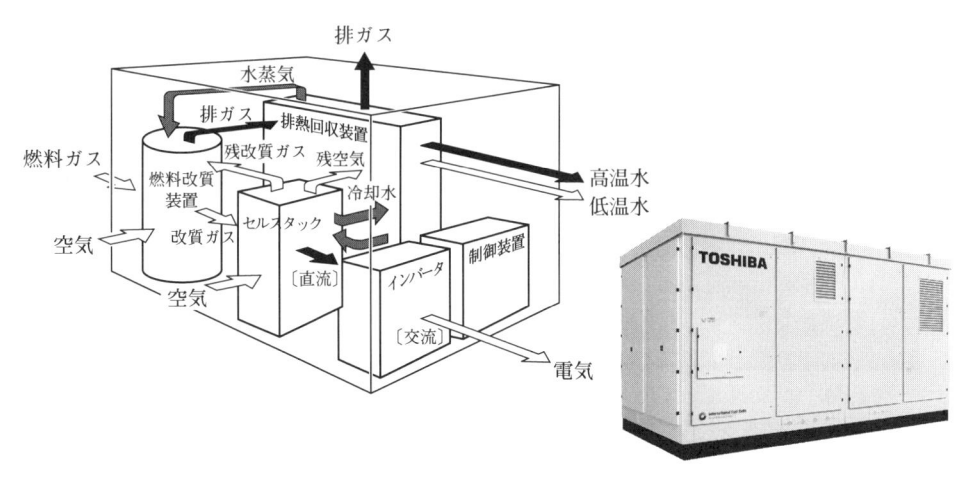

図4.25　システム構成とプラント概観［写真提供：東芝IFC株式会社］

することが可能となった。例えばビール工場に 200 kW プラントを適用した場合，ビール工場の廃液からバイオガスを発生させて発電することができ，一カ月に 120 から 130 MWh の電力を回収し，発生した熱はビール製造工程で利用されている。また生ゴミの嫌気性処理では，1 トンの生ゴミから 580 kWh の発電が可能となる。このようにバイオガスを利用した燃料電池発電システムは，今後広く適用されていくものと期待される。燃料電池の適用および試験実施状況例を図 4.26 と 4.27 に示す。

この他，下水汚泥からの消化ガス（主成分はメタン），半導体工場の洗浄工程で使用したメタノール，ごみ焼却の溶融炉ガスの利用等，多様な燃料を利用した燃料電池の適用が各所で行われている。一例として，各種の燃料を適用した時の 200 kW プラントの発電に必要なガス量を表 4.8 に示した。

（3）高品質電源としての利用 高品質電源とは，系統で停電が発生しても継続して電力が供給できるシステムをいう。燃料電池の適用の一例を図 4.28 に示す。燃料電池で発電した直流電力はインバータで交流に変換後，重要負荷に送られる。余った直流電力は，もう一方のインバータで交流に変換後系統に送られる。図 4.28 のシステムでは，落雷等で系統の電力が遮断された場合でも無停電で重要負荷に電力を供給継続でき，また燃料電池が停止した時はサイリスタスイッチにより，電力が無瞬断で系統から重要負荷へ供給されるシステムのため，重要な負荷に対し安定した電力供給が可能となる。

図 4.26 ビール工場に適用した例
［写真提供：東芝 IFC 株式会社］

図 4.27 生ゴミ発電への適用
［写真提供：鹿島建設株式会社］

4.4 燃料電池の適用

表4.8 多様な燃料利用

燃料の種類	200 kW 発電時の必要量	適用分野
都市ガス	43 Nm³/h	病院，ホテル，工場
LPG（プロパン）	40 kg/h	病院，ホテル，工場 都市ガスのない地域
バイオガス	77 Nm³/h	ビール工場，スーパー等の生ゴミ処理，家畜糞尿
消化ガス	90 Nm³/h	下水処理場
メタノール	90 kg/h	半導体工場
溶融炉ガス	380 Nm³/h	ゴミ処理場
副生水素	150 Nm³/h	化学工場

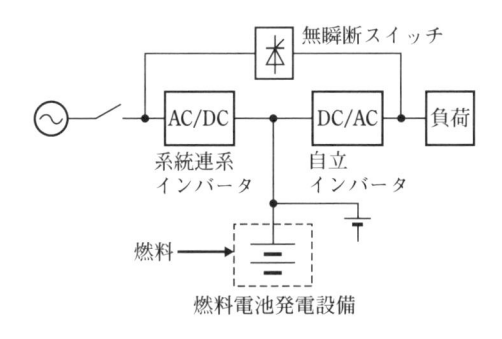

図4.28 高品質電源システムの例

4.4.3 溶融炭酸塩形燃料電池（MCFC）

　溶融炭酸塩形燃料電池は発電効率が高く，高温排熱が得られることから，分散電源としてまた集中大容量発電システムとして利用されることが期待される。

　アメリカでオンサイト電源として開発された，250 kW 常圧内部改質方式の燃料電池プラントを図4.29に示す。りん酸形燃料電池と同様の利用が可能である。

　一方，大容量高効率発電の実現に向けた開発が進められている。国内のプロジェクトの例であるが，MCFC の空気極の排ガスによって 1 Mpa 級のガスタービンを駆動し，大容量 MCFC 発電とガスタービン発電機との組み合わせにより，

図 4.29　250 kW 常圧内部改質 MCFC［写真提供：丸紅株式会社］

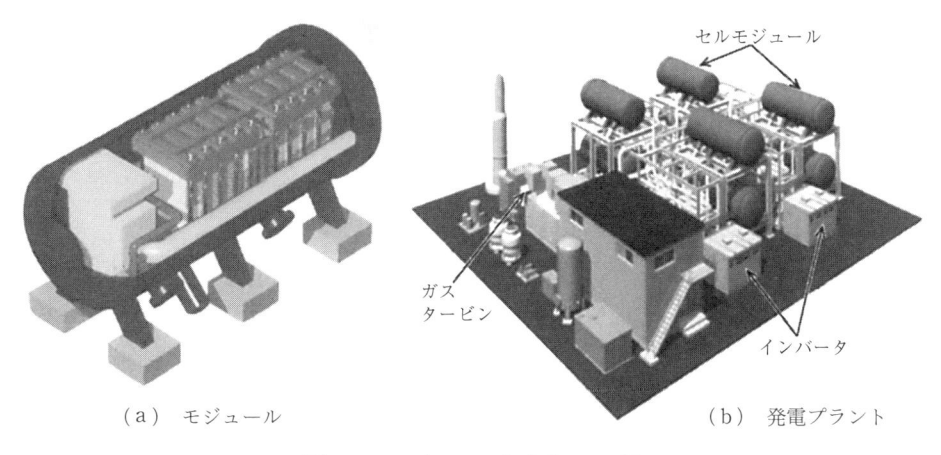

（a）モジュール　　　　　　　　　　　　　（b）発電プラント

図 4.30　モジュール及びプラント例

高効率発電システムを実現するもので，モジュールおよび組み合わせたプラントのイメージ図を図 4.30 に示す。運転圧力 1.2 MPa で送電端効率 50%（HHV）以上の見通しを得ている。燃料ガスとして一酸化炭素が使用可能なため，石炭ガス化ガスを用いた大容量発電プラントの実現も期待される。

4.4.4　固体酸化物形燃料電池（SOFC）

　常圧形と加圧形が検討されている。常圧形 100 kW コジェネレーションの一例を図 4.31 に示す。りん酸形および溶融炭酸塩形と同様，コンパクトにまとめられている。発電効率は 46%（LHV）と高く，ヨーロッパで実証試験が行われている。

　加圧形はマイクロガスタービンと組み合わせたもので，ガスタービンの圧縮機で加圧された空気を SOFC モジュールに供給し，また SOFC の高温排ガスをガスタービンの燃焼器へ供給してガスタービンのシャフトを回転させる。このような組み合わせのシステムにより，送電端効率 57%（LHV）を達成できる。220 kWSOFC システムの例を図 4.32 に示す。

　SOFC の排ガスをガスタービンに，さらにその排ガスで蒸気タービンを運転すれば発電効率は上昇する。その一例を図 4.33 に示す。プラント容量 700 MW について検討された結果，送電端効率 64.3%（HHV）が得られた。SOFC は高効率発電システムとして極めて有望であり，今後の開発が期待される。

　改質に必要な熱を燃料電池反応に起因する排熱で賄うことができ，また天然ガ

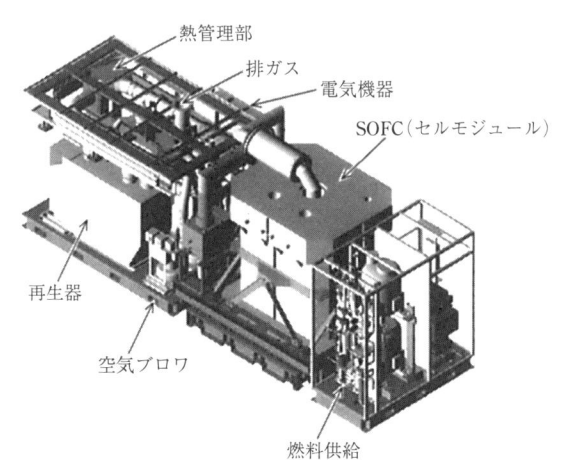

図 4.31　常圧 100 kWSOFC コジェネシステム
（© Siemens Westing house power Corporation より許諾を得て転載）

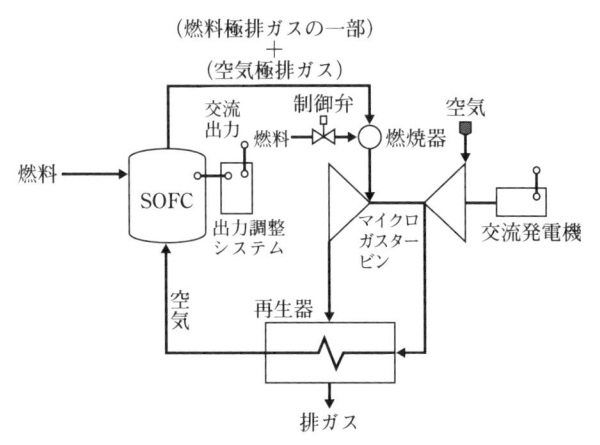

図 4.32 マイクロガスタービンとの組み合わせによる 220 kW SOFC 発電システム

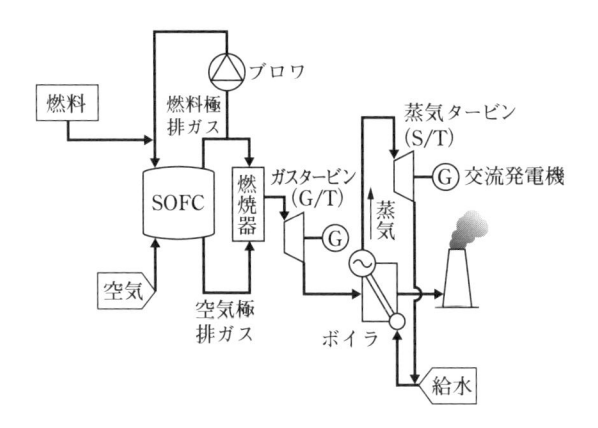

図 4.33 SOFC とガスタービン，蒸気タービンとの組み合わせによる発電システム

スから電力への変換効率も極めて高い．あわせて改質器を必要としないので，コンパクト化が可能である．このような特長を有することから，自動車用補助電源にまた家庭用コジェネ機器に適用する開発も行われている．

4.5 実用化への課題

4.5.1 固体高分子形燃料電池（PEFC）

　PEFCの実用化に向けて，いくつかの課題解決を必要とする。一つは耐久性の確立である。電池寿命として自動車用は5000時間，家庭用は40,000時間を目標としている。自動車の場合，起動停止と負荷変動が多く，触媒劣化および膜劣化が加速される。一方，家庭用は電力需要の多い昼間に運転し，電力供給を必要としない夜間は停止するといった運用や，また40,000～60,000 hの長時間運転が要求される。現状検証されている寿命特性はシステムレベルで約2時間を越えている。今後9万時間を目指して触媒や高分子膜の耐久性の向上を目指し長時間運転できる電池の開発が必要である。このため触媒や高分子膜の耐久性向上，特に低加湿条件下でも長時間安定して運転できる電池の開発を必要とする。

　二つめはコストの低減である。燃料電池自動車の価格は約1億円台，家庭用燃料電池は約1千万円台程度と言われている。一般に普及するには，自動車は従来車と同等，家庭用は約50万円程度とされている。このためのコスト低減は量産化だけでは不可能であり，触媒量の低減技術，低コストな高分子膜の開発といった数々の技術的な課題解決を必要とする。

　地球温暖化等の環境問題解決の切り札として，自動車用および家庭用に適用できるPEFCへの期待が高まってきている。国も2010年には自動車で約5万台，定置用で210万kW，2020年には自動車500万台，定置用1000万kWの目標を掲げて積極的に支援している。

　多くの技術課題はあるものの，PEFCの開発は順調に進められ，その成果として自動車分野では公道走行試験が行われている。また家庭用ではガス会社を中心に実証試験が行われ，燃料電池の安全性，信頼性に関する試験・評価手法の確立，必要な規制の見直し，規格の確立等実用化・普及に向けた制度面および技術面の整備・検討に関するプログラムが，着実に進められている。

4.5.2　りん酸形燃料電池（PAFC）

　りん酸形燃料電池は1960年代から12.5 kW，40 kW，200 kW オンサイトプラントとして各種の実証試験が，また電力用発電プラントが開発され，実証試験が1970年代から進められてきた。しかし，ガスタービンと蒸気タービンとを組み合わせたコンバインド発電の効率が上昇したことから，電力用のりん酸形燃料電池の開発は中断され，現在はオンサイト用電源のみが利用されるに至っている。この間，電池の目標寿命時間である40,000 h は達成され，オンサイト電源として幅広く利用されてきた。

　現在適用されたプラントは全世界で数100台のオーダーであり，設置台数の伸びが行き悩んでいる。この原因はコスト高で，普及台数が少なく，量産効果が現れていないことにもよる。

　PEFCの研究開発が，家庭用電源として，また自動車用駆動源として活発に進められているが，本格的な導入は2010年以降と予想される。

　PAFCは実用化レベルに達している唯一の燃料電池である。国の支援を得ながら利用範囲を拡大し，量産化効果によりコスト低減を進め，燃料電池の普及を図っていくことが期待される。

4.5.3　溶融炭酸塩形燃料電池（MCFC）

　MCFCの実用化に向けての課題は長寿命化，高効率化，低コスト化である。電池の劣化現象であるニッケルカソードの溶解とニッケル析出によるマトリックスの内部短絡，ステンレスセパレータの金属腐食，蒸発による電解質損失等，現在直面している課題の一つ一つを解決していくことが重要である。特に高効率化に向けては1 MPa級で動作するガスタービンとの組み合わせができれば，60％程度の発電効率達成が可能となることから，MCFCの高圧化運転が望まれる。コスト面では大容量化をただちに手がけるのではなく，オンサイト形で，モジュール化を進めながら運転実績を挙げ，また量の拡大を進めながらその技術を大容量発電システムへ適用していくことが望まれる。

4.5.4 固体酸化物形燃料電池（SOFC）

固体酸化物形燃料電池は二つの方向の開発が行われている。

一つはオンサイトコジェネレーションで低温動作を指向することにより，SOFCの長寿命化，金属等の安価な材料の使用による低コスト化が図られる。このために低温でも酸素イオン導電率が高い電解質材料の開発，また電解質の薄膜化の開発が必要となる。

もう一つは従来の路線上の火力代替用である。SOFCの高温排熱を利用したガスタービンと蒸気タービンとの組み合わせにより高効率発電システムを確立するもので，耐久性，信頼性，低コスト化等が実現できるSOFC電池モジュールの開発，またそのスケールアップとシステム開発を継続的に進めていくことが必要である。

4.6 まとめ

環境問題解決に向けて，ゼロエミッションを目指した燃料電池自動車，また電気と熱を活用して総合効率を高めた分散電源としての家庭用，業務用燃料電池，そして，ガスタービン，蒸気タービンと組み合わせ，排ガスを有効活用して高効率発電を目指す高温型燃料電池，これらは，われわれが直面する環境問題解決の切り札として，徐々に適用拡大されていくものと予想される。長期的には化石燃料の枯渇は避けられない。その時には再生エネルギーから水素を製造・輸送・貯蔵し，それをエネルギー源として活用し，自動車等の駆動源として，あるいは発電システムとしての燃料電池を幅広く利用する社会の到来が期待される。

問題

（1）燃料電池の種類と，それぞれの特徴を述べよ。
（2）固体高分子形燃料電池が自動車用に開発されているが，その理由を述べよ。
（3）りん酸形燃料電池は実用化されている唯一の燃料電池であるが，その応用

分野を述べよ。
（4）高効率発電システムを目指している燃料電池の種類と，どのようにして効率向上を図るかを述べよ。
（5）なぜ燃料電池が期待されているか，理由を述べよ。
（6）出力 60 kW の燃料電池がある。常圧運転でセル電圧 0.75 V，100 A のセルを使用すると何セル必要か。燃料利用率 70%，空気利用率 40% とするときの，必要水素量および空気量を求めよ。
（7）定格 100 A のセルがある。このセルを 10 時間運転したら，発生する水分はいくらか。

（解答は巻末）

第5章

風力発電

　風力発電は空気の運動エネルギーを電気エネルギーに変換する発電方式で，近年設置台数が急激に増加している。ここでは風力発電の原理，効率，運転方法，最新技術について述べる。

5.1　風力発電の概要

　風は空気の循環によって発生する。太陽光により地球が熱せられると，赤道近傍の温度は上昇するが，極地は上昇しない。このため赤道付近では暖かい空気が上昇し，これが上空を極地へ向かい，一方極地の冷えた重い空気が地表に沿って赤道に向かって流れる。これに地球の自転が加わり地球のマクロ的な風の流れが形成される。図5.1に示すような，いわゆる偏西風，貿易風といった地球規模の風が発生する。

　また陸地と海洋では熱容量が異なるため，昼間陸地の温度が上昇すると「海から陸へ」，夜間の海は冷えにくく陸地は海より早く冷えるため，「陸から海へ」と風の流れが生ずる。海風，陸風の発生要因である。同じ陸でも河川，湖沼，森林，田畑等変化に富んでいるため，風の流れに対する抵抗も異なり，熱を貯える容量も異なるので，風の方向も強さも変化する。このように地球上は太陽の影響で風が絶えず発生し，風向，風速も変化している。特に日本は海に囲まれていることから，海陸の温度差による海陸風が発生する地域が多い。この風の力を電力に変換し，自然エネルギーを利用するのが風力発電システムである。

　風力発電システムは空気の運動エネルギーを利用して電気エネルギーを得る発電方式であるが，水の力を利用する水力発電システムと異なり，エネルギー密度

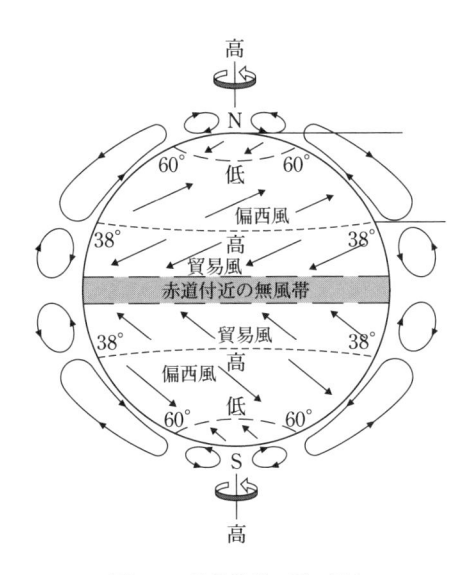

図5.1 世界規模の風の流れ

が小さく，風向・風速が時々刻々変化するため，発電規模も比較的小さく，制御しにくい．しかし近年，航空技術を応用し，風力発電に使用する高性能のローターが製作でき，1基の発電容量が 1500 kW に達するものが開発され，現在各所に設置されている．

今後，化石燃料の枯渇あるいは CO_2 による温暖化の抑制が，エネルギー問題を考える上で極めて重要となる．風力発電は現在急速に設置台数が伸びており，再生可能エネルギーの有力な柱となり得る発電システムである．

5.2 風車の種類

風車はヨーロッパで古くから揚水，製粉，排水用等に利用されてきたが，1890年代から発電用として使われ始めた．

5.2 風車の種類

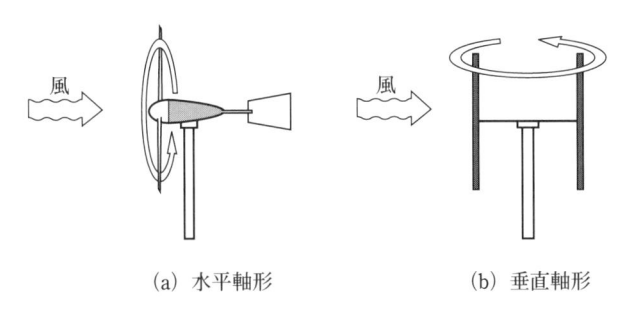

(a) 水平軸形　　　　(b) 垂直軸形

図 5.2　水平軸形風車と垂直軸形風車

```
         ┌─ 水平軸形 ┬─ 揚力形 … プロペラ形，オランダ形，セールウィング形
         │          │           アメリカ多翼形
         │          └─ 抗力形
風車 ─┤
         │          ┌─ 揚力形 … ダリウス形
         └─ 垂直軸形┤
                    └─ 抗力形 … サボニウス形，クロスフロー形
                                パドル形
```

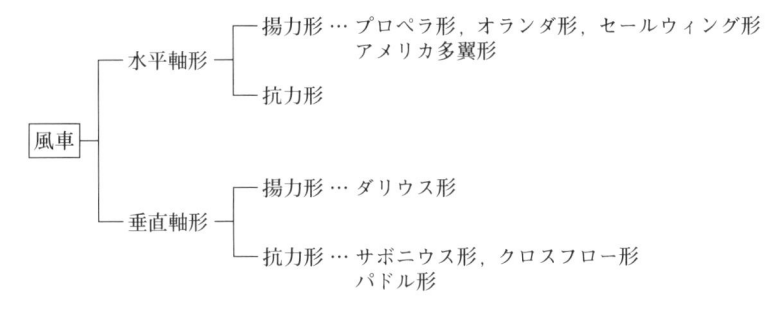

図 5.3　風車の種類

　風車は図 5.2 のように，地面に対して回転軸が水平にある**水平軸形**と，垂直である**垂直軸形**に分けられる。垂直軸形は水平軸形のように風向制御を必要としない特長がある。また風車は動作原理から，風車のブレードに生ずる揚力（持ち上げる力）を利用する揚力形と，抗力（押す力）を利用する抗力形に分けられる。風車の種類を図 5.3 に示す。

　また風車の種類と特徴を表 5.1 に，水平軸形風車の代表例を図 5.4 に，垂直軸形風車の代表例を図 5.5 に示す。

① プロペラ形風車［写真提供：三菱重工業株式会社］

③ オランダ風車

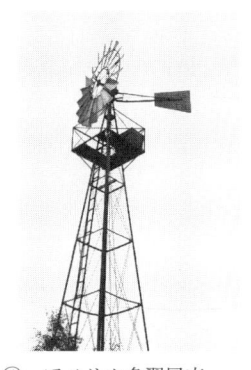

④ アメリカ多翼風車［パワー社『小型風車ハンドブック』より許諾を得て転載］

② セイルウィング形風車［パワー社『小型風車ハンドブック』より許諾を得て転載］

図5.4　水平軸形風車

表5.1　風車の種類と特徴

特徴 \ 風車の種類	水平軸風車						垂直軸風車			
	プロペラ1枚翼型	プロペラ2枚翼型	プロペラ3枚翼型	セイルウィング型	オランダ型	多翼型	ダリウス型	サボニウス型	クロスフロー型	S形パドル型
速く回る	◎	◎	◎				◎			
ゆっくり回る				◎	◎	◎		◎	◎	◎
揚力（持ち上げる力）で回る	◎	◎	◎	◎	◎		◎			
抗力（押す力）で回る								◎		◎
発電に使われる	◎	◎	◎				◎			
ポンプや粉引きに使われる				◎	◎	◎		◎	◎	◎
歴史が長い				◎	◎				◎	

5.2 風車の種類

⑤ ダリウス形風車［パワー社『小型風車ハンドブック』より許諾を得て転載］

⑥ サボニウス形風車［写真提供：松本文雄氏］

⑦ クロスフロー形風車［写真提供：松本文雄氏］

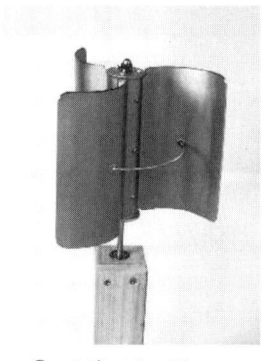

⑧ S字パドル形［写真提供：松本文雄氏］

図 5.5　垂直軸形風車

それぞれの風車は以下のような特徴を有している。
① プロペラ形は発電用に最も多く用いられ，2〜3枚の飛行機のプロペラに似たブレードをもち高速回転する風車である。
② セイルウィング形は古くから製粉，排水用に用いられ，三角形の6〜12枚の布製羽根を用い低速回転する風車である。
③ オランダ形は製粉や揚水に用いられ，翼の枠の上に布を張ったものを使用し，低速回転する風車で歴史も古い。

④ 多翼形は多くの金属製の羽根を持ったもので，アメリカの農場や牧場で揚水用に多く用いられている。低速で回転し，大きなトルクが出る風車である。
⑤ ダリウス形は円弧形状の羽根を有し，風向きに無関係に回転し，風速以上の高い周速比が得られることから発電用に利用される。
⑥ サボニウス形は半円筒状羽根 2 枚で構成され，バケットの凹面と凸面の抗力差で作動し，起動トルクが大きく，回転数は低い。ポンプ用に用いられる。
⑦ クロスフロー形は多くの翼が立っていて，水平軸の多翼形風車に類似している。起動トルクが大きいが，周速比は低く，静粛である。発電および駆動用に用いられる。
⑧ パドル形は S 字形の板で構成され，抗力形でゆっくり回転し，ポンプ用に用いられる。

5.3 揚力形風力発電

風力発電システムでは，主に揚力形のプロペラ形が使用されているので，プロペラ形を中心に以下記述する。

5.3.1 揚力形風車の原理

現在の主流であるプロペラ形風力発電システムの設置例を図 5.6 に示す。1 基が 1000 kW クラスのものでる。

風力発電システムの概念図を図 5.7 に示す。風力発電機は回転するブレード，回転力を発電機に伝えるロータ軸，回転速度を増す増速器（増速器のあるものとないものがある），発電機，発電機等を収めている容器（ナセル），およびそれらを支えているタワーから構成される。

風力発電の原理を図 5.8 に示す。質量 m の物体が速度 v で移動すると，その物体の運動エネルギーは (5.1) 式で与えられる。

5.3 揚力形風力発電

図5.6 プロペラ形風力発電システムの設置例［写真提供：三菱重工業株式会社］

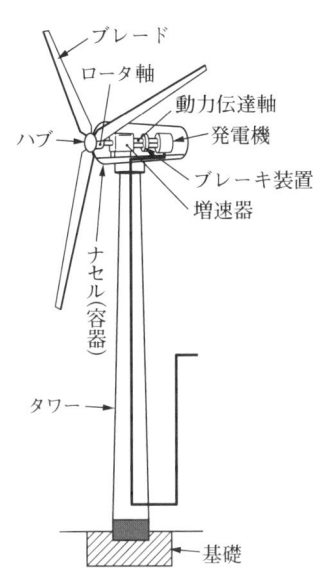

図5.7 プロペラ形風力発電システムの概念図

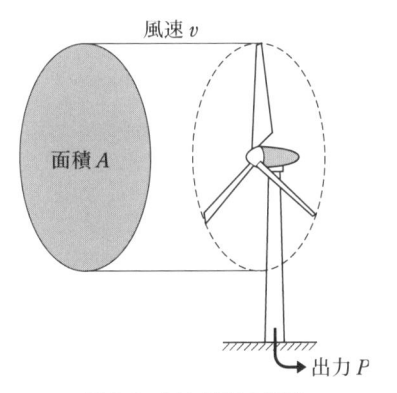

図5.8 風力発電の原理

$$E=\frac{mv^2}{2} \tag{5.1}$$

ここで　m：質量〔kg〕，v：速度〔m/s〕

いまローターの回転する面積を A とし，風の速度を v，空気の密度を ρ とす

ると，ローター面積を通過する単位時間当たりの空気量は $A \cdot v$ で，その質量は $\rho \cdot A \cdot v$ となる。このためローターを通過する空気の運動エネルギーは(5.2)式で与えられる。

$$E = \frac{(\rho \cdot A \cdot v)v^2}{2}$$
$$= \frac{(\rho \cdot \pi R^2)v^3}{2} \tag{5.2}$$

ここで　R：ローターの半径[m]，ρ：空気の密度[kg/m³]

(5.2)式から風車のローター面積を通過する運動エネルギーは風速の3乗，ローター半径の2乗に比例する。風車はこの通過エネルギーから出力を取り出している。

例題として，直径 60 m の風車に対し，風速が 10 m/s の時，風車を通過する風の運動エネルギーはいくらかについて検討する。

〈解答〉　風の運動エネルギーは(5.2)式で与えられる。

ここで空気密度：1.225 kg/m³，ローター面積：3.14×(60/2)²＝2826 m²，風速：10 m/s であるから，

$$E = \frac{1.225 \times 2826 \times 10^3}{2} = 1730.9 \text{ [kW]}$$

なお，(5.2)式の単位は $\frac{\text{kg}}{\text{m}^3} \cdot \text{m}^2 \cdot \frac{\text{m}^3}{\text{s}^3} = \frac{\text{kg} \cdot \text{m}}{\text{s}^2} \cdot \frac{\text{m}}{\text{s}}$ で $\text{N} = \frac{\text{kg} \cdot \text{m}}{\text{s}^2}$，J＝N・m，W＝J/s より運動エネルギーの単位は W となる。

5.3.2　揚力形風車が取り出し得る最大エネルギー

風車は風速を利用して回転エネルギーを得るが，その大きさについて次に検討する。(5.2)式を風車を通過する運動エネルギーとしたが，風車の後方の流れが完全に静止することはありえないので，この運動エネルギーをすべて風車が得ることはできない。イギリスの F. W. ランチェスターとドイツの A. ベッツが風車後方の流れを考慮し，風車が取り出し得る最大エネルギー量について検討した。

5.3 揚力形風力発電

その概要を紹介する。

風車の近傍の風の流れを図5.9に示す。実線で示す空気流の**流管**（stream tube）を想定すると，流管内を流れる空気流量はどこでも等しく，下流に行くにつれ流管の大きさは増大し，それに伴い流速は低下する。

いま図5.10のように，風車ローターの翼板数を無限とした**作動円板**（actuator disk）を考える。その上流の風速，断面積をそれぞれ v_0, A_0 とし，円板を横切る風速，断面積を v, A, 下流の風速，断面積を v_1, A_1 として風車近傍を流れる空気流から風車が取り出し得る最大エネルギーについて検討する。連続の式より，

$$\rho v_0 A_0 = \rho v A = \rho v_1 A_1$$

ρ は変化しないとすると，

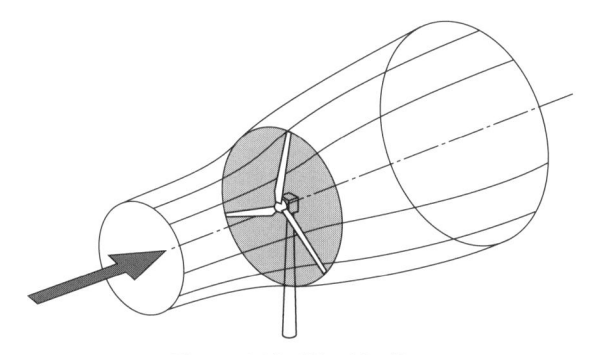

図5.9 風車近傍の風の流れ

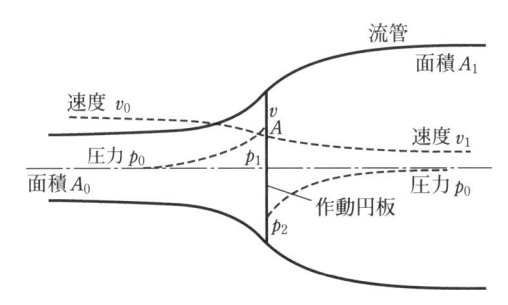

図5.10 風車前後の風の流れ

$$v_0 A_0 = vA = v_1 A_1 \tag{5.3}$$

円板を通過することにより失われる運動量を M（運動量の変化）とすると，運動量保存の法則より，

$$M = \rho \times (v_0^2 A_0 - v_1^2 A_1) \tag{5.4}$$

(5.3)式より，

$$M = \rho v_1 A_1 \times (v_0 - v_1) \tag{5.5}$$

ベルヌーイの定理は(5.6)式で与えられる。

$$\frac{\rho}{2} v^2 + p + \rho g h = 一定 \tag{5.6}$$

すなわち運動エネルギー，静圧エネルギーおよび位置エネルギーの合計は場所によらず一定であり，今回対象としている高さは等しいので $\rho g h$ の項は省略でき，上流側と下流側では(5.7)，(5.8)式が成立する。

$$\frac{\rho v_0^2}{2} + p_0 = \frac{\rho v^2}{2} + p_1 \tag{5.7}$$

$$\frac{\rho v^2}{2} + p_2 = \frac{\rho v_1^2}{2} + p_0 \tag{5.8}$$

これから，

$$p_1 - p_2 = \frac{\rho (v_0^2 - v_1^2)}{2} \tag{5.9}$$

また運動量の変化をもたらす力は円板間の圧力差と面積との積で表示できるため，

$$M = (p_1 - p_2) \times A \tag{5.10}$$

(5.9)と(5.10)式から，

$$M = \frac{\rho}{2} \times A \times (v_0^2 - v_1^2) \tag{5.11}$$

(5.5)と(5.11)式より，

$$\rho v_1 A_1 \times (v_0 - v_1) = \frac{\rho A (v_0^2 - v_1^2)}{2} \tag{5.12}$$

(5.3)式より，

5.3 揚力形風力発電

$$v = \frac{v_0 + v_1}{2} \tag{5.13}$$

ここで主流 v_0 と円板を通過する速度 v との差と，主流 v_0 との比を速度減速率 a と定義すると，

$$a = \frac{v_0 - v}{v_0}$$

したがって，

$$v = v_0(1-a) \tag{5.14}$$

(5.13)と(5.14)式より，

$$v_1 = v_0(1-2a) \tag{5.15}$$

空気流の失う運動量がすべて円板の出力 P に変換されるとすると，

$$P = M \times v = \frac{\rho}{2} \times A \times (v_0^2 - v_1^2) \times v \tag{5.16}$$

(5.14)，(5.15)，(5.16)式から，

$$P = \frac{\rho}{2} \times A \times v_0^3 \times 4a(1-a)^2 \tag{5.17}$$

面積 A を通過する空気流の運動エネルギーに対する出力エネルギーの割合をパワー係数 C_P で定義すると，

$$C_P = \frac{P}{\left(\frac{\rho}{2} \times A \times v_0^3\right)} = 4a(1-a)^2 \tag{5.18}$$

C_P が最大となる条件は C_P を a で微分し，(5.19)式を零とすることにより求まる。

$$\frac{dC_P}{da} = 4(3a-1)(a-1) \tag{5.19}$$

$a = 1/3$ の時，C_P は最大となる。

$$C_P = 4 \times \frac{1}{3} \times \left(1 - \frac{1}{3}\right)^2 = \frac{16}{27} = 0.593 \tag{5.20}$$

したがって取り出し得る最大エネルギーは，

$$P = 0.593 \times \frac{1}{2} \times \rho A v_0^3 \tag{5.21}$$

すなわち風車が取り出すことができる最大エネルギー P は，風車を通過する運動エネルギーの約60%であることがわかる。この0.593を「ベッツ係数」という。これは抗力のない，無限数のブレードを有する理想的な風車の場合に成立する値である。

5.3.3 風車翼（ブレード）の回転

ここでは，揚力形風車がなぜ回転するかを記述する。

いま図5.11のように角速度 ω で回転しているシリンダーに均一な速度 v の空気流が通過する場合を想定する。これはボールに回転を与えて投げる現象と類似している。シリンダー周りの空気は粘性により右回りに回転する。この流体の，シリンダーのごく近傍の回転速度を u_0 とすると，それは $u_0 = \omega R$（R：シリンダー半径，ω：シリンダーの角速度）で与えられ，シリンダーの上部は $v + u_0$，下部は $v - u_0$ となり，上部の速度が下部の速度を上回る。ベルヌーイの定理 ((5.6)式) によって，高速側の圧力は低く，低速側の圧力は高いことから，シリンダーには，上向きの力が働く。

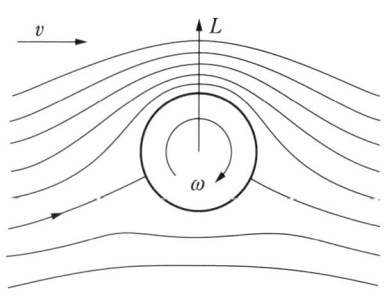

図5.11　回転しているシリンダーの挙動

次に図5.12のような回転していない風車の翼断面を考える。空気流れに対し迎え角 α だけ傾いているものとする。粘性がない流れでは(a)のように，翼の上下の流れの差はない。しかし実際の流れでは粘性があり，(b)のように翼の周りを循環する流れが生じ，循環流の速度を u_0 とすると，翼の上面の速度は $v + u_0$，下面の速度は $v - u_0$ となり，図5.11のシリンダーの場合と同様に下側が

5.3 揚力形風力発電

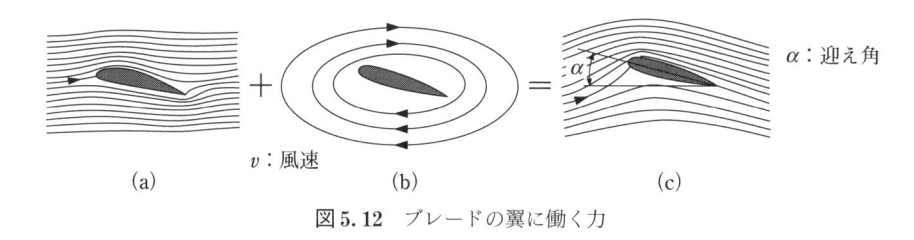

図5.12 ブレードの翼に働く力

高圧側に，上側は低圧側になって，翼を持ち上げる揚力が働く。

代表的な翼断面について圧力分布を計算した例が図5.13に示される。翼断面の各部の流速分布から翼面に垂直に作用する圧力が求められ，圧力をすべて加えて流れに垂直な成分と流れ方向の成分に分け，流れに垂直な成分を揚力，流れ方向成分に翼表面の摩擦力を加えた合計を抗力といい，揚力が抗力を上回ると全体で上向きの力が働き，回転の駆動力となる。

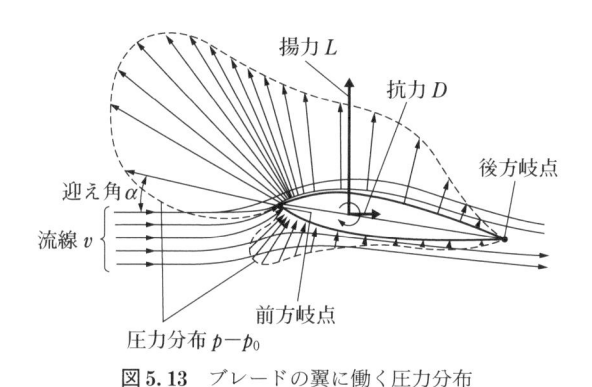

図5.13 ブレードの翼に働く圧力分布

揚力 L と抗力 D は翼断面積 S と動圧 $(1/2) \times \rho v^2$ の積に比例する。

$$L = C_L \times \frac{\rho v^2 S}{2} \tag{5.22}$$

$$D = C_D \times \frac{\rho v^2 S}{2} \tag{5.23}$$

ここで C_L，C_D は比例定数で，揚力係数，抗力係数とよばれる。これらの値は迎え角 α によって決まる重要な因子である。風車の出力を増すためには，で

きる限り抗力を小さく，揚力を大きくすることが望まれる。すなわち(5.24)式を大きくすることである。

$$\frac{L}{D} = \frac{C_L}{C_D} \tag{5.24}$$

風洞実験等で求められた C_L，C_D と迎え角 α の関係が図 5.14，5.15 に示される。迎え角として 12 度程度までは概ね比例的に C_L が大きくなっている。しかしそれより大きい迎え角になると C_L は急に小さくなり，逆に C_D が大きくなっている。このように C_L が小さくなる現象を**失速**（stall）といい，この失速現象が生ずる角度を失速角という。失速は図 5.16 に示すように，翼の上側で流れの剥離が生じ，下流で渦が発生して，循環流が減少し，揚力は低下し，抗力が増大

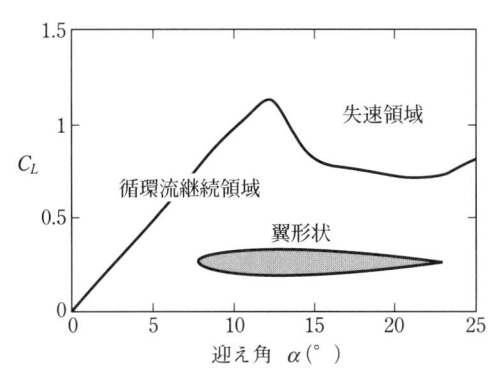

図 5.14　揚力と迎え角の関係

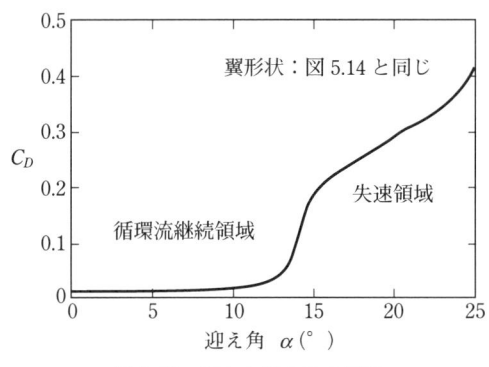

図 5.15　抗力と迎え角の関係

する。C_L/C_D と α の関係が図 5.17 に示される。失速が生じない迎え角度で運転することが必要である。

　以上は翼が静止した状態の揚力，抗力の関係であるが，プロペラ形風車のようにブレードが回転している場合は，揚力と抗力について次のように考える。図 5.18 に示すように，風によって回転している風車の翼は，正面から受けた風速と回転している速さを合計した相対的な風速（風速と翼の動きの速さとのベクトル和）を受けることにより，相対的な風速に垂直な成分の揚力と，流れ方向の抗力が発生する。揚力に比べると，抗力は 50 から 100 分の 1 と小さいので回転する。なお，一定速度で回転している時は，揚力の翼の動き方向の成分と，抗力の翼の動きの逆方向成分とがつり合っている。

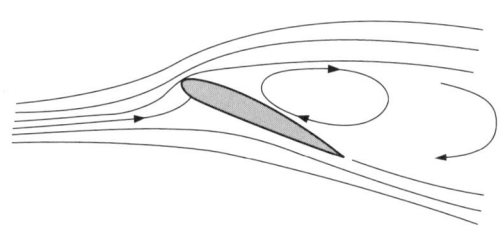

図 5.16　失速現象の発生

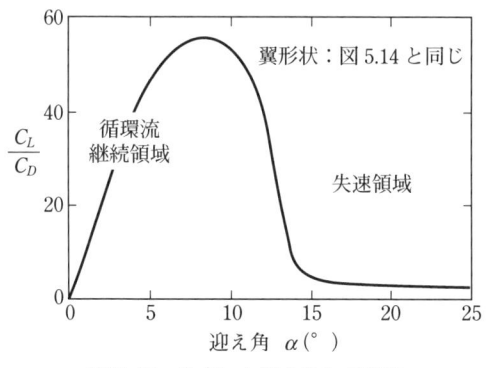

図 5.17　C_L/C_D と迎え角との関係

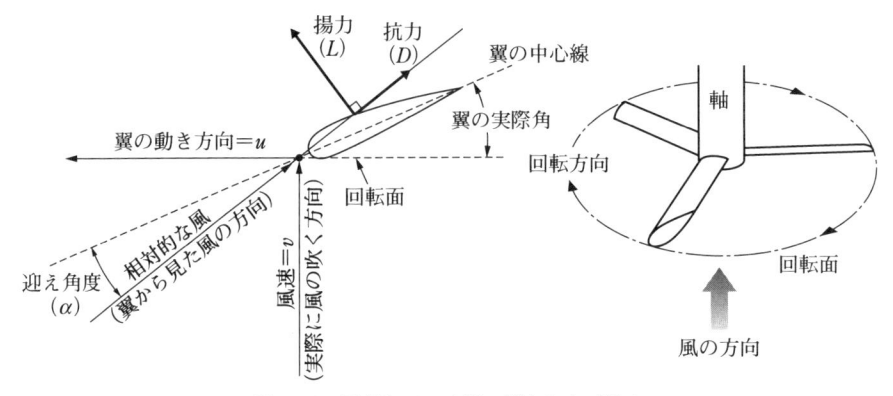

図 5.18 回転している翼の揚力および抗力

5.4 抗力形風力発電

5.4.1 抗力形風車

抗力形風車は図 5.19 に示すロビンソン風速計がもっとも典型的な例である。風の押す力で，風車が回転している。押す力，すなわち抗力は風の当たる物の形状によって大きく異なる。表 5.2 のように，カップ型の凹面の抗力は凸面の抗力に対して約 4 倍大きい。よって矢印方向に回転する。

垂直軸形風車のサボニウス形風車も，抗力形風車である。風車の形状を図 5.20 に示す。この風車は二つの半円筒の受風バケットを向かい合わせ，偏心させて取り付けてある。ロビンソン風速計と同様に図 5.20 の②面の抗力は凹面のため大きく，①面の抗力は凸面のため小さい。よって矢印方向に回転する。

図 5.19 ロビンソン風速計

5.4 抗力形風力発電

表5.2 代表的な物体の形状における抗力係数

物体の形状	抗力係数
角柱 → □	2.0
半円筒(凹) →)	2.3
半円筒(凸) → (	2.0
円柱 → ○	1.2
半球(凹) → D	1.33
半球(凸) → ◁	0.34
楕円柱 → ⬭ (2:1)	0.6
円錐 → ◁α	$0.51(\alpha=60°)$ $0.34(\alpha=30°)$

図5.20 サボニウス形風車

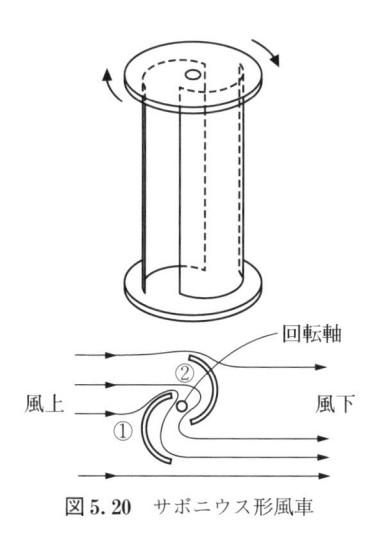

5.4.2 抗力形風車の最大取り出しエネルギー

抗力形風車の最大取り出しエネルギーを求めるため，抗力形風車のモデルを図5.21に示す。

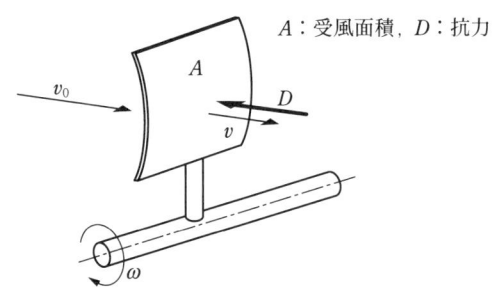

図 5.21 抗力形風車のモデル

風速 v_0 を受けて後方に速度 v で押される場合，相対速度は $v_r = v_0 - v$ となり，風車が受ける抗力は(5.23)式に示され，風車が受けるパワーは(5.25)式となる。

$$P = Fv = C_D \times \frac{\rho A v_r^2 v}{2}$$
$$= C_D \times \frac{\rho A}{2} \times (v_0 - v)^2 v \tag{5.25}$$

ここに，A：風車の受風面積，C_D：抗力係数

物体の抗力係数 C_D の代表的な数値を表5.2に示した。抗力形風車の最大パワー係数は(5.25)式を速度 v で微分し，その値を零と置くことにより求められ，$v = (1/3)v_0$ の時に最大となる。最大パワー係数は $C_{Pmax} = (4/27) \cdot C_{Dmax}$ となる。

5.5 風車の性能評価に必要な係数

風車の性能を評価する場合，無次元の特性係数を利用すると便利である。以下，代表的な係数であるパワー係数，トルク係数，ソリディティについて説明する。これらの係数は周速比に大きく依存し，**周速比**（先端速度比ともいう：tip speed ratio）λ は(5.26)式のように風車のブレードの先端速度と風速との比で定

5.5 風車の性能評価に必要な係数

義される。

$$\lambda = \frac{\omega R}{v} = \frac{2\pi R n}{v} \tag{5.26}$$

ここで n：風車の回転数 [rps]，R：風車の半径 [m]，ω：ローターの角速度 [rad/s]，v：風速 [m/s]

5.5.1 パワー係数

風車が風からエネルギーを得る割合を示す指標として**パワー係数**（Power coefficient）C_P がある。これは風車を通過する全エネルギーに対する，風車が風から得るエネルギーの比で，(5.27)式で定義づけられる。

$$C_P = \frac{P}{\frac{\rho A v^3}{2}} \tag{5.27}$$

ここで，P：風車が風から得るパワー [Nm/s]，ρ：空気密度 [kg/m³]，A：ローター面積 [m²]，v：風速 [m/s]

(5.20)式で示したように，パワー係数の最大は 0.593 である。

各種風車のパワー係数例を図 5.22 に示す。大型風車の代表的なプロペラ形について，ブレード数によってパワー係数 C_P が変化する様子を以下に示す。なお，これらの値は数値解析により求められた値である。

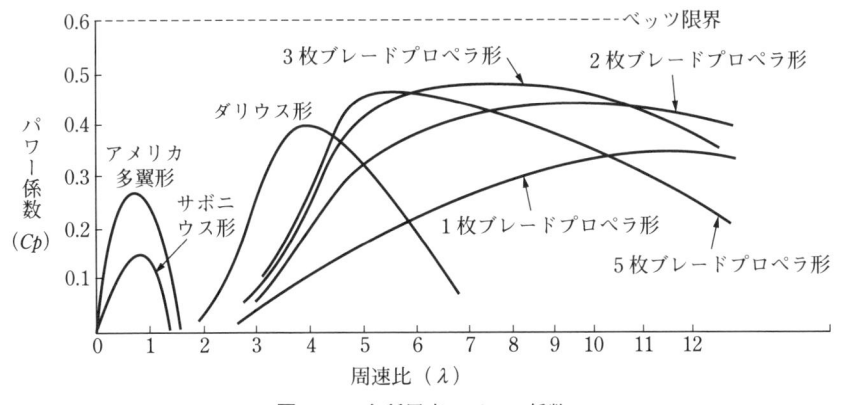

図 5.22 各種風車のパワー係数

- ブレード数が 1 枚の場合，周速比 λ に対し，C_P は比較的平らな特性を示しているが，λ が大きい領域で生ずる抗力の増大によって，C_P は小さくなる。
- 5 枚ブレードの場合，λ の狭い範囲で最大値を示し，3 枚ブレードと比べ，C_P の最大値も若干小さい。これは λ の小さい領域で生ずる失速ロスによる。
- プロペラ形の最適値は 3 枚ブレードである。$\lambda=7$ の時，C_P は最大値 0.47 に達する。この値はベッツ限界値 0.593 と比べ小さい。

この差はプロペラ形の損失である抗力と先端ロスの他に，λ が小さい領域で生ずる失速ロスによってもたらされる。アメリカ多翼形は回転数が低いので，周速比が小さく，したがって C_P も小さい。抗力形のサボニウス形の C_P の最大値は λ が 1 以下で発生している。

以下では，プロペラ形は λ の大きい領域で，C_P が最大となること，また抗力形は λ が 1 以下で最大となることを示す。

図 5.23 は，ブレードが (b) に示すように回転面を下側から吹く風によって矢印方向に回転しているモデルである。(a) はブレードの翼断面を見たものでこの断面が左側に周速度 u で回転している図である。いま，風の方向が翼型の動く平面に垂直な方向に対し角度 δ で流入するとする。ブレードの周速度を u とするとブレードに向かう相対風速は w で表示される。

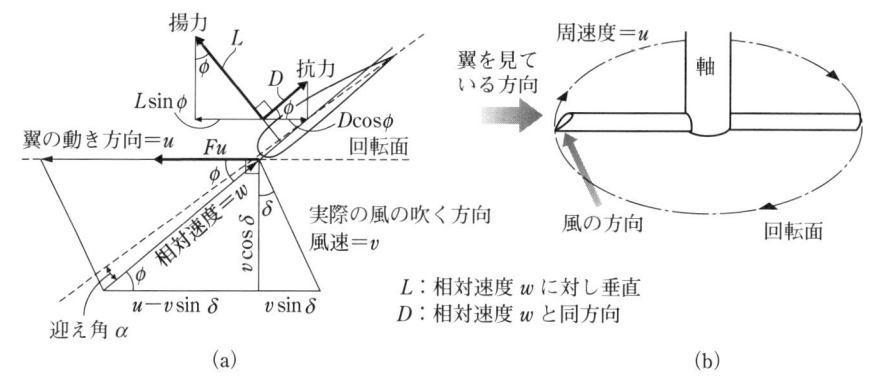

図 5.23 対象モデル（モデルは図 5.18 と同じで風の吹く方向が異なる）

5.5 風車の性能評価に必要な係数

翼型により風から取り出すパワーは，回転方向の力 F_U に周速度 u を乗じたものとなる．

$$P = F_U u \tag{5.28}$$

ここで，F_u：u 方向の力，u：ブレードの周速度である．

この力は，揚力 L と抗力 D により(5.29)式で示される．

$$F_u = L \sin\phi - D \cos\phi \tag{5.29}$$

ここで，揚力 L と抗力 D は，

$$L = C_L cb \times \frac{\rho w^2}{2} \tag{5.30}$$

$$D = C_D cb \times \frac{\rho w^2}{2} \tag{5.31}$$

また，c は翼の弦長，b は翼の長さで図5.24に示される．

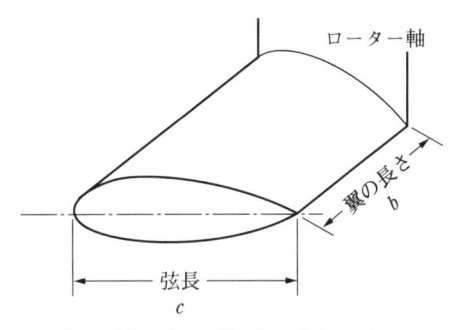

図 5.24 ブレードの弦長と翼の長さ

相対速度 w は u と v との間に次の関係が成立する．

ϕ と δ の関係は，

$$\sin\phi = \frac{v\cos\delta}{w}, \quad \cos\phi = \frac{u - v\sin\delta}{w} \tag{5.32}$$

これから，

$$w^2 = u^2 + v^2 - 2uv\sin\delta \tag{5.33}$$

周速比 $\lambda = u/v$ のため，取り出すパワーの(5.28)式は，(5.29)から(5.33)までの式を使って，次のようになる．

$$P = cb \times \frac{\rho v^3 \lambda \{(1+\lambda^2-2\lambda \sin \delta)^{1/2} \times (C_L \cos \delta - C_D(\lambda - \sin \delta))\}}{2}$$
(5.34)

（1）揚力形風車　揚力形では，P を最大にするには $\delta=0$ で，そのとき (5.34) 式は，

$$P = cb \times \frac{\rho v^3 \lambda \{(1+\lambda^2)^{1/2} \times (C_L - C_D \lambda)\}}{2}$$
(5.35)

ここで，$(1+\lambda^2)^{1/2}$ はほぼ λ に等しいので（λ が5より大きい時2%の誤差で成立），

$$P = cb \times \frac{\rho v^3 \lambda^2 (C_L - C_D \lambda)}{2}$$
(5.36)

これから P の最大は λ が (5.37) 式の時に成立する．

$$P \text{ の最大値は } \lambda = \frac{2\left(\dfrac{C_L}{C_D}\right)}{3}$$
(5.37)

この時の P の最大値は (5.38) 式で示される．

$$P = \frac{4}{27}\left(\frac{C_L}{C_D}\right)^2 C_L cb \times \frac{\rho v^3}{2}$$
(5.38)

となる．

(5.36)～(5.38) 式から風車出力は揚力係数 C_L，抗力係数 C_D，周速比 λ によって定まり，プロペラ形は揚力係数 C_L が大きく，抗力係数 C_D が小さい．すなわち C_L/C_D は大きいので，(5.37) 式より周速比の大きいところで風車出力の最大が発生し，その出力値も大きい．一方，アメリカ多翼形は翼枚数が多く，ゆっくり回転しているので比較的抗力係数 C_D が大きく，このため C_L/C_D が小さく，周速比の小さいところで風車出力の最大が発生し，その出力値も小さい．

（2）抗力形風車　抗力形風車では，翼型の揚力係数 (C_L) が零，すなわち $\delta=90$ 度となり，取り出すパワー P は (5.34) 式から，

$$P = cb \times \frac{\rho v^3 \lambda(1-\lambda)C_D(1-\lambda)}{2}$$
(5.39)

P を λ で微分し，零とおくことにより，$\lambda=1/3$ の時に最大となり，

$$P_{MAX} = \frac{4}{27} \times C_D \times cb \times \frac{\rho v^3}{2} \tag{5.40}$$

すなわち抗力形では抗力係数 C_D，およびブレードの受風面積 (cb) が大きいほど，取り出すパワーは増大する。これは 5.4.2 に示した結果と同じである。

5.5.2 トルク係数

トルク係数 (torque coefficient) C_Q は下記のようになる。揚力形風車の場合，ブレードの回転面で発生する揚力成分に軸からの距離を，また抗力形風車の場合，抗力成分に軸からの距離を乗じたものをトルクという。トルク係数は (5.41) 式で示される。また代表的なトルク係数を図 5.25 に示す。

$$C_Q = \frac{Q_e}{\dfrac{\rho \times v^2 \times S \times R}{2}} \tag{5.41}$$

ここで，Q_e：実際に得られるトルク [Nm]，v：風速 [m/s]，R：風車半径 [m]，S：ブレード投影面積（弦長×長さ）[m²]

(5.41) 式のトルク係数は，(5.27) 式の出力係数 C_P を周速比 λ で割ることによって求められる。

(5.27) 式を λ で割ると，

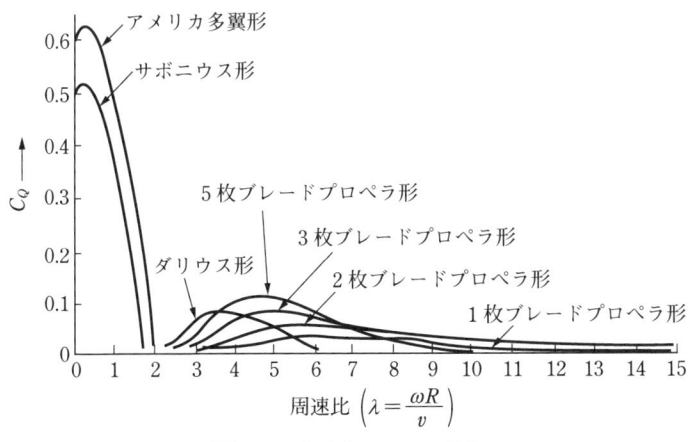

図 5.25 代表的なトルク係数

$$C_Q = \frac{P}{\frac{1}{2}\rho v^3 A \cdot \lambda} \tag{5.42}$$

λ は(5.26)式より，$\lambda = 2\pi R n/v$ であるから，(5.42)式は，

$$C_Q = \frac{Pv}{\frac{1}{2}\rho v^3 A \cdot 2\pi R \cdot n}$$

$$= \frac{P}{\frac{1}{2}\rho v^2 A \cdot 2\pi R \cdot n}$$

一方，出力 P とトルク T との間に(5.43)式が成立する．

$$T = \frac{P}{2\pi n} \tag{5.43}$$

したがってトルク係数 C_Q は，

$$C_Q = \frac{T}{\frac{1}{2}\rho v^2 A \cdot R} \tag{5.44}$$

となる．ただし(5.41)式はブレード1枚当りの，(5.44)式は風車全体のトルク係数を示す．

(5.43)式に示すように，回転数とトルクの積が出力になることから，出力を一定とすると，回転数が高い風車はトルクが小さく，低い風車はトルクが大きいことを意味する．

以上からプロペラ形では回転数が高いため，トルク係数は小さくブレード数が増すほど回転数が低下し（周速比が低下し），トルクが大きくなる．一方，水ポンプ用に使用されているアメリカ多翼形は，ブレード数が多いため回転数が低く，したがってトルクが大きい．

5.5.3 ソリディティ

風車の性能を示す指標として，ソリディティ σ（Solidity）がある．これは風車の掃過面積に対するロータ・ブレードの全投影面積の比で定義づけられる．水平軸風車（例えば2枚ブレードのプロペラ形，翼枚数の多いアメリカ多翼形）お

5.5 風車の性能評価に必要な係数

およひ垂直軸風車(例えばサボニウス形とダリウス形)のソリディティを図5.26に示す.ソリディティ σ は図 5.26 の黒く塗った部分の面積を,風車の掃過面積で除した値である.これからブレード 2 枚のプロペラ形より翼枚数の多いアメリカ多翼形のソリディティは大きく,また垂直軸形ではダリウス形よりサボニウス形の方が大きい.風車ソリディティと周速比の関係を図 5.27 に示す.

図 5.27 はソリディティ σ が小さいと高速回転し,大きいと低速回転することを示している.その理由を以下に示す.ロータ面積を A とすると出力最大の式

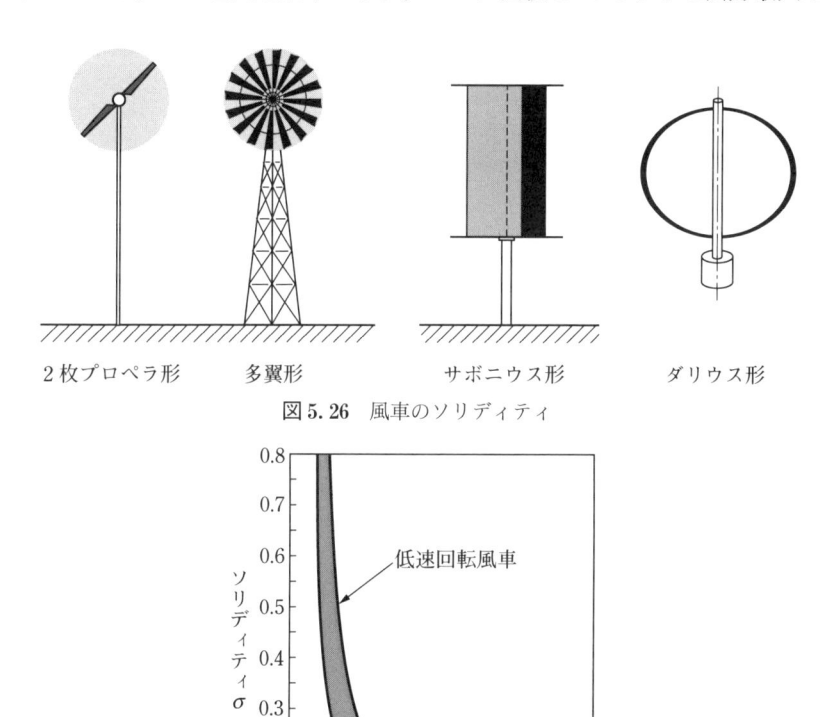

2 枚プロペラ形　　　多翼形　　　サボニウス形　　　ダリウス形

図 5.26　風車のソリディティ

図 5.27　ソリディティと周速比の関係

(5.38)は次のように変形される。

$$P = \frac{4}{27}\left(\frac{C_L}{C_D}\right)^2 C_L \left(\frac{cb}{A}\right) \times \frac{\rho A v^3}{2} \tag{5.45}$$

ここで$(1/2) \times \rho A v^3$は風車を通過する風のエネルギーであり，上記の風車の投影面積は，迎え角が5度～10度では近似的にcbに等しいので，ソリディティσは，

$$\sigma = \frac{cb}{A} \tag{5.46}$$

(5.45)，(5.46)式から，

$$P = \frac{4}{27}\left(\frac{3\lambda}{2}\right)^2 C_L \sigma \times \frac{\rho A v^3}{2} \tag{5.47}$$

これよりパワー係数C_Pは，

$$C_P = \frac{4}{27}\left(\frac{3}{2}\lambda\right)^2 C_L \sigma \tag{5.48}$$

これからソリディティσは，

$$\sigma = C_P \times \frac{27}{9} \times \frac{1}{\lambda^2} \times \frac{1}{C_L} \tag{5.49}$$

すなわちソリディティσは周速比の逆数の2乗に比例する。これから回転数の高い風車ほどソリディティは小さく，低い風車ほどソリディティが大きい。

なお，これまで風車出力およびソリディティについて1枚のブレードを対象に説明してきたが，ブレード数がB枚の時はB倍する必要がある。

プロペラ形風車やダリウス形風車はトルク係数が小さいが，パワー係数が大きいため発電用に適している。一方，サボニウス形風車や多翼形風車のパワー係数は小さいが，トルク係数が大きいため，ポンプ等の駆動源に適している。

例題として，あるプロペラ形風車が風速12 m/sの時，周速比$\lambda = 6$で最大出力を得る設計をしている場合を考える。最大何kWの出力を得ることができるか，またその時の回転数はいくらかを検討する。なお，ローター直径は30 m，パワー係数$C_P = 0.4$とする。

〈解答〉 最大出力の式は(5.27)式で，$\rho=1.225\,(\mathrm{kg/m^3})$，$A=\pi\times15^2=706.5$ $(\mathrm{m^2})$，$v=12\,(\mathrm{m/s})$，$C_P=0.4$，これらから，

$$P=0.4\times\frac{1.225\times706.5\times12^3}{2}=299.1\,\mathrm{kW}$$

$v=12\,\mathrm{m/s}$，$\lambda=6$ より，

$$\lambda=R\omega/v=u/v$$

よって，

$$u=R\omega=\lambda v=6\times12=72\,\mathrm{m/s}$$

$$R=15\,\mathrm{m}$$

回転数は，$\omega=\dfrac{u}{R}=\dfrac{72}{15}=4.8\,\mathrm{rad/s}$

$$\omega=\frac{2\pi n}{60}$$

$$n=\frac{60\omega}{2\pi}=46\,\mathrm{rpm}$$

5.6 風車と発電機とを組み合わせた総合効率

風車と発電機とを組み合わせたときの，風力発電システムの総合効率は図5.28と(5.50)式で示される。

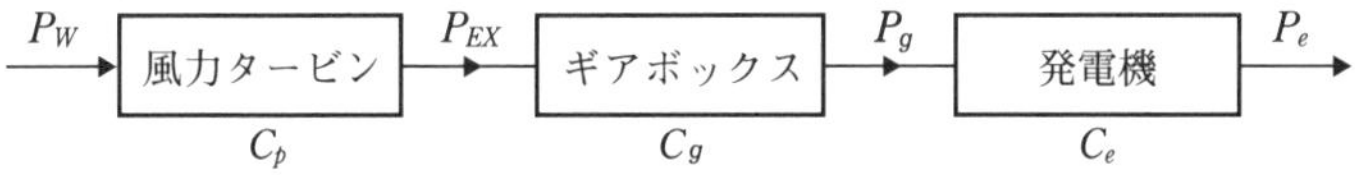

図5.28 風力発電システムの効率

$$\text{システムの総合効率}=\frac{P_{EX}}{P_W}\times\frac{P_g}{P_{EX}}\times\frac{P_e}{P_g} \tag{5.50}$$

$$=C_P\times C_g\times C_e$$

ここで，P_W：風車を通過する風の運動エネルギー，P_{EX}：風車の出力，P_g：ギアボックスを経た後の出力，P_e：発電機の出力，$C_P=P_{EX}/P_W$：風力タービンの効率，$C_g=P_g/P_{EX}$：ギアボックスの効率，$C_e=P_e/P_g$：発電機の効率

表5.3 実用機の効率

風力タービンの効率	40-50%	大型風車
	20-40%	小型風車
ギアボックスの効率	80-95%	大型風車
	70-80%	小型風車
発電機の効率	80-95%	大型風車
	60-80%	小型風車

実用機の効率は表5.3のようになる。

このため，システムの全効率は大型風車発電システムで25-45%，小型発電システムで10-25%となる。

例題として，定格出力2MWの風力発電装置を考える。各段階の効率は$C_P=0.32$, $C_g=0.94$, $C_e=0.96$である。この風車の掃過面積はいくらかを検討する。また水平軸プロペラ形の時，ロータ直径はいくらか。ただし風速は13 m/sとする。

〈解答〉 総合効率 $\eta = 0.32 \times 0.94 \times 0.96 = 0.29$

電気出力 P_e は風車を通過するエネルギー P_w と次のような関係にある。

$$P_w = \frac{P_e}{\eta} = 2 \times \frac{10^6}{0.29} = 6.9 \times 10^6$$

$P_w = \dfrac{\rho \times A \times v^3}{2}$ であるから

$$6.9 \times 10^6 = \frac{1}{2} \times 1.225 \times A \times 13^3$$

$$A = \pi \times D^2 / 4$$

$$A = 5127.6 \text{ m}^2, \quad D = 80.8 \text{ m}$$

5.7 風力発電システムの運転

水力発電システムでは，水量の調節が容易なことから，電気負荷の変化に合わせて水量を調整し，一定の回転速度で水車を運転し発電している。一方，風力発

5.7 風力発電システムの運転

電システムでは，風速が時々刻々変化するため，電気負荷の変化に合わせて発電機の出力を調整することは困難であり，風という自然エネルギーからいかに最大のエネルギーを得て発電するかが制御の中心となる．

大型の風力発電システムに使用されている発電機には，同期発電機と誘導発電機がある．以下，大型風力発電システムの主流である同期発電機を中心に記述する．

同期発電機システムは誘導発電機システムのような増速ギアを用いず，発電機から発生した交流出力を直流に変換し，再び交流に変換して系統に接続する方式を採用している．こうすることにより，系統の周波数に同期させて風車の発電機を回転させる必要がなく，回転速度を風速に合わせて制御し，最大エネルギーを得るシステムを提供できる．

このためにまず，風速を風速計で検知し，ブレードのピッチ角を制御する．一例を図 5.29 に示す．風速が小さい時はピッチ角を小さくし，風速の増大とともにピッチ角を増していき，風車の出力増大を図っている．風速に対し最適なピッチ角で運転している．

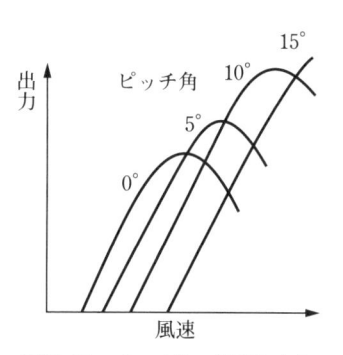

図 5.29 ピッチ角，風速と出力

同期発電機システムは，多極同期発電機を採用し，増速ギアがなく，AC-DC-AC 変換装置で構成され，その特長を要約すると次のようになる．

① ギアがなく，低速回転のため機械的磨耗が少なく，騒音も少ない．
② インバータを採用しているため，系統への並入時の突入電流が少ない．

③ 力率は1で運転できる。したがって無効電力補償の機器は不要である。
④ **可変速制御**（variable control）により，風速に応じて効率的に運転が可能である。

等である。

風速と発電機出力の関係を図5.30に示す。

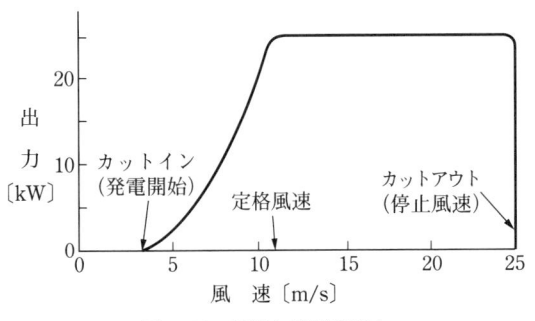

図5.30 風速と発電機出力

発電を開始する時の風速を「カットイン風速」といい，普通3〜5 m/sである。一方，風速が増大した場合，風車の安全を確保するために発電機を停止する風速を「カットアウト風速」といい，普通20〜25 m/s位に設定されている。また定格出力が得られる風速を「定格風速」といい，年間を通じて風力エネルギーを最も多く引き出すことができる風速で，通常12〜14 m/sに設定されている。定格風速以上では，風速が速くなると何らかの方法で少しずつ風の力を受け流し，一定の風車出力になるように調整している。大型風車では，ピッチ制御により翼と風の角度とのなす角度を調整して出力一定を保持している。

電力の取得総量を計る目安として，**設備利用率**（capacity factor）が(5.51)式で定義される。

$$設備利用率 = \frac{年間の発電量 [kWh]}{定格出力 [kW] \times 年間暦時間 8760 [h]] \quad (5.51)$$

普通設備利用率は20％以上が望まれる。

5.7 風力発電システムの運転

例題として，定格風速 10 m/s，ロータ直径 10 m の風車の定格出力と年間平均出力はいくらかを検討する。ただし，タービン効率 $C_P=0.35$，ギアボックスの効率 $C_g=0.9$，発電機効率 $C_e=0.8$，設備利用率 ＝20％とする。

〈解答〉 定格出力 P_e は

$$P_e=\left(\frac{1}{2}\rho A v_0^3\right)C_P C_g C_e$$

年間平均出力＝定格出力×設備利用率 より

$$\rho=1.225,\ A=\pi\times\frac{10^2}{4},\ v_0=10,\ C_P=35\%,\ C_g=90\%,\ C_e=80\%$$

定格出力＝12.1 kW，平均出力＝2.4 kW

同期発電機の改良型として，励磁システムのない，より単純な構造の永久磁石式同期発電機が開発されている。従来のフェライトより強力な磁力を有する，ネオジスト磁石を採用することにより可能となった。

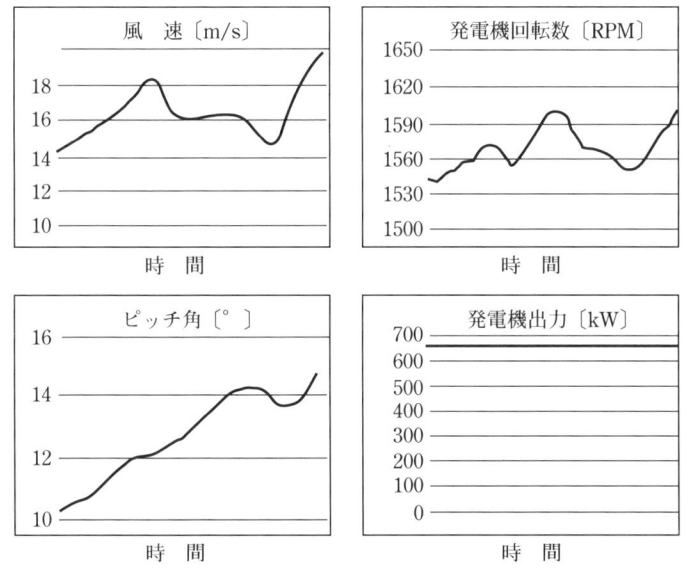

図 5.31 誘導発電機の「すべり」を考慮した発電機出力

一方，誘導発電機システムでは，増速ギア付きで，系統に直結し，系統の周波数に依存して一定の回転速度で運転している．このため定格風速以上の風がきた場合は，ピッチ制御により風を逃がして運転するが，風速の変化にピッチ制御が追従できない時は風車の回転数は変化する．この対策として発電機に「すべり」をもたせ，ロータと発電機の双方におよそ10％程度の回転数の変動を許容し，急激な風速変動があっても出力は一定になるように工夫が施されている．

風速変化に対する発電機出力の一例を図5.31に示した．発電機の出力は一定に維持されている．

同期発電機システムと誘導発電機システムの比較を図5.32に示す．系統へ与える影響については同期発電機システムが優れ，発電システムの簡略さでは誘導発電機システムが優れている．

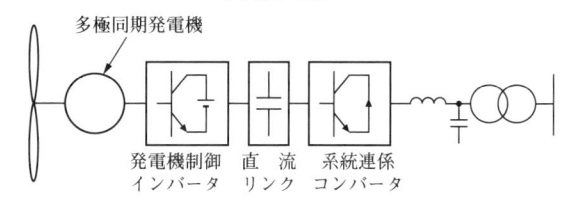

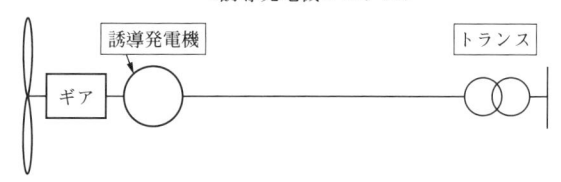

〈同期発電機システム〉

・風速に応じピッチ角を制御し回転数を変えて最大エネルギーを得る．
・変換器を通して脈動の小さい電力を系統に供給する．

〈誘導発電機システム〉

・系統の周波数に依存して一定速度で回転する．定格風速以上はピッチ制御により風を逃がす．
・系統に直結するため脈動の大きい電力を系統に供給する．

図5.32　同期発電機システムと誘導発電機システムの比較

5.8 風力発電システムの最新技術

5.8.1 風車の大型化

　風力発電システムは，大型化が進むことにより急速に普及してきた．デンマーク「ヴェスタス」社の大型機の推移を図 5.33 に示す．1984 年にロータ直径が 15～16 m，発電容量 55 kW のものが開発され，1990 年代に入ってロータ直径 45～50 m，出力 500～750 kW，最近では直径 60～80 m，出力 1000～2500 kW クラスのものが開発されている．世界最大級は，直径が 114 m で出力容量 4000 kW のものが，2001 年ドイツのエネルコン社で開発され，北海沿岸に建設された．80 m 級 2500 kW の風力発電システムを図 5.34 に示す．

　風車の大型化は風車に使用するブレードの材料開発，および形状による．現在は主に図 5.35 に示すように，**ガラス繊維強化プラスチック**（GFRP：Glass Fiber Reinforced Plastic）を用い，強度を高めるためフィラメントワインディングで作られたスパーを前縁部とし，後縁部は GFRP 製外皮とした構造を採用

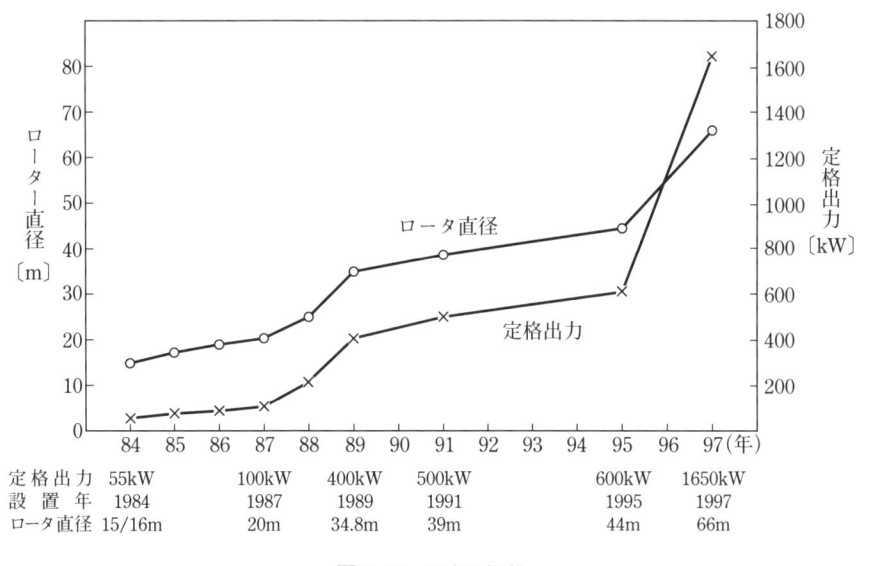

図 5.33　風車の推移

図 5.34 80 m 級 2500 kW 風車発電システム

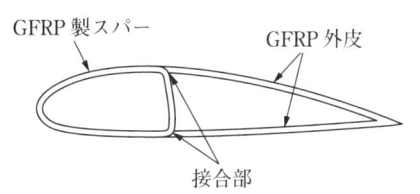

図 5.35 ブレードの構成と使用材料

している.
　このような大型化の主流は水平軸形のプロペラ形であるが,図 5.36 に示すように新しいタイプの風車が開発されている.これは H-ローター風車といい,垂直軸形で,揚力形のダリウス形の変形であり,風向に左右されることなく出力を取り出せる特長を有している.

5.8.2　可変速制御

　従来は誘導発電機を電力系統に直結し,発電機の周波数は系統の周波数に支配されて,ローターは定速回転していた.しかし,最近の風力発電システムは電力系統と発電機の周波数をインバータを介して分離し,ローターは風速変化に対し,最大エネルギーを得るように可変速運転を行っている.この結果,風速の広範囲にわたって高効率運転が可能となり,エネルギー取得量も増大する.

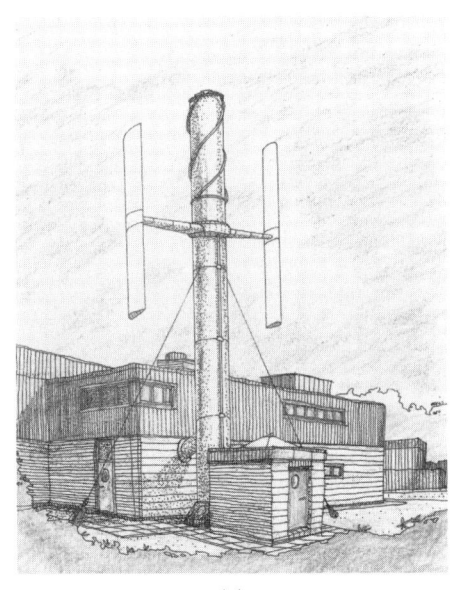

5.8 風力発電システムの最新技術

(a)

(b)

図 5.36　垂直軸形，揚力形の H-ローター風車
　　　　［Eurowind Developments より許諾を得て転写。参照：www.eurowind.co.uk］

5.8.3 オフショア風力発電

オフショア（沿岸部あるいは沖合部：offshore）は風況に恵まれた広大な土地の確保が容易なため，大規模な風力発電に適している．1990年代に入り，デンマーク，スウェーデン，オランダにおいてオフショア風力発電の実証試験が行われ，現在に至っている．デンマークの設置例を図5.37に示す．コペンハーゲンの沖合い水深3～5mのところに，2000kW級20機が設置されている．

このようにデンマークでは積極的に風力発電に力をそそぎ，2030年までに4000MWのオフショア風力発電を計画している．またオランダでも2020年までに1500MWを計画している．

一方，日本でもオフショア風力発電が検討されているが，ヨーロッパのような遠浅の地点が少なく，また漁業権との関係もあり，2010年の風力導入目標の中には含まれていない．

図5.37 デンマーク洋上風力発電 ［写真提供：ヴェステックジャパン株式会社］

5.9 今後の計画

これまで設置された世界の風力発電設備の容量を図5.38に示す．2001年の累積発電設備容量は25GWであり，設備利用率を20%とすると，世界の年間風力

発電量は約 43.8×10^3 GWh に達する。1998 年に世界で使用された電力量が 14,403 TWh であるので，世界の電力使用量に対する割合は 0.3% となる。

長期的展望ではヨーロッパがこの分野では極めて積極的である。特にデンマークではすでに電力需要の 10% 以上を風力発電でまかなっており，2005 年には 12% に引き上げる計画である。EU 全体では，2010 年までに 60 GW，2020～2030 年の間で，$1.5～3.0 \times 10^2$ GW を設定している。

アメリカでは 2010 年に 10 GW，2020 年には 80 GW を計画している。日本では 2002 年に 5 MW，2010 年に 3 GW を計画している。世界の風力発電の潜在容量は 53,000 TWh/年と言われている。その内訳を図 5.39 に示す。北米，東ヨーロッパおよび旧ソ連，アフリカが大きな割合を占めている。

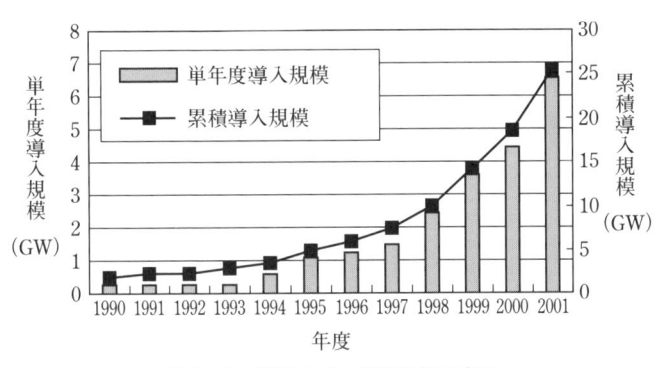

図 5.38 世界の風力発電設備の容量

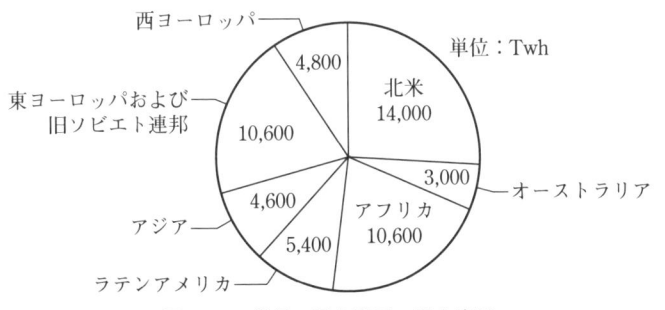

図 5.39 世界の風力発電の潜在容量

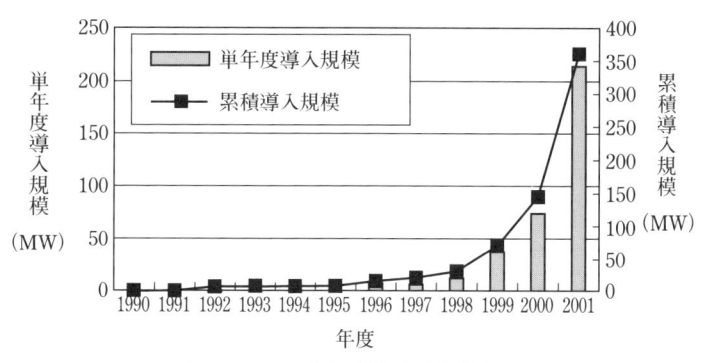

図 5.40 わが国の風力発電設備容量

一方，国内の風力発電システムの導入設備容量は図 5.40 のように増加傾向にある．わが国は落雷が多いため，直撃雷による翼破損や誘導雷のサージ電流による電装品の焼損事故が発生している．早急に雷対策を施し，わが国に適した風力発電システムの開発が望まれる．

図 5.39 に示したように世界の風力発電システムの潜在容量は極めて大きく，今後再生可能エネルギーの大きな一翼を担うものと期待される．

問題

（1）風車の種類と，それぞれの特徴を述べよ．
（2）揚力形風車と抗力形風車の相違を述べよ．
（3）発電用にプロペラ形風車が多く利用されているが，その理由を述べよ．
（4）プロペラ形風車とアメリカ多翼形風車の特徴を述べよ．
（5）パワー係数，トルク係数およびソリディティについてそれぞれ説明せよ．
（6）揚力形風車の回転力を上げる要因を説明せよ．
（7）平均風速が 10 m/s の地点に，電気出力 1500 kW のプロペラ形風力発電設備を設置したい．風車の直径はいくらにすればよいか．
（8）ブレードの直径が 80 m の風車が，平均風速 10 m/s の地点に設置されている．風車を通過する運動エネルギーと風車の電気出力を求めよ．またブ

レード先端の速度および風車の回転数はいくらか。

(9) 定格風速 12 m/s，ローター直径 60 m の風車の電気出力と年間の発電量はいくらか。

(10) 平均風速が 12 m/s で，風車を通過する運動エネルギーが 2000 kW の時，この風車のブレードの直径はいくらか。また電気出力及び年間の発電量はいくらか。

(11) プロペラ形風車（3枚ブレード）の直径が 80 m で，風車出力 3000 kW の時，平均風速はいくらか。またローターの回転数はいくらか。ただしパワー係数を 0.45 とする。

（解答は巻末）

第6章 太陽エネルギー発電

太陽エネルギー発電の概要　地球が太陽から受けるエネルギーは 5.5×10^{18} MJ/年と極めて大きい。この太陽エネルギーの発電分野への利用は間接的には水力発電，風力発電，バイオマス発電，海洋発電（波力発電，海洋温度差発電，潮汐発電）があり，直接的には太陽光発電および太陽熱発電がある。ここでは直接利用の太陽光発電と太陽熱発電について記述する。

6.1 太陽光発電

太陽光発電（photovoltaic power generation）はシリコン等の半導体を使用する。この材料に光を当てると，半導体内部に電荷が発生し，外部回路に抵抗を接続すると電気を取り出すことができる。太陽電池を使った発電システムは年々増加の傾向にあり，世界の累積設備量は2000年末に710 MWにも達している。

6.1.1 太陽電池の発電原理

太陽光発電システムは太陽光を当てることにより電気を取り出すシステムをいう。CO_2 の排出がないので環境に優しく，可動部がないので静かであり，寿命が長く手軽に電気を取り出すことができる。

（1）太陽光　太陽の放出エネルギーは約 4×10^{23} kW のため，地球に注がれる太陽からの入射エネルギー密度は太陽と地球の間の距離から，1.37 kW/m² となり，これに地球の断面積をかければ地球に入射する太陽エネルギーの総量が求められる。

$$1.37\,[\text{kW/m}^2]\times\pi(6.4\times10^6)^2\,[\text{m}^2]=1.76\times10^{14}\,[\text{kW}] \qquad (6.1)$$

エネルギー密度は太陽との距離の2乗に逆比例するから，金星では$2.61\,\mathrm{kW/m^2}$と地球より大きく，火星は$0.59\,\mathrm{kW/m^2}$と小さい。

太陽光のスペクトルと強度は，その光を地球のどこで測定するかで異なる。いま，図6.1に示すように，大気圏外で測定する場合のスペクトルを**エアマス0**（Air Mass : AM 0）とよんでいる。人工衛星等宇宙で利用される太陽電池を測定する時に標準光源のスペクトルとして使用される。地上で測定する場合，赤道の真上で測定する場合をエアマス1（AM 1），太陽が天頂角48.2度の位置で測定する場合をエアマス1.5（AM 1.5）といい，AM 1.5はAM 1と比べ，太陽光の大気を通過する距離が1.5倍長いことを意味する。AM 0とAM 1.5の太陽光の**スペクトル**（spectrum）を図6.2に示す。波長は0.17から24 μmの範囲にあり，主成分は0.2から2.4 μmである。波長が0.17から0.35 μmを紫外

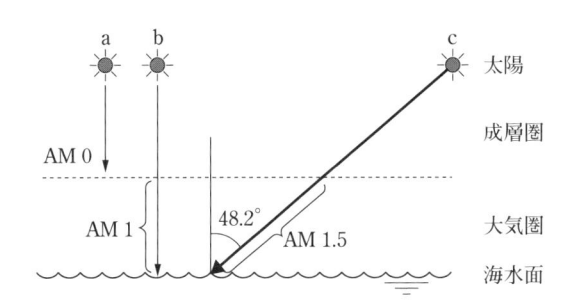

図6.1 太陽光の測定位置とエアマスとの関係

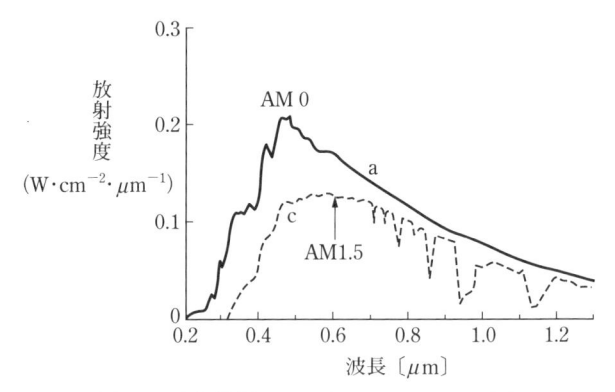

図6.2 太陽放射エネルギーのスペクトル分布

線領域，0.35 から 0.75 μm を可視光線領域，0.75 μm 以上を赤外線領域という。大気を通過することにより，**放射強度**（radiation intensity）は大きく低減していることがわかる。光エネルギーから電気エネルギーへの変換の割合を**変換効率**（conversion factor）とよぶが，太陽電池の光源の標準として世界的に図6.2 の c のスペクトル（AM 1.5）を使用し，光の強度として 1 cm² 当たり 100 mW を採用している。日本の年間の太陽から受けるエネルギー量の分布を図6.3 に示す。西側の方が東側よりエネルギー量が多い。

例題として，次の事を考える。地球が太陽から受ける年間の総エネルギー量は 5.5×10^{18} MJ/年と言われている。地球に注がれる太陽からのエネルギー密度 1.37 kW/m² から，上記の数値を導く。

〈解答〉 地球の半径は 6.4×10^6 m であるから，地球に入射する太陽エネルギーの総量は，

$$1.37 \, [\text{kW/m}^2] \times \pi \times (6.4 \times 10^6)^2 \, [\text{m}^2] = 1.76 \times 10^{14} \, [\text{kW}]$$

W（ワット）と J（ジュール）の関係は W＝J/s であり，今回は 1 年間の総エネ

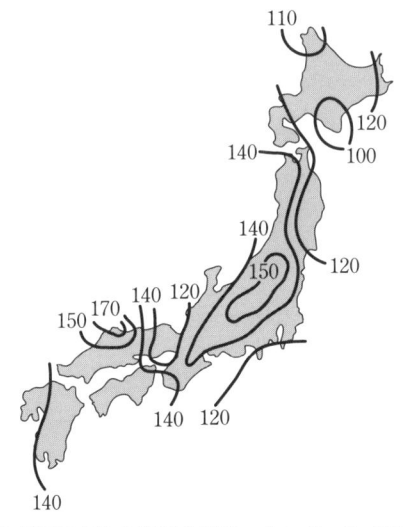

図 6.3 わが国における年間太陽光エネルギー量（Wh/cm² 年）

ルギー量で表示するため，総エネルギー量 P は，
$$P = 1.76 \times 10^{14} \times 10^3 \times 60 \times 60 \times 24 \times 365 = 5.55 \times 10^{24} \text{[J/年]}$$
$$= 5.55 \times 10^{18} \text{MJ/年}$$
となる。

また，年平均の日射量を 80 mW/cm^2 とし，1年間の日射時間を1800時間とすると，年間の 1 m^2 当たりの太陽から受けるエネルギーはいくらかを検討する。
〈解答〉 $80 \text{[mW/cm}^2\text{]} \times 1800 \text{[h/年]} \times 10^4 \text{[cm}^2\text{]} = 1440 \text{[kWh/m}^2\text{]}$

（2） **太陽電池の動作原理**　　太陽電池（solar cell）に使用する材料はシリコン等の半導体である。半導体は図6.4のように，**価電子帯**（valence band）と**伝導帯**（conduction band）から成り立っている。ここで価電子帯では電子が占有し，伝導帯では電子がほぼ空の状態である。この価電子帯と伝導帯の間のエネルギー差は1から2 eVと小さく，室温程度でも少量の電子が熱励起されて伝導帯のなかに入り，若干の伝導性を示している。このエネルギー差をバンドギャップという。いま，バンドギャップより大きいエネルギーを持った光がこの半導体に照射されたとする。すると価電子帯内の電子が伝導帯へ移行する。この状態を励起状態といい，励起状態の電子を外部へ電気エネルギーとして取り出すことができる。なお，光のエネルギーは(6.2)式で定義され，波長が短いほどエネルギーは大きい。

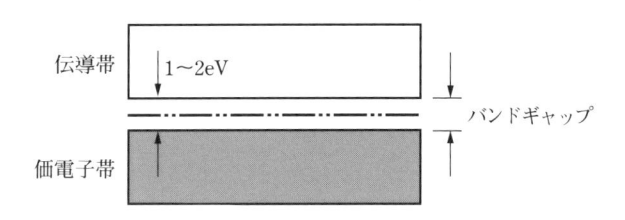

図6.4　半導体のエネルギーバンド

6.1 太陽光発電

$$E = h\nu = \frac{ch}{\lambda} \text{ [eV]} \tag{6.2}$$

ここで E：光のエネルギー[eV]，λ：光の波長[m]，c：光の速度[m/s]，ν：光の振動数[1/s]，h：プランク定数[J・s]

太陽電池へ光を当てると，半導体内では光を吸収して基底状態 E_1 であった電子が励起状態 E_2 に移行する。すなわち $h\nu = E_2 - E_1$ の光エネルギーを持った光を照射することにより，励起状態の電子を取り出すことができる。

例題として，波長が $1\,\mu\text{m}$ の光のエネルギーはいくらかについて検討する。

〈解答〉　h（プランク定数）$= 6.63 \times 10^{-34}$ [J・s]
　　　　　c（光の速度）$= 3 \times 10^8$ [m/s]

のため，光のエネルギー E は (6.2) 式より，

$$E = \frac{ch}{\lambda} = \frac{3 \times 10^8 \text{ [m/s]} \times 6.63 \times 10^{-34} \text{ [J・s]}}{1 \times 10^{-6} \text{ [m]}}$$

$$= 19.9 \times 10^{-20} \text{ [J]}$$

一方，$1\,\text{eV} = 1.6 \times 10^{-19}$ [J] のため，

$$E = \frac{19.9 \times 10^{-20} \text{ [J]}}{1.6 \times 10^{-19}} = 1.24\,\text{eV}$$

次に pn 接合半導体の動作原理を示す。pn 型太陽電池の構成例を図 6.5 に示す。電池は表面電極—反射防止膜—n 型半導体—p 型半導体—裏面電極—基板よ

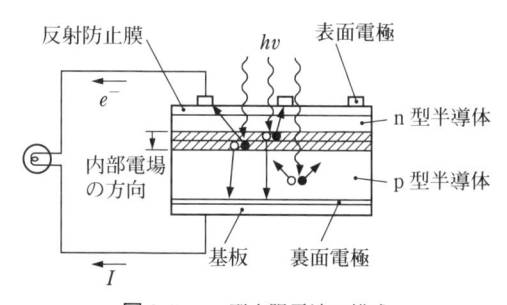

図 6.5　pn 型太陽電池の構成

り構成され，薄いn型半導体がp型半導体の上部に接合され，そのn型半導体側に光が照射され，光がpn接合の境界まで透過するものとする。νの振動数をもった光が照射されると，図 6.6 に示すように，半導体の価電子帯にある電子にバンドギャップより大きい照射エネルギーが吸収され，その電子は伝導帯域に励起される。そして**電子－正孔（ホール）対**（erectron-hole pair）を作る。励起された電子と正孔が拡散してn型とp型の境界領域に達すると，その領域に生じている内部電場により，電子はn型半導体へ，正孔はp型半導体へ移動し，n型半導体には電子がp型半導体には正孔が蓄積し，n型はマイナスに，p型はプラスとなりこの両端に電圧が発生する。

この状態で外部回路を短絡させると電流が流れ，その電流を**短絡電流**（short circuit current）という。また回路を開放した時に発生する電圧を**開放起電力**（open circuit voltage）という。外部回路に抵抗を接続すると，電流および電圧ともこれらの値より小さくなる。

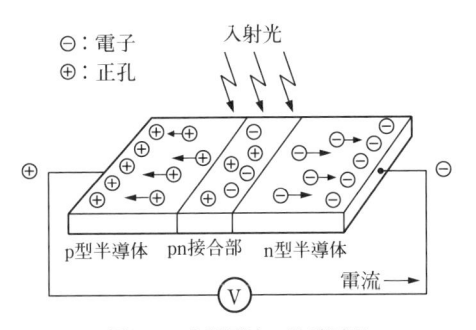

図 6.6 太陽電池の発電原理

（3） 太陽電池の理論変換効率 ここでは**結晶シリコン太陽電池**（crystal silicon solar cell）についての**理論変換効率**（theoretical conversion efficiency）について述べる。

まず短絡電流（I_{sc}）について検討する。太陽光スペクトルに含まれる光のうち，バンドギャップよりも大きいエネルギーを 100％吸収し，それがすべて電流へ変換されたとした時の電流が短絡電流の最大値である。$100\,\text{mW/cm}^2$の光が

6.1 太陽光発電

入射すると，シリコン太陽電池の短絡電流は $45.3\,\mathrm{mA/cm^2}$ となる．短絡電流は使用材料によって異なり，その様子を表6.2に示す．

光照射時の電流―電圧特性は(6.3)式で示される．

$$I = I_{sc} - I_0 \left(\exp\left(\frac{qV}{kT}\right) - 1 \right) \tag{6.3}$$

ここで I_{sc}：短絡電流[A]，I_0：飽和電流[A]，k：ボルツマン定数[J/K]，T：絶対温度[K]，q：素電荷[C]，V：電池電圧[V]

開放起電力 (V_{oc}) は(6.3)式で電流 I を 0 とおくことにより求められる．

$$V_{oc} = \left(\frac{kT}{q}\right) \times ln\left(1 + \frac{I_{sc}}{I_0}\right) \tag{6.4}$$

結晶シリコン太陽電池の飽和電流は約 $10^{-13}\mathrm{A/cm^2}$ であるため(6.4)式より，開放起電力は $0.7\,\mathrm{V}$ となる．

理論変換効率は入射光エネルギーを Φ_0 とすると，

$$\eta_{\max} = \frac{P_{\max}}{\Phi_0} = \frac{I_{sc} \times V_{oc} \times FF}{\Phi_0} \tag{6.5}$$

太陽電池の発生電力の最大は短絡電流に開放起電力をかけ，さらに FF をかけたものとおける．

ここで FF は**フィルファクター**（fill factor）とよばれ，経験的に(6.6)式のように開放起電力の関数で表示される．

$$FF = \frac{v_{oc} - ln(v_{oc} + 0.72)}{v_{oc} + 1} \tag{6.6}$$

ここで，

$$v_{oc} = \frac{qV_{oc}}{kT} \tag{6.7}$$

例えば $V_{oc} = 700\,[\mathrm{mV}]$ とすると，FF は 0.846 となり，

$$\eta_{\max} = \frac{I_{sc} \times V_{oc} \times FF}{\Phi_0} = \frac{(45.3 \times 10^{-3}) \times 0.7 \times 0.846}{100 \times 10^{-3}} \times 100 = 26.8\% \tag{6.8}$$

となる．同様に他の材料のフィルファクター（FF）について求められ，その結果を表6.2に示す．

例題として，短絡電流が 30 mA/cm² で，飽和電流が 10^{-13} A/cm² とすると，開放起電力はいくらかについて検討する。

〈解答〉　k（ボルツマン定数）＝$1.38×10^{-23}$〔J/K〕
　　　　　q（素電荷）＝$1.602×10^{-19}$〔C〕
　　　　　T（温度）＝300 K

より，
$$\frac{k \cdot T}{q} = 258.4 \times 10^{-4} \left(\frac{J}{K} \times \frac{K}{C} \right)$$

したがって（6.4）式より，
$$V_{oc} = 258.4 \times 10^{-4} \frac{J}{C} \times \ln\left(1 + \frac{30 \times 10^{-3}}{10^{-13}}\right)$$
$$= 0.683 \text{〔v〕}$$

単位 V は，$J = W \cdot s$，$C/s = A$ より，
$$\frac{J}{C} = \frac{W \cdot s}{C} = \frac{W}{C/s} = \frac{W}{A} = V \text{ となる。}$$

結晶シリコン太陽電池の理論変換効率は最大約27%であり，それは下記の理由による。

① 長波長光の透過による損失

バンドギャップ以下のエネルギーの光は吸収できず，通過していく。この損失が約44%である。

② 光吸収時の損失

吸収されたエネルギーの一部は熱になり電気エネルギーとして取り出すことができない。これが約11%である。

③ 電圧因子損失

バンドギャップ相当のエネルギーを吸収するが，発生する電圧は開放起電力が最大で，このバンドギャップと開放起電力との差が損失となる。これが約18%である。

以上の要因を図6.7に示す。

6.1 太陽光発電

```
100 ┬─────┐
    │     │ ① 長波長光の透過に
    │     │   よる損失 (44%)
 56 ├─────┤
 45 ├─────┤ ② 光吸収時の損失(11%)
    │     │ ③ 電圧因子損失(18%)
 27 ├─────┤
    │/////│ ─ 利用可能なエネルギー
  0 └─────┘
```

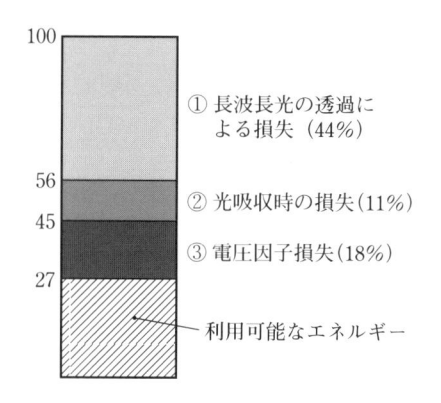

図 6.7　理論変換効率の損失要因

（4）**実際の変換効率**　以上のように理論変換効率は使用する材料によって定まる値である。各種の材料を用いて太陽電池を製作する時、電極をつけたり、材料の厚さ方向に制約を受けたりするため、理論変換効率より実際使用の太陽電池の効率はさらに低下する。その要因は以下の通りである。

① **反射損失**

太陽光が太陽電池へ照射されると、その一部が反射されてエネルギー変換に寄与しなくなる。これを**反射損失**（reflection loss）という。この抑制のため図 6.8 に示すように微細構造を半導体の表面に作り（テクスチャ構造という）、乱反射を起こして、ある面で反射した光を他の面から入射させることにより全体として反射を低減している。また適当な屈折率をもった反射防止膜（SiO_2、TiO_2、Si_3N_4 等の材料から構成）を使用し、この微細加工とあわせて反射損失を 4% 程度にまで低減している。

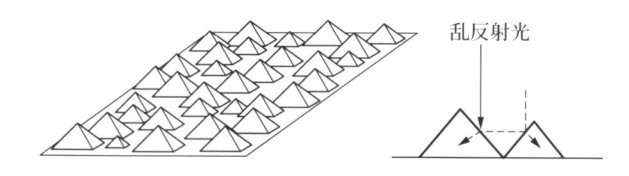

図 6.8　微細構造を施した表面

② 光吸収の不足

半導体が光を吸収するためには，ある厚さが必要であり，それが不足するため損失となる。

③ バルクでのキャリア再結合損失

発生したキャリアはすべて有効に取り出されるわけでなく，電流として取り出す前に**再結合**（recombination）して消滅してしまう。

④ 表面再結合による損失

半導体表面の露出した部分や半導体と電極との界面でキャリヤの再結合が生じ，損失となる。

⑤ 表面電極による入射光の制限

電流を取り出すため，半導体の表面に電極を取り付けるが，これが太陽光の入射を減少させる。このため電極表面を極力小さくし，入射光を増す構造が使用されているが，フィンガー（太陽電池の電極で，入射光を極力増すため，細い金属を使用）が細すぎると電極の抵抗が大きくなり，フィンガーの間隔を広くしすぎると電極まで到達するための半導体内のキャリアの移動抵抗が増大するので，バランスの取れた構造が要求される。フィンガー電極の一例を図 6.9 に示す。

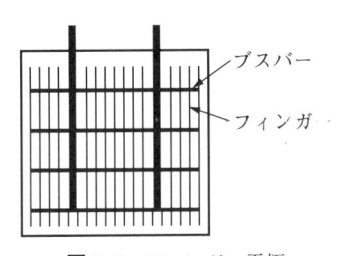

図 6.9 フィンガー電極

⑥ 直列抵抗損失

表面抵抗の抵抗や pn 接合自体の面抵抗等による損失をいう。

以上の損失要因を表示すると図 6.10 のようになる。

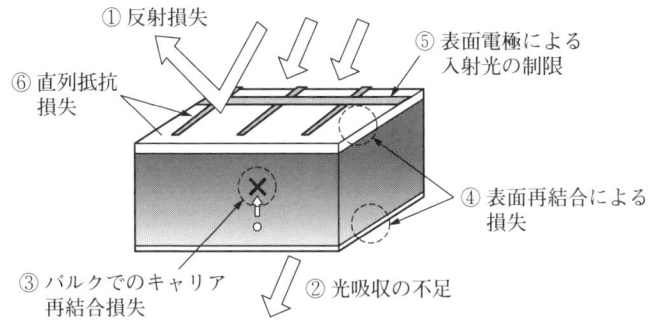

① 反射損失
⑥ 直列抵抗損失
⑤ 表面電極による入射光の制限
④ 表面再結合による損失
③ バルクでのキャリア再結合損失
② 光吸収の不足

図 6.10 実使用電池の損失原因（理論変換効率の損失要因以外のもの）

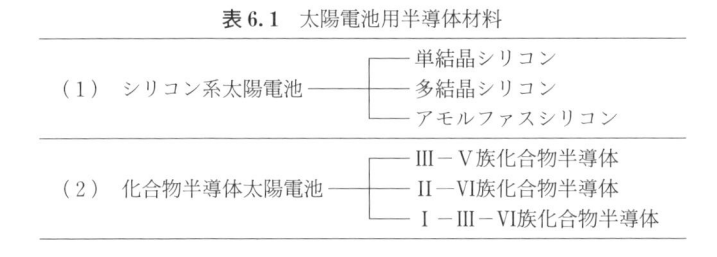

表 6.1 太陽電池用半導体材料

（1）シリコン系太陽電池
- 単結晶シリコン
- 多結晶シリコン
- アモルファスシリコン

（2）化合物半導体太陽電池
- III－V族化合物半導体
- II－VI族化合物半導体
- I－III－VI族化合物半導体

6.1.2 太陽電池用半導体材料

使用材料の面から大きく，（1）シリコン系太陽電池と，（2）**化合物半導体太陽電池**（compound semiconductor solar cell）に分けられる。これらをまとめて，表 6.1 に示す。

（1）シリコン系太陽電池　シリコン系太陽電池は結晶系とアモルファス（非結晶）系に分けられ，更に結晶系は単結晶系と多結晶系に区分される。それぞれの結晶構造を図 6.11 に示す。

シリコンはケイ素とよばれ，地球上には酸素に次いで多い元素である。自然界には単体では存在せず，酸化物として岩石や砂等のケイ石として存在している。この酸化物を還元して酸素を取り除くとシリコンが得られる。

単結晶シリコン（single crystal silicon）は，約 1500℃に加熱された石英るつぼ内の溶かしたシリコン液に，種となる小さな結晶を付着させ，冷却させながらゆっくり引き上げる。すると結晶の成長が始まり，大きな単結晶の塊（インゴッ

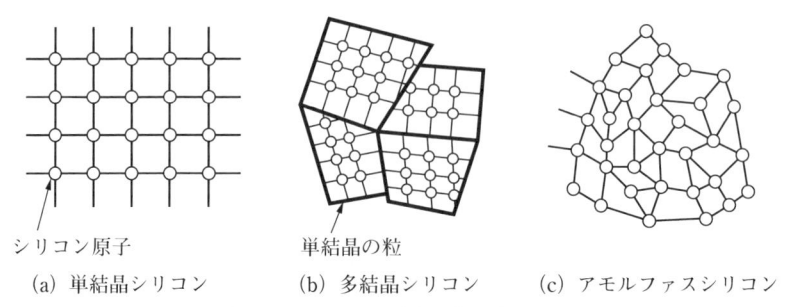

```
      (a) 単結晶シリコン     (b) 多結晶シリコン     (c) アモルファスシリコン
```
（シリコン原子／単結晶の粒）

図 6.11　シリコン系半導体の結晶構造

トとよぶ）が得られ，これを約 300 ミクロンの厚さに薄く切り出す。これをウエハとよび，このウエハに拡散法によって不純物を添加し，pn 型半導体を製造する。

多結晶シリコン（poly crystal silicon）はコスト低減を目指して開発されたものである。溶かしたシリコンを黒鉛でできた鋳型に流し込み温度をコントロールしながら固めると，多結晶の塊が得られる。これを薄く切り出し単結晶シリコンと同様に不純物を添加して製造される。多結晶シリコンは単結晶と単結晶の境界が多く含まれ，単結晶の中にも不完全な結晶の状態が含まれるため，太陽電池としての性能は単結晶シリコンより低下する。

アモルファスシリコン（amorphous silicon）は不規則な原子配列をもった非結晶シリコンである。単結晶シリコンとアモルファスシリコンの原子配列の比較を図 6.12 に示す。単結晶シリコンはシリコン原子が規則正しく配列され，シリ

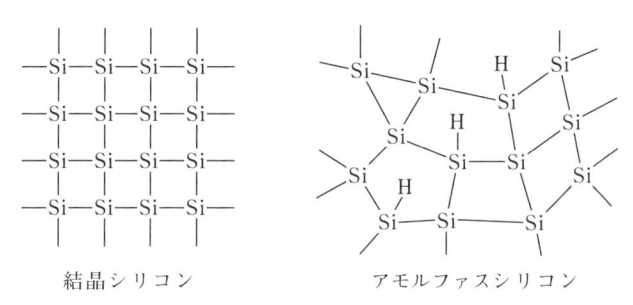

結晶シリコン　　　アモルファスシリコン

図 6.12　単結晶シリコンとアモルファスシリコンの原子配列比較

コン原子は4本の結合できる手をもっていてそれぞれ隣の原子と結合しているのに対し，アモルファスシリコンの場合は原子の並び方が不規則で完全に結合できない原子も存在する。

アモルファスシリコンの製造方法は真空中でシリコンと水素の化合物のシラン(SiH_4) ガスを流し，高周波放電させ，ガラス基板あるいはステンレス基板に堆積させる。このようにして製造した膜は電気的に中性でi型と呼ばれる。一方，シランガスと同時にホウ素と水素の化合物であるジボラン（B_2H_6）ガスを混合して堆積させるとp型のアモルファスシリコンが，リンと水素の化合物であるフォスフィン（PH_3）ガスを混合して堆積させるとn型アモルファスシリコンが得られる。アモルファス太陽電池はp型，i型，n型の膜を順次上記の方法で堆積し，製造される。

アモルファス太陽電池の特長は温度300°C以下で製造でき，膜形成も比較的容易であり，光の吸収係数も結晶系より大きいため，1ミクロン以下の厚みでよい。波長感度領域が蛍光灯下で使用する電卓用の電源に適しているが，電力用に適用した場合，約1年間で10-20%性能が低下し，変換効率も3-6%と低い。

（2）化合物半導体太陽電池　　化合物半導体はIII族元素とV族元素からなる化合物（GaAs：ヒ化ガリウム），II族元素とVI族元素からなる化合物（CdTe-CdS：テルル化カドニウム－硫化カドニウム），I-III-VI族からなる化合物に分けられる。

III-V族の代表はガリウムとヒ素の化合物であるヒ化ガリウムである。特長は光の吸収係数が大きいため薄くでき，放射線による劣化が少ないことから宇宙用に適している。ただし資源量が少ないため，大量生産は困難である。

II-VI族の代表はカドニウムとテルルまたは硫黄との化合物である，テルル化カドニウムまたは硫化カドニウムである。これは多結晶の薄型構造が可能で，低コスト化が図られる。

I-III-VI族の代表がセレン化銅インジウムである。光吸収係数が大きく，薄膜化による低コスト化が可能である。

半導体材料の性能比較を表6.2に示す。

表 6.2　半導体材料の性能比較

	短絡電流 (mA/cm²)	開放起電力 (mV)	フィルファクタ	変換効率 (%)
単結晶シリコン	45.3	700	0.846	26.8
多結晶シリコン	38.1	654	0.795	19.8
アモルファスシリコン	19.4	887	0.741	12.7
GaA_s（ヒ化ガリウム）	28.2	1022	0.871	25.1
CdTe（テルル化カドニウム）	26.1	840	0.731	16.0

6.1.3　太陽電池の構造

以下に代表的な太陽電池の構造を示す．

（1）単結晶系　　p型シリコンの基板上にn型シリコンを熱拡散して図6.13（a）のように構成し，その両端に銀電極を取り付けて電流を取り出す．光を照射する面は太陽光の入射が減少しないようにくし形電極を採用している．

（2）アモルファスシリコン系　　ガラス基板タイプは図6.13（b）のようにガラス基板に透明な電導膜を形成し，p型，i型，n型のシリコンを形成し，アルミ電極を取り付けて電流を取り出す．

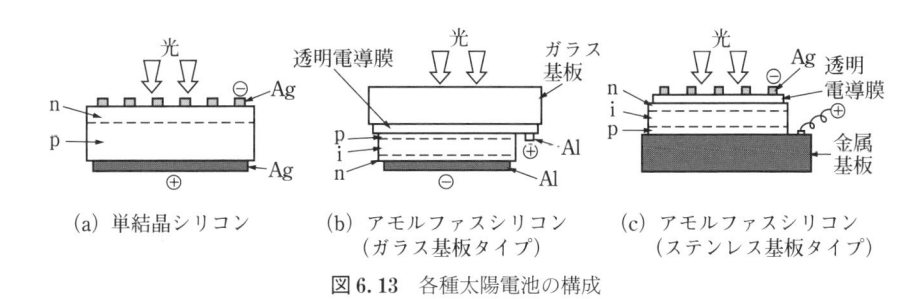

図 6.13　各種太陽電池の構成

（a）単結晶シリコン　　（b）アモルファスシリコン（ガラス基板タイプ）　　（c）アモルファスシリコン（ステンレス基板タイプ）

また，ステンレス基板タイプは図6.13（c）のようにステンレス基板にp型，i型，n型のシリコンを形成し，透明電導膜を形成し，その上に銀電極を取り付けて電流を取り出す．

太陽電池の最小単位を**セル**（cell）といい，その一例を図6.14に示す．セル1

図 6.14 太陽電池セルの例
[写真提供：京セラ株式会社]

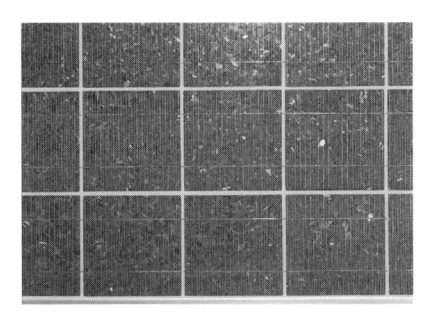

図 6.15 太陽電池モジュールの例
[写真提供：京セラ株式会社]

個から取り出せる電圧は 0.5 V と小さいので実際に使用する時は複数個のセルを直列に接続してパッケージに入れて使用している。その代表例を図 6.15 に示す。これを**モジュール**（module）という。

現在，主に使用されている太陽光電池は単結晶および多結晶の結晶系シリコン太陽電池，アモルファスシリコン太陽電池およびテルル化カドニウム太陽電池である。代表例を表 6.3 に示す。電力用としては結晶系シリコン太陽電池が，また電卓等屋内用としてアモルファスシリコン太陽電池あるいはテルル化カドニウム太陽電池が使用されている。

表 6.3 太陽電池の素子効率，モジュール効率

	セル変換効率（％）	モジュール変換効率（％）
単結晶シリコン	13.3-17.1	11.8-14.6
多結晶シリコン	12.5-14.2	10.2-11.9
アモルファスシリコン	――	2.8-5.3
II−VI族（テルル化カドニウム）	――	4.5

6.1.4 太陽電池の動作特性

太陽電池を電源として用いる場合の動作特性について述べる。

太陽電池の等価回路を図 6.16 に示す。光によって発生する電流源に並列にダイオード機能および漏れ電流要素が追加され，直列抵抗を介して外部へ電流が供

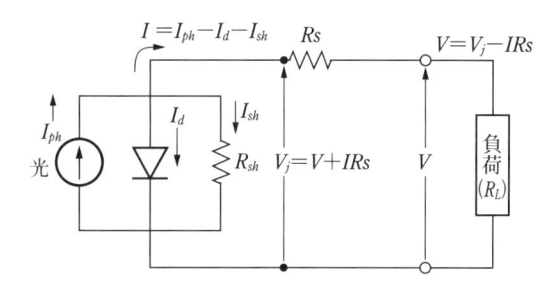

図 6.16　太陽電池の等価回路

給される。

したがって出力される電流は，

$$I = I_{ph} - I_d - I_{sh} \tag{6.9}$$

ダイオード電流は，

$$I_d = I_0 \left(\exp \frac{qV_j}{nkT} - 1 \right) \tag{6.10}$$

ここで I_{ph}：入射光に比例した電流[A]，I_d：ダイオード電流[A]，I_{sh}：濡れ電流[A]，I_0：飽和電流[A]，n：ダイオード性能指数，k：ボルツマン定数[J/K]，T：絶対温度[K]，q：素電荷[C]，V_j：接合電圧[V]，I_0 は電池の種類により決まる。n は材料や温度に依存し，1～2 の値をとる。

I_{sh} は動作電圧に比例するため，漏抵抗を R_{sh} とすると，

$$I_{sh} = \frac{V_j}{R_{sh}} \tag{6.11}$$

直列抵抗 R_s は透明膜抵抗，接触抵抗の合計として表示でき，出力電圧 V は，

$$V = V_j - IR_s \tag{6.12}$$

となる。これより，出力される電流は，

$$I = I_{ph} - I_0 \left(\exp \frac{q(V + IR_s)}{nkT} - 1 \right) - \frac{V + IR_s}{R_{sh}} \tag{6.13}$$

これが太陽電池の電流の一般式である。

太陽電池の出力特性例を図 6.17 に示す。最大出力は**最大出力動作電流**（maximum output operaion current）I_{pm} と**最大出力動作電圧**（maximum output

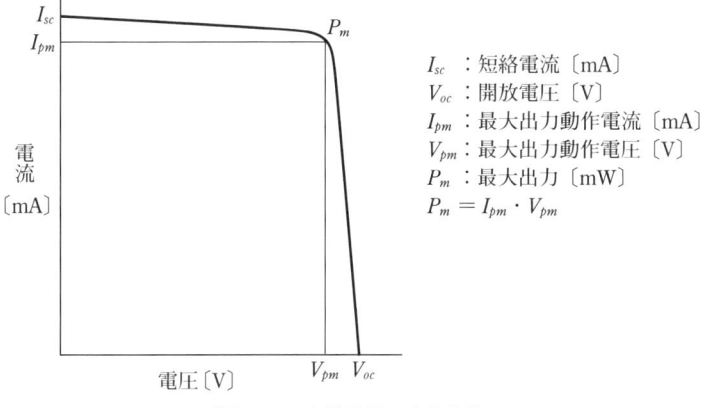

図 6.17 太陽電池の出力特性

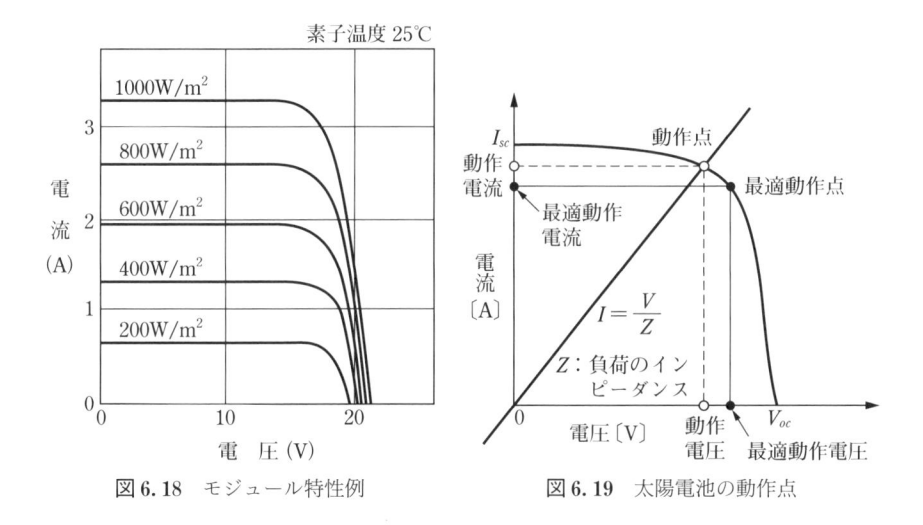

I_{sc}：短絡電流〔mA〕
V_{oc}：開放電圧〔V〕
I_{pm}：最大出力動作電流〔mA〕
V_{pm}：最大出力動作電圧〔V〕
P_m：最大出力〔mW〕
$P_m = I_{pm} \cdot V_{pm}$

図 6.18 モジュール特性例

図 6.19 太陽電池の動作点

operaion voltage）V_{pm} の積で表示される。

太陽電池モジュールの出力特性例を図 6.18 に示す。最大出力動作電流は光の強さに比例して増大するが，最大出力動作電圧はほぼ一定である。

次に太陽電池の動作点について述べる。

太陽電池に負荷を接続した時の動作点を図 6.19 に示す。負荷の持つ I-V 特

性と太陽電池の $I\text{-}V$ 特性の交点が動作点で，動作電圧および動作電流という。この点は必ずしも太陽電池出力が最大となる**最適動作電圧，電流**（coptimum operation voltage, current）と一致しない。効率よく運転させるためには動作点が最適動作点付近に来るように負荷インピーダンスを調整する必要がある。

6.1.5 太陽電池の適用

（1）**家庭用太陽電池**　太陽電池を一般住宅に適用した例を図 6.20 に示す。家庭の屋根に太陽電池を設置し，家庭の電力をまかない，余った電気を電力会社に販売するシステムである。昼間一般家庭では電力が余るので電力会社へ電力を送り（売電），昼間の電力負荷ピークに役立て，夜は電力会社から電力を購入（買電）する。

個人が発電して電力会社へ販売する電気料金は電力会社から購入する電気料金と同じため，使用方法によっては電気代を大幅に削減できる。

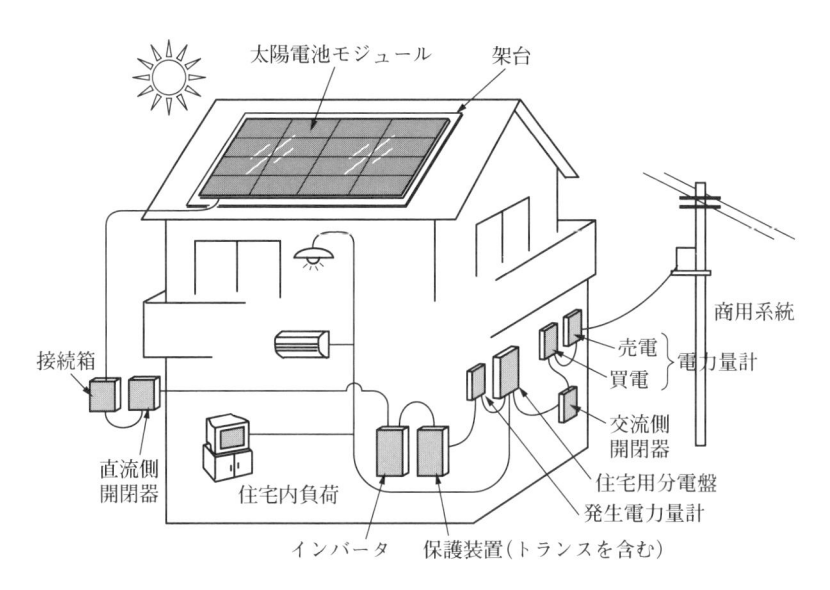

図 6.20　家庭用太陽電池発電システムのイメージ図

6.1 太陽光発電

（2） 学校・工場用太陽電池　普通家庭用は数 kW であるが，学校あるいは工場に適用する場合 100 から 200 kW クラスとなる。電力会社との連繋を可能とし，停電時には継続して電力を供給できるように蓄電池との組み合わせを行っている。

世界全体および日本における太陽光発電累積設備量の年推移を図 6.21 に示す。2000 年末の日本の設備量は 317 MW で，世界全体の設備量 711 MW に対し，約 45% を占めており，その伸び率も著しい。

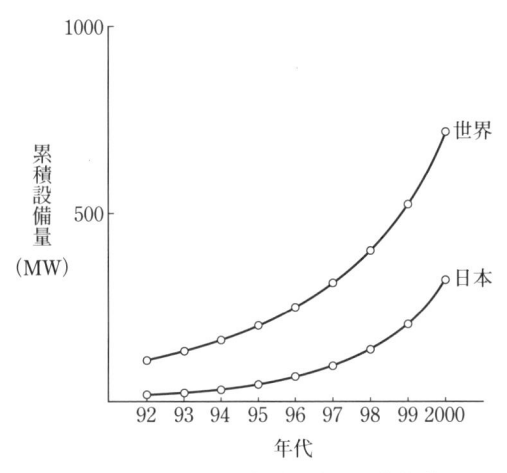

図 6.21　太陽光発電累積設備量の年推移

6.1.6　太陽光発電システムの潜在容量

わが国の太陽電池設置可能な容量を把握するため，考え得る場所をいろいろ想定し容量を算定した結果を表 6.4 に示す。仮定として，例えば家庭用では一戸住宅の 60% に 4 kW の太陽電池を設置する。共同住宅では 25% に 30 kW システムを設置する。産業基盤施設では高速道路の 50% に，鉄道では駅舎，操作場の用地の 50% に設置する等の仮定をおいて算定した。

総計は 173.1 GW となった。これは 1998 年のわが国の発電設備容量が 221.94 GW のため，総設備容量の約 78% に相当する。

表6.4 わが国の太陽電池潜在容量

	仮定設置場所等
住宅 79.2 GW	●一戸建住宅（約2,500万戸）の60%に4 kWシステムの導入が可能と仮定。 ●共同住宅（約256万棟）の25%に30 kWシステムの導入が可能と仮定。 〔新築住宅（約70万戸/年）の50%に導入したとすると，43年間かかる〕
公共建築物 17.5 GW	●学校（総建築面積約200 km²）の25%，公共建築物（約25万カ所）の50%に30 kWシステムの導入可能と仮定。（壁建材一体型太陽電池により設置面積が2倍になると仮定）。
産業 47.9 GW	●全国の工場の建築面積約400 km²の50%，その他の土地約1100 km²の25%，業務用ビル（約17万カ所）の25%
産業基盤施設 28.5 GW	●道路（8.7 GW） 　高速道路（約110 km²）の50%，遮音壁，（2 km²）及び主要一般道路の防護柵（60 km²）の50%に導入可能と仮定。 ●鉄道（6.3 GW） 　駅舎，操車場等停車場用地（約126 km²）の50%に導入可能と仮定。 ●河川（3.9 GW） 　堤防敷（約70 km²）の50%，河川敷（約100 km²）の50%に導入可能と仮定。 ●その他（9.6 GW） 　海岸，農耕地，貯水池等の1%に導入可能と仮定。
総計 173.1 GW	

平成8年6月総合エネルギー調査会基本政策小委員会資料より〈通商産業省試算〉

6.1.7 今後の課題

　太陽電池が今後多量に普及するためにはコスト低減が欠かせない。このため大規模生産に向いている多結晶シリコン太陽電池の高効率を維持しながら，シリコンの使用量低減のため薄膜化することが必要である。

　一方，アモルファスシリコン太陽電池は，セル効率が低いため単位出力当りの構造材が多くなり，このため効率向上が必要となる。

6.2　太陽熱発電

　太陽熱エネルギーを効率よく集めて，その熱エネルギーを電気エネルギーに変換する発電方式を**太陽熱発電**（solar thermal power generation）という。ここ

6.2 太陽熱発電

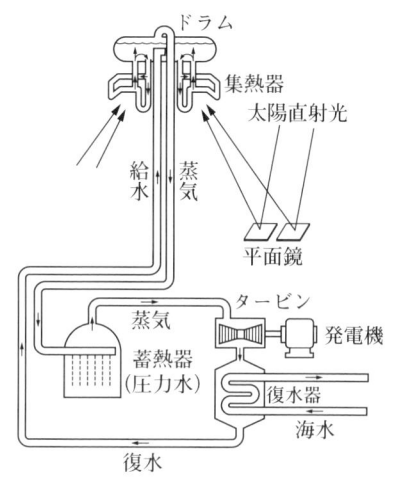

図 6.22 タワー集光方式発電の原理

では二つのシステムを紹介する。

6.2.1 タワー集光方式

タワー集光方式の概念図を図 6.22 に示す。円状に配置された平面鏡で光を集め，タワーの先端に取り付けられた集熱器を加熱することにより，蒸気を発生させ，その蒸気でタービンを駆動し発電するシステムである。太陽光線を効率的に集光するため，コンピューターによる平面鏡の方向制御が行われている。10 MW のタワー集光方式がアメリカのカリフォルニア州バーストーに設置され，1982 年から実証試験が行われている。

6.2.2 曲面集光方式

曲面集光方式の原理を図 6.23(a)に示す。多数の平面鏡からの反射光を曲面鏡に集め，曲面鏡の中央に取り付けられた集熱管を加熱し，蒸気を発生させタービンを駆動し発電する。図 6.23(b)のように曲面鏡を多数設置し，各曲面鏡で得られた熱を蓄熱装置に回収し，そこで発生した蒸気でタービンを駆動し発電す

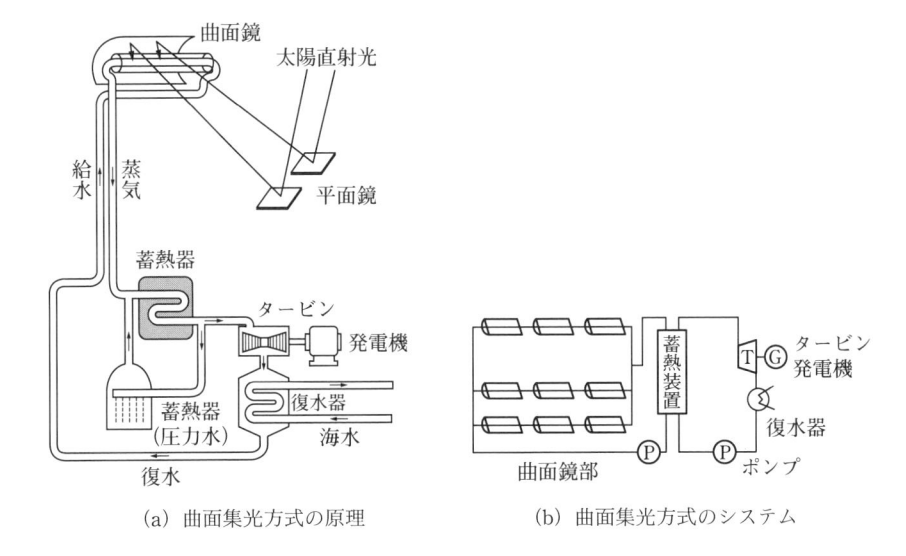

(a) 曲面集光方式の原理　　　(b) 曲面集光方式のシステム

図 6.23　曲面集光方式

るシステムである。

問題

（1）東京ドームに全面太陽電池を設置した時，どれくらいの電力が得られるか。ただしドームの面積は 32,000 m² とする。
（2）太陽電池の理論変換効率について単結晶シリコンを例に説明せよ。
（3）太陽電池の種類を述べよ。
（4）太陽電池の適用例を述べよ。
（5）太陽熱発電方式について説明せよ。

(解答は巻末)

第7章 海洋エネルギー発電

海洋発電の概要　海洋は地球表面積の約70%を占めているため，太陽から受けるエネルギーは極めて大きい。このような海洋をエネルギー源として利用することは再生可能エネルギーの確保の上から重要である。現在海洋を利用した発電方法は**波力発電**（wave activated power generation），**海洋温度差発電**（thermal energy conversion），**潮汐発電**（tidal power generation）等がある。これらの概要を記述する。

7.1 波力発電

7.1.1 波のエネルギー

波力発電方式には，波の上下運動を利用する**振動水柱形**（oscillating water colum type）や波による物体の運動を利用する**可動物体形**（movable body type）等がある。振動水柱型波力発電の入力となる**波エネルギー**（wave energy）は次のように算定される。いま，図7.1の波を考える。波の零ラインから山までの**振幅**（amplitude）を h とし，波の**波長**（wave length）を λ，波

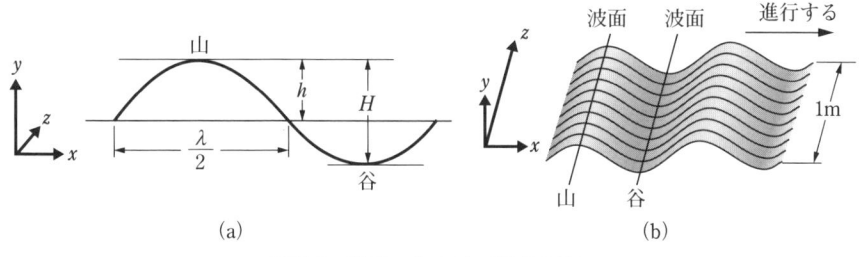

図7.1　波のエネルギー流束モデル

の**周期**(wave period)を T（波の山が来てから次の山が到着するまでの時間）とする。この波が(b)に示すように x 軸の正の方向に進行する場合を考える。ここで Z 方向に対しては波面の山と谷が並行しているとする。

このような波の Z 方向に対する単位長さ当りの波のエネルギーは，波の振幅と周期をもとに(7.1)式で表示される。

$$P = \frac{0.5 \cdot \rho \cdot g^2 \cdot H_{1/3}^2 \cdot T_{1/3}}{32\pi} \tag{7.1}$$

ρ：海水の密度 [kg/m^3]，g：重力加速度 [m/s^2]，H：波の山から谷までの振幅 [m]，T：周期 [s]，H および T として有義波高値 $H_{1/3}$，有義波周期 $T_{1/3}$ を採用する。ここで**有義波高値**(significant wave height valve)および**有義波周期**(significant wave period)は次のように定義される。ある地点で連続する波を観測したとき，波高の高いほうから順に全体の 1/3 の個数の波（例えば 20 分間で 100 個の波が観測されれば，大きい方の 33 個の波）を選び，これらの波高および周期を平均したものを有義波高値および有義波周期という。

(7.1)式の単位は kg/m^3·m^2/s^4·m^2·s＝kg·m/s^2·m/s·1/m となり kg·m/s^2＝N(ニュートン)，N·m＝J(ジュール)，J/s＝W(ワット)であるから，最終的に [W/m] となる。すなわち波のエネルギーは単位長さ当りの W，したがって [W/m] で表示される。なお，(7.1)式の導出は章末の付録を参照されたい。

ある日本海域の沖合いと防波堤前で観測された有義波高値と有義波周期の出現頻度を図 7.2 に示す。有義波高値については沖合いで 1 m 近傍が多く，防波堤前で 0.5 m 近傍が多い。また有義波周期は沖合い，および防波堤前とも 7.5 s 近傍が多かった。このようにして別の海域で調査され(7.1)式をもとに算定された波エネルギー流束の季節的変化を図 7.3 に示す。冬期が大きく，夏季が小さい。日本沿岸の年間平均の波エネルギー分布を図 7.4 に示す。日本周辺の平均値は約 7 kW/m で，日本を取り巻く海岸線の総延長約 34,000 km のうち，波力発電に適する距離は 5200 km であるため，日本周辺の波エネルギーの総量は 3.6×10^4 MW となる。

7.1 波力発電

例題として，有義波高値が 2 m，有義波周期が 8 s の時の波のエネルギー流束はいくらかについて検討する。

〈解答〉

$\rho=1.0\times10^3\,[\mathrm{kg/m^3}]$, $g=9.8\,[\mathrm{m/s^2}]$, $H_{1/3}=2\,[\mathrm{m}]$, $T_{1/3}=8\,[\mathrm{s}]$
を用い，(7.1) 式より

$$P=\frac{0.5\times10^3\,[\mathrm{kg/m^3}]\times(9.8\,[\mathrm{m/s^2}])^2\times2^2\,[\mathrm{m^2}]\times8\,[\mathrm{s}]}{32\times\pi}$$

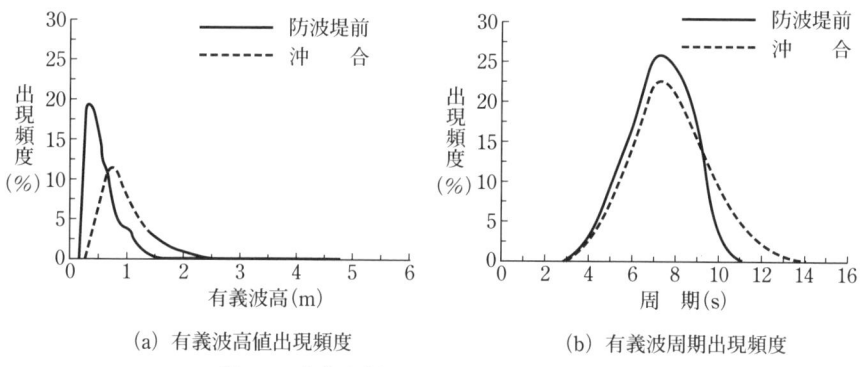

$$=15.3\times10^3([\mathrm{kg\cdot m/s^2}]\times[1/\mathrm{s}])=15.3\,[\mathrm{kW/m}]$$

(a) 有義波高値出現頻度　　(b) 有義波周期出現頻度

図7.2　有義波高値および有義波周期出現頻度

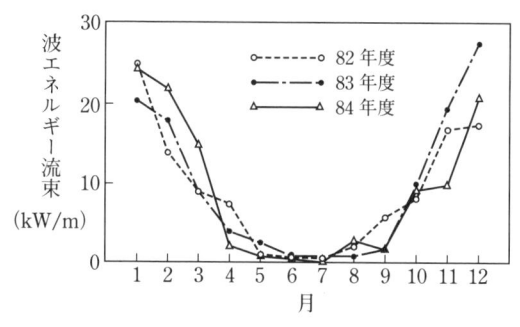

図7.3　波エネルギーの流束季節変化

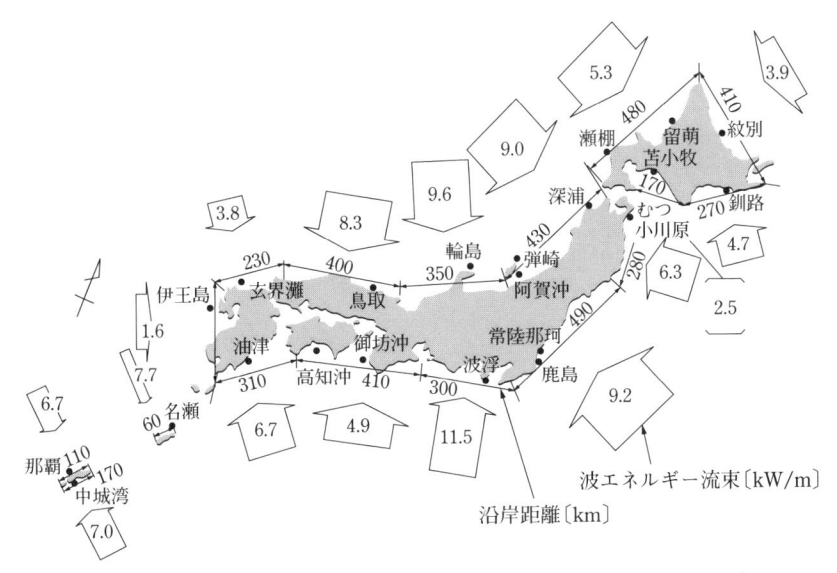

図7.4 日本沿岸の波エネルギー分布［高橋"港湾技術研究資料"No.654］

7.1.2 波力発電方法

波力発電方法について述べる。図7.5のように下部が開放された容器を海中に浮かすと波の上下運動により容器内の水面が上下に振動し，水面が上昇した時，容器内の空気は圧縮され，空気流が送気管を通して上部に取り付けられた**空気タービン**（air turbine）を駆動し発電する。一方，水面が下降する時は容器の側面

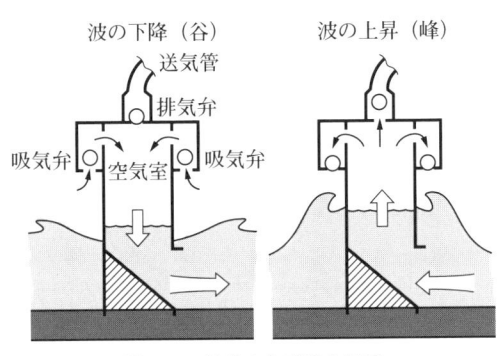

図7.5 振動水柱型波力発電

に取り付けられた吸気弁から空気が流入し送気管は閉鎖されるので空気タービンへの空気流はなく発電に寄与しない。

　波の上下運動により空気室の空気は圧縮されたり減圧されたりして，そのたびに空気流れが正方向になったり負方向になったりする。このような場合でも空気タービンが一定方向に回転できる工夫がなされれば効率よく運転できる。

　その一つが図 7.6 に示す方法である。波が上昇する時，空気室 A，B の空気は圧縮されるので A 室の弁は閉じ，B 室の弁が開いて，A 室の空気はノズルを通って空気タービンを駆動し，B 室の弁を通って排出される。次に波が下降した時，両空気室の圧力は低下するので，A 室の弁は開き，B 室の弁は閉じる。このため A 室の弁を通って A，B 両室に空気が流入する。この時 B 室に流入する空気で空気タービンを駆動する。このように A，B の二つの空気室を設けることにより，連続して空気タービンを駆動することができる。

　別の例を図 7.7 に示す。波が上昇すると空気室の圧縮空気は正圧水弁室を通って正圧タンク室に貯えられ，タービン No.1 を駆動し大気へ放出される。なお，このとき負圧水弁室では加圧された空気流は水面を加圧するが，水弁室に設けられた配管内の水の水位が上昇し，小さい面積と水圧のため配管を通した空気流は阻止される。一方，波が下降すると大気から空気が負圧タンク室に侵入し負圧水弁室を通って空気室を満たす。この空気流によりタービン No.2 は駆動される。このとき，波の上昇時と同じ原理で正圧水弁室は空気流を阻止する働きをする。このような水弁室の設置により波の上昇と下降の両期間とも発電できるシステム

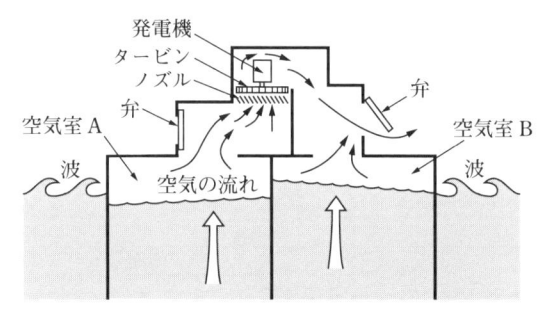

図 7.6　二つの空気室を設けた波力発電

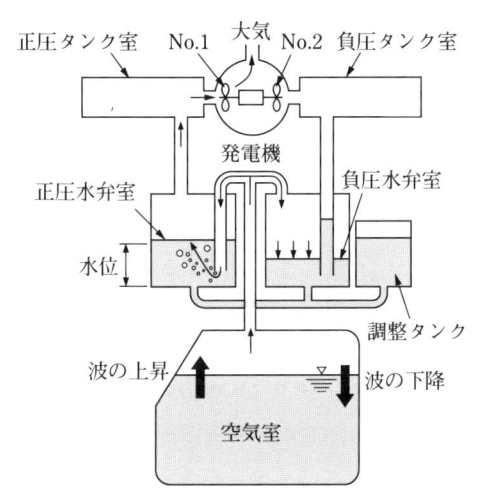

図7.7　水弁室を設置した波力発電

を提供できる．

　可動物体型の例を図7.8に示す．浮体と釣合錘を連結したワイヤをプーリに巻きつけ，波の上下運動によって浮体が上下に運動すると，それによりプーリは正，逆方向に回転を繰り返す．一対の一方向クラッチを用いることにより，プー

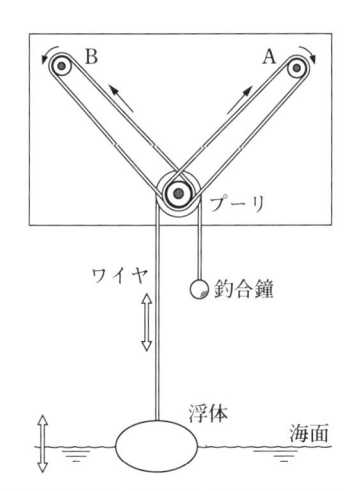

図7.8　可動物体型波力発電［羽田野，櫨田"海洋開発ニュース"(2001-7)］

リが正方向に回転する時（波の上昇時），Aは矢印方向に，またプーリが逆方向に回転する時（波の下降時），Bは矢印方向に回転し，このようなA，B逆向きの回転をギヤを介して一つの方向の回転運動に変換して発電機を駆動する方式の波力発電システムである．現在開発段階にあり，研究が進められている．

7.2 海洋温度差発電

海洋温度差発電は太陽熱利用の発電の一つで，太陽で熱せられた海洋の表層を高熱源（20～30℃）とし，深層の低熱源（5～10℃）との間の温度差を利用して発電する方法である．

海洋の深さ方向の温度分布例を図7.9に示す．メキシコ湾の場合であるが，表層と深層の温度差が真夏で約20℃，真冬で約10℃であることが観測される．

海洋温度差発電システム構成と原理を図7.10に示す．これは**クローズドサイクル式海洋温度差発電**（closed cycle thermal energy conversion）の例であるが，蒸発器，タービン，発電機，凝縮器，作動流体ポンプ，温海水ポンプ，冷海水ポンプから構成される．低沸点媒体（フロンやアンモニア）を蒸発器で海洋の表層の温海水で蒸発させ，蒸発した媒体をタービンへ導きタービンを駆動し，駆動に使用された媒体を凝縮器で深層の冷海水で液化させ，再度蒸発器へと送り込

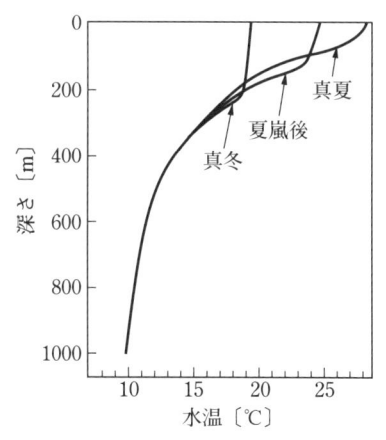

図7.9 海洋の表層と深層の温度分布（メキシコ湾）

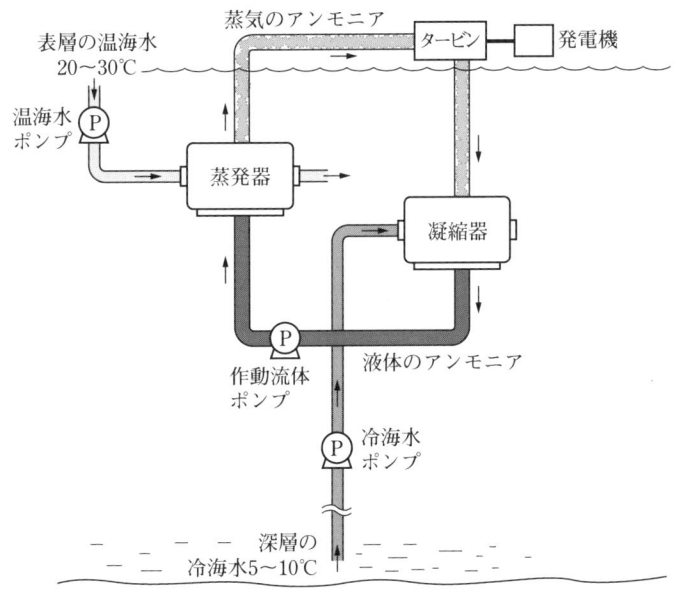

図7.10 海洋温度差発電システムと原理図

み，このような作用を繰り返しタービンを回転させる。

　フロンはオゾン破壊の問題があるので，アンモニアが主に使用される。蒸発器，凝縮器の動作温度の一例を図7.11に示す。アンモニアは表層の温海水によ

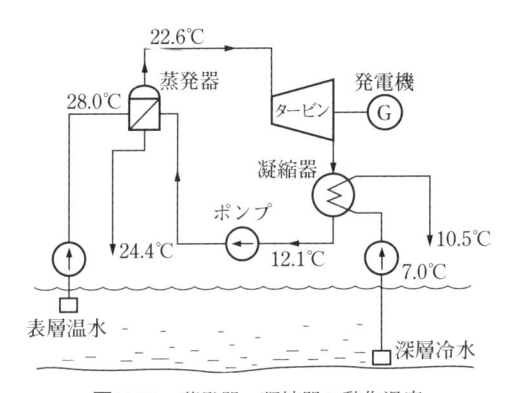

図7.11 蒸発器，凝縮器の動作温度

7.2 海洋温度差発電

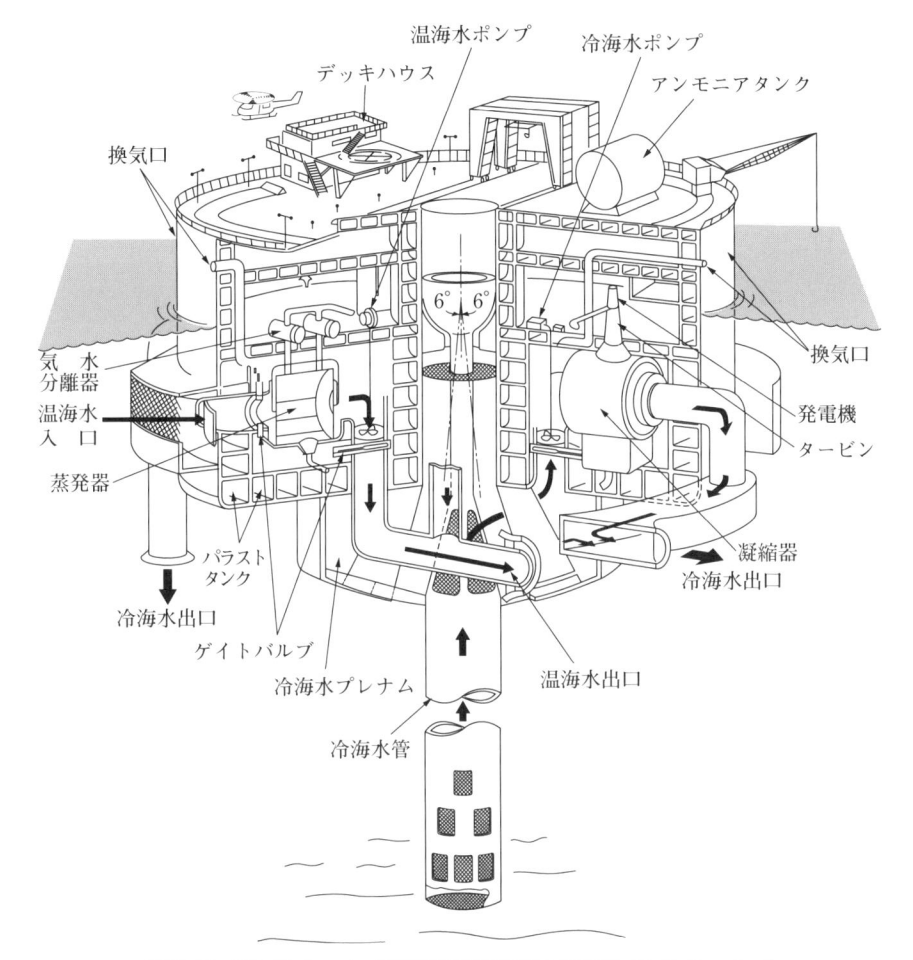

図 7.12 浮上形スーパー海洋温度差発電所の概念図 [R. H. Douglass]

り蒸発器内で加熱されて 22.6℃ の蒸気となり，タービンへ送られる。タービンから出たアンモニアは深層の冷海水により凝縮器で冷却され，12.1℃ の液体となって再度蒸発器へ戻される。

　浮上形のスーパー海洋温度差発電所の概念図を図 7.12 に示す。海洋構造物の中には，タービン・発電装置，蒸発器，凝縮器，温海水・冷海水取入口，温海

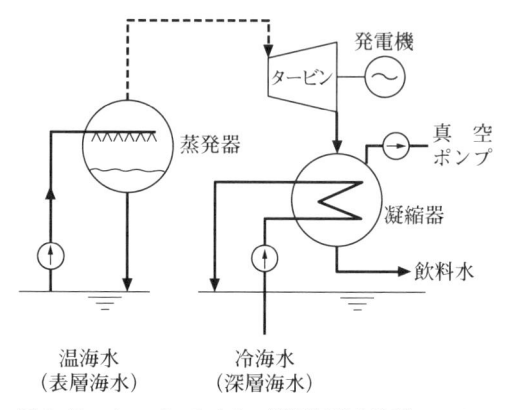

図7.13 オープンサイクル海洋温度差発電システム

水・冷海水ポンプ等が設置されている。

このような海洋構造物は，陸地に隣接して設置する場合と船舶上に設置する場合がある。発生した電力は陸上へ送電されるが，送電できない場合は構造物上で発電した電力で例えば電気分解により水素を製造し，液体水素または水素からメタノールを製造し，液体燃料として海上輸送し使用される。

海洋温度差発電システムの別の方法が**オープンサイクル式**（open cycle）である。これは図7.13に示すように，低沸点媒体を使用しない方法である。まず蒸発器，タービン，凝縮器の系内を真空ポンプで低圧にし，約28°Cの表層の温海水を蒸発器の中に入れる（25°Cの水蒸気圧は約3000 pa）。すると温海水の一部

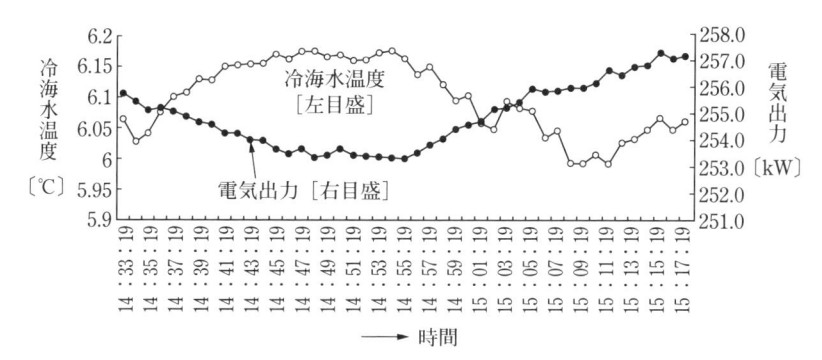

図7.14 オープンサイクル方式の出力特性

は蒸発し水蒸気となり，大部分は海水に戻される。水蒸気はタービンへ送られ，タービンを回転させ，出てきた水蒸気は凝縮器に戻され，深層の冷海水により冷却される。冷却された水の温度を13℃とすると，蒸気圧は約1500 paとなり，タービンは差圧1500 paで回転することになる。オープンサイクル海洋温度差発電システムで発電した電気出力の一例を図7.14に示す。冷海水温度に大きく影響され，温度が高くなると出力は低下している。このように作動流体である水が蒸発器に戻されずに系外に取り出されるのでオープンサイクルとよばれる。

　この方式は空気の混入により発電機の出力が変動すること，および小さな蒸気圧差で運転せざるを得ないという課題がある。

　例題として，オープンサイクル方式で温海水で得られる水蒸気の飽和温度が27℃で，冷海水により冷却され，15℃の凝縮水が得られる時，タービンを回転させるための水蒸気の差圧はいくらかについて検討する。

　〈解答〉　27℃および15℃の飽和水蒸気圧は，それぞれ3569 paおよび1707 paであるから，差圧ΔPは$\Delta P = 3569 - 1707 = 1862$ paとなる。

7.3　潮汐発電

　海水の干満時の海水位の差を利用して発電する方式である。設置場所はなるべく潮の干満差の大きいところが望ましい。日本の潮位差の大きい地域は有明海の4.9 mが最大で，潮汐発電に適したところはほとんどない。世界的には表7.1に示すように最大16 mにも達するところがあり，世界全体の**潮汐エネルギー**（tidal power）の大きさは約3×10^9 kW，利用可能量はその1から2％と言われている。潮汐発電に適する地域の特徴は図7.15に示すイギリス西岸セバーン河口のように，湾の入口が100 km以上と広く，湾の奥に行くほど狭められた地形の場合で，湾の入口の潮位が4-5 mでも奥では10-16 mにまで増幅される。

　潮汐発電は潮の満ちてきた時に海水を海岸近くに建設された貯水池に導き，潮が引いた時に貯水池から海水を海へ導き発電する方式で，その概念図を図7.16

表7.1 世界各地の最大潮位差

地　名	国　名	最大潮位差 [m]
モンクトン（Moncton）	カナダ	16.0
セバーン河口（Severn）	イギリス	15.5
ジョーダン（Jordan）	カナダ	15.4
フィツロイ（Fizroy）	オーストラリア	14.7
グランビル（Granvill）	フランス	14.5
ランス（Rance）	フランス	13.5
リオ・ガエゴス（Rio Gagllegos）	アルゼンチン	13.3
インチョン（仁川）	韓国	13.2
バウナガル（Bhaunagar）	インド	12.0
アンカレッジ（Anchorage）	アメリカ	12.0
アナドリィ（Anadory）	ロシア	11.0
住の江（有明海）	日本	4.9

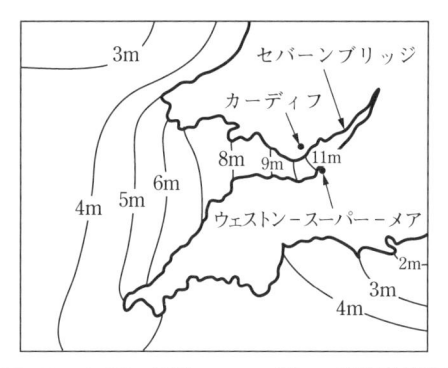

図7.15 イギリス西岸セバーン河口の潮位増幅現象

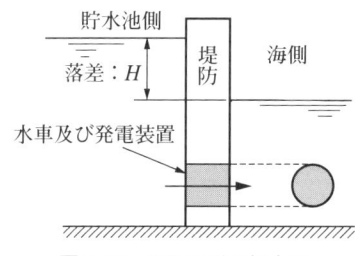

図7.16 潮汐発電の概念図

に示す.満潮(high tide)時に貯えられた海水の位置エネルギーによって発電するもので低落差,大流量の水車発電機を必要とする.

潮汐発電の発電方式は下記のように分類される.

(1) 片方向発電方式　満潮時に水門を開いて貯水し,水位の最大になる時間で水門を閉じて,干潮(low tide)が始まったあと発電可能な**潮位差**(tidal range)になった時から発電を開始する.その様子を図7.17に示す.水車は一方向の回転でよく,貯水池の構造も簡単であるが発電時間が短いという欠点がある.

(2) 両方向発電方式　満潮時と干潮時の両方で発電する発電方式である.満潮時に,貯水池の干潮時の水位と上昇する海面水位との落差で発電する.干潮時にはその逆で発電する.このため両方向の水の流れに対し,回転できる水車の設置が必要であるが,長時間運転できるという利点がある.

(3) 二貯水池形発電方式　図7.18のように二つの貯水池を設け,満潮時に高水位貯水池を海水で満たし,干潮時に低水位貯水池の海水を放出し,両貯水池の落差を利用して発電する方式である.水車は二つの貯水池間に設置し,その

F:満ち潮(水門を開いて貯水)
W:待　機
G:発　電

(a) 水位の変化

(b) 発電電力

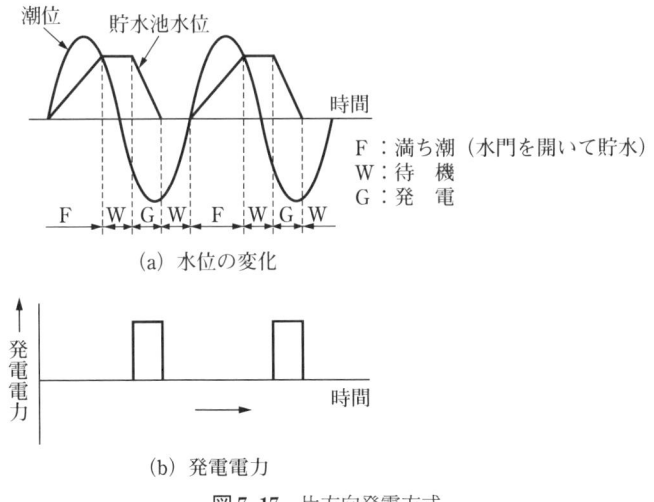

図7.17　片方向発電方式

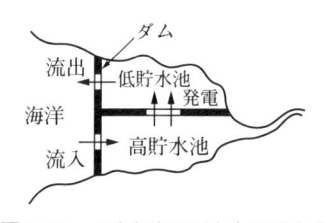

図7.18 二貯水池形両方向発電方式

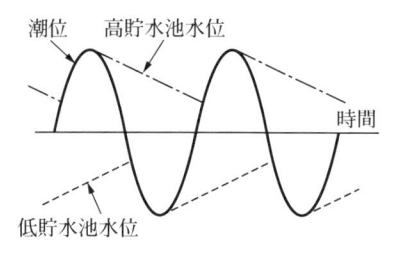

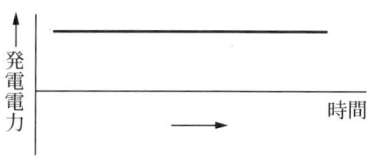

図7.19 二貯水池形両方向発電方式の水位と発電状況
(a) 水位の変化
(b) 発電電力

間の落差で常時発電する。その様子を図7.19に示す。連続運転することができる反面，貯水池を二つ必要とし建設コストも高くなる。

潮汐発電所の代表例がフランスのランス潮汐発電所である。英仏海峡へ注ぐランス河の河口に位置し，潮位差が最大13.5 m，平均8.5 mであり，1966年に運転開始した。海岸近くに貯水池を作り，一日に2回ある満ち潮と引き潮を利用して，この貯水池と海水との間に落差を生じさせ，この落差を利用して一日4回発電する。貯水池から海に流れる時の年間の発電量は5.4×10^5 MWh，海から貯水池に流れる時に0.7×10^5 MWh，したがって年間6.1×10^5 MWhの電力を発電している。ただし貯水池の充水時にポンプ揚水を行っているので，その分を差し引くと年間の発電電力量は5.4×10^5 MWhとなる。発電機の出力は10 MWで24台設置されている。

> **問題**
> （1）波力発電について記述せよ。
> （2）海洋温度差発電について記述せよ。
> （3）潮汐発電について記述せよ。
>
> （解答は巻末）

付録 (7.1)式の導出について

波長の半分の領域の零ラインより上の単位長さ当りの水の質量 M は，

$$M = \rho h \lambda / \pi \quad \text{(注1)} \tag{1}$$

であり，その重心の高さは $\left(\dfrac{\pi}{8}\right)h$ (注2) である。一周期 T の間に重心が $\left(\dfrac{\pi}{8}\right)h - \left(-\dfrac{\pi}{8}\right)h = \dfrac{\pi}{4}h$ だけ上下に変化するので，波のポテンシャルエネルギーの時間的変化は，

$$P = Mg\left(\frac{\pi}{4}h\right) \Big/ T \tag{2}$$

重力波の周期 T と波長 λ の関係は，

$$T = \lambda\left(\frac{2\pi}{g\lambda}\right)^{1/2} \quad \text{(注3)} \tag{3}$$

また h と H の関係は，

$$h = \frac{H}{2} \tag{4}$$

であるから，

$$P = \frac{\rho g^2 H^2 T}{32\pi} \tag{5}$$

となる。ここで，ρ：海水の密度 [kg/m³]，g：重力加速度 [m/s²]，H：波の山から谷までの振幅 [m]，T：周期 [s]，H および T として有義波高値 $H_{1/3}$，有義波周期 $T_{1/3}$ を採用すると，

$$P = \frac{0.5 \cdot \rho \cdot g^2 \cdot H_{1/3}^2 \cdot T_{1/3}}{32\pi} \quad \text{(注 4)} \tag{6}$$

となる。

注1) 波長の半分の領域の面積を S とすると，図 7.A1 より，

$$\frac{\lambda}{2} \cdot h : S = \pi : 2$$

$$\therefore S = \frac{\lambda h}{\pi}, \text{単位長さ当りの水の質量は,}$$

$$M = \rho \cdot S = \frac{\rho h \lambda}{\pi}$$

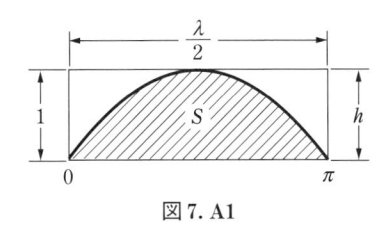

図 7.A1

注2) y の方向の重心の高さは次式で定義される。

$$y_0 = \frac{\iint y\, dxdy}{\iint 1 \cdot dxdy} = \frac{\int_0^\pi dx \int_0^{\sin x} y\, dy}{\int_0^\pi \sin x\, dx} = \frac{1}{2}\left(\int_0^\pi \frac{1}{2}\sin^2 x\, dx\right)$$

$$= \frac{1}{2}\left(\int_0^\pi \frac{1-\cos 2x}{4} dx\right) = \frac{\pi}{8}$$

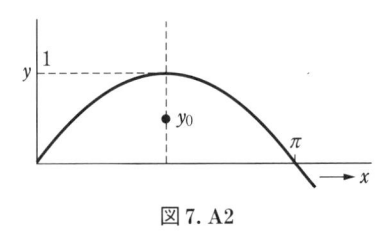

図 7.A2

注3) 微小振幅波 (small amplitude waves) の理論によれば，水深 d と周期 T が与えられると，波長 λ は(7)式で表示される。

付録 (7.1)式の導出について

$$\lambda = \frac{gT^2}{2\pi} \tan h \frac{2\pi d}{\lambda} \tag{7}$$

いま，$d/\lambda \geq 1/2$ とすると，すなわち水深が波長の1/2より深い場合を考えると，この波を深海波（deep-water waves）あるいは沖波といい，$\tan h(2\pi d/\lambda) \approx 1$ となり，(7)式は(8)式で示される。

$$\lambda = \frac{gT^2}{2\pi} \tag{8}$$

注4) 波のエネルギーは個々の波の時間的平均値であるから，(5)式は(9)式となる。

$$\bar{P} = \sum_{i=0}^{N_0} \frac{\rho g^2}{32\pi} Hi^2 Ti^2 \Big/ \sum_{i=0}^{N_0} Ti \tag{9}$$

ここで N_0 は総波数である。

エネルギーレベルの高い大波高の範囲では，波高と周期の間の相関はほとんどないので，周期はすべて $T_{1/3}$ に等しいとする。その結果有義波高値の定義から波高値の2乗の平均は(10)式となる。

$$\frac{\sum_{i=0}^{N_0} Hi^2}{N_0} = 0.5 \times \frac{\sum_{i=0}^{1/3 N_0} H_{1/3}^2}{1/3 \cdot N_0} \tag{10}$$

故に $H^2 = 0.5 \, H_{1/3}^2$ となる。

第8章

核融合，MHD発電

核融合，MHD発電の概要　新エネルギー発電分野では風力発電，太陽光発電，バイオマス発電等が着実に伸びており，特に風力発電の伸びが著しい。一方，核融合発電は1950年代から研究が本格化しているが，まだ発電できるレベルには至っていない。しかし核融合反応の燃料は無尽蔵であることから，将来の基幹エネルギー源の一つとして多くの期待を担っている。以下では高温プラズマを利用した**核融合発電**（nuclear fusion generation），および**MHD発電**（magnetohydrodynamic power generation）について概要を記述する。

8.1　核融合発電

8.1.1　核融合反応

　原子核は正の電荷を持っており，原子核が近づくと反発する。この反発力に打ち勝つだけの運動エネルギーを外部から与えると二つの原子が衝突して一つの原子核になる。この反応を**核融合反応**（nuclear fusion reaction）という。核融合反応によって反応前後の結合エネルギーの差に相当するエネルギーが放出される。このエネルギーを**核融合エネルギー**（nuclear fusion energy）といい，下記に示すように極めて大きい。この核融合反応時に発生するエネルギーを利用して発電する方法を核融合発電という。

　核融合反応で実現の可能性のあるのが重水素と三重水素（トリチウム）のD–T反応と，重水素同士のD–D反応である。

　それぞれの反応は下記のようになる。

$$\text{D–T 反応}\quad {}^2\text{D} + {}^3\text{T} \rightarrow {}^4\text{He} + {}^1n + 17.6\,[\text{MeV}] \tag{8.1}$$

D-D 反応　　$^2D+^2D \rightarrow {}^3T+{}^1p+4.0\,[\text{MeV}]$ 　　　　　　　　(8.2)

　　　　　　$^2D+^2D \rightarrow {}^3He+{}^1n+3.3\,[\text{MeV}]$ 　　　　　　　(8.3)

ここで ^2D：重水素，^3T：三重水素（トリチウム），^1p：プロトン，^1n：中性子
D-D 反応は二つの反応がほぼ同じ確率で起こるので，核融合エネルギーの平均は 3.65 [MeV] となる。

8.1.2　核融合炉の実現条件

　核融合反応を実現させるためには外部からエネルギーを与える必要がある。その一つが熱運動により原子核と原子核を衝突させる方法で，**熱核融合反応**（thermonuclear fusion reaction）という。

　重水素と三重水素の気体を 10^5 K 以上の高温にすると，その原子はイオンと電子に完全に分離する。この状態を**プラズマ**（plasma）という。プラズマ温度を $1 \sim 2 \times 10^8$ K にまで高めるとプラズマ中のイオンや電子が激しく運動し，イオンとイオンが衝突し核融合を起こす可能性が高くなる。一方，温度を高めるとプラズマは膨張し飛散するので，核融合反応に必要なプラズマを閉じ込めておく時間が必要である。このように核融合反応が生じるためにはプラズマ温度，密度そして閉じ込め時間がある値以上であることを必要とする。

　いま，プラズマの温度を T，イオンの粒子密度を n，閉じ込め時間を τ とすると，核融合炉の成立する条件は下記のようになる。

　　D-T 反応では　　$T > 3 \times 10^7$ K

　　　　　　　　　　$n\tau > 10^{20}$ s・個/m³ (10^{14} s・個/cm³)

　　D-D 反応では　　$T > 2 \times 10^8$ K

　　　　　　　　　　$n\tau > 10^{22}$ s・個/m³ (10^{16} s・個/cm³)

核融合発電に必要なプラズマの特性を図 8.1 に示す。

　①の U 字形カーブの上が核融合発電炉に必要な領域で**ローソン**（Lawson）**の条件**（核融合発電が継続して行われる条件）とよぶ。②の U 字形カーブはプラズマを加熱するパワーと D-T 核融合反応で出てくる出力が等しくなる条件，すなわち**臨界プラズマ**（critical plasma）条件である。世界の核融合実験炉では着

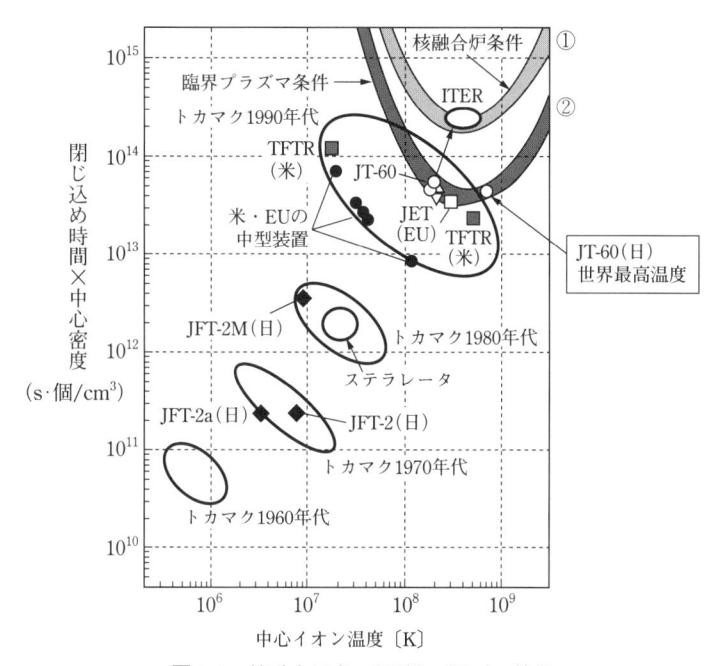

図 8.1 核融合反応に必要なプラズマ特性

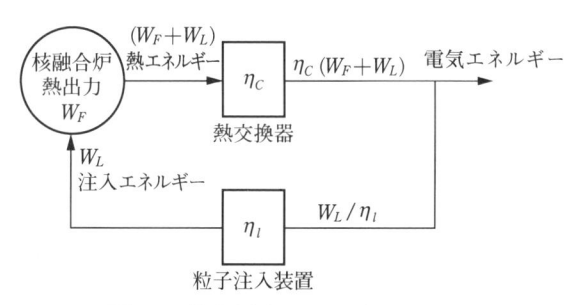

図 8.2 核融合炉のエネルギーバランス

実にイオン温度および（閉じ込め時間×中心密度）が上昇し，核融合炉条件に近づいている．

なお，上記のローソン条件とは図8.2のように，核融合炉から取り出せる電気エネルギーがプラズマの生成加熱に必要な電気エネルギーより大きくなければな

らないことを意味する。すなわち W_L は単位体積あたりのプラズマの生成加熱と高温維持のための炉へ注入されるエネルギーの合計，W_F は単位体積あたりの核融合炉の熱出力，η_C は熱エネルギーから電気エネルギーへの変換効率，η_I は炉内へエネルギーを注入する時の効率とすると，核融合炉の運転が成立するためには(8.4)式であることを必要とする．

$$\eta_C(W_L+W_F) > \frac{W_L}{\eta_I} \tag{8.4}$$

(8.4)式の両辺が等しくなる条件を 0 出力条件という．

8.1.3 プラズマ閉じ込め方法

核融合反応を実現させるためには高温プラズマを作り，高温プラズマを閉じ込めローソンの条件を満たす必要がある．この高温プラズマを閉じ込める方法に**磁場閉じ込め方法**（magnetic confinement method）と**慣性閉じ込め方法**（inertial confinement method）がある．

磁場閉じ込め方法は強磁界発生装置の磁気圧によって，加熱プラズマを閉じ込める方法である．磁場閉じ込め装置として**トカマク**（tokamak），**ステラレータ**（steraleter），**ミラー**（mirror）があり，トカマク装置の代表例を図 8.3 に示す．装置の中央に**ソレノイドコイル**（solenoid coil）が配置され，このコイルは

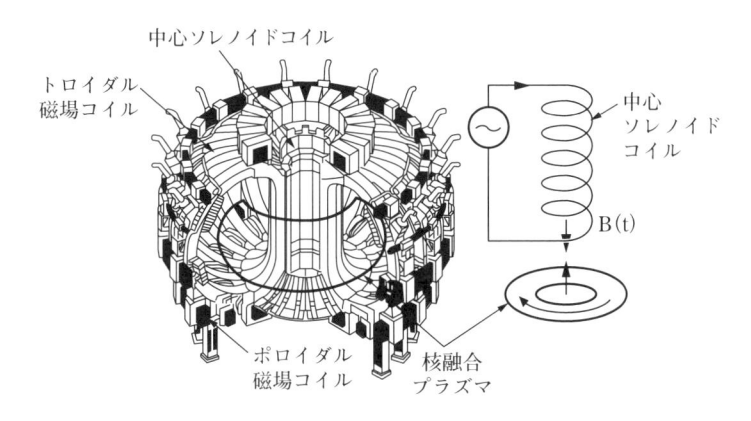

図 8.3 トカマク装置

トランスの一次側に相当し，一次側に電流を流すと二次側に電流が流れる．その様子を図 8.3 右の概略図に示す．この円周方向に流れる電流によってプラズマのオーム加熱が行われる．一方，**トロイダルコイル**（toroidal coil）はプラズマを取り囲むように多数配置されており，ソレノイドコイルにより作られるプラズマ電流と，トロイダルコイルで作られる磁場の合成でプラズマが閉じ込められる．なお，トロイダルコイルの外周を環状に取り囲むようにポロイダルコイルが設置されているが，これはプラズマの位置を制御するとともに，プラズマ断面形状が効率よく閉じ込められるように制御するために用いられる．

トカマク装置の真空容器内ではプラズマ電流のオーム加熱によって，プラズマは 2×10^7 K 程度まで加熱される．しかし核融合を実現させるためには，さらに高温が必要であり，このため高速の原子（中性粒子）ビームをプラズマ内に入射させる．その様子を図 8.4 に示す．イオンを電極によって加速させ，薄いガス中を通して中性粒子のビームに変換してプラズマ内へ入射する．プラズマ温度が 1×10^8 K では重水素のイオン速度が 1000 km/s，三重水素が 800 km/s，電子速度は 60000 km/s となる．現在開発されているイオンビームの出力は 4000-7000 km/s であり，このビームをプラズマ内に注入することにより高温プラズマが得られる．国内で開発された核融合実験炉の JT-60 では，ビーム出力 7000 km/s のものを用いてイオン温度 5×10^8 K を達成している．

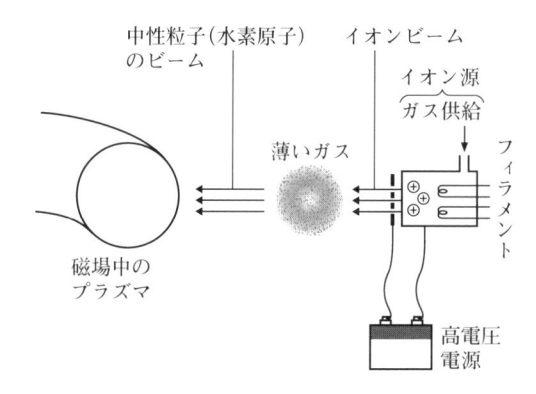

図 8.4　プラズマ加熱用中性子入射

238 第8章 核融合，MHD発電

　磁場閉じ込めの別な方法としてステラレーター型がある。日本では**ヘリカル型**（helical type）とよばれることが多い。トカマク型の場合には真空容器の中心に電流を流すことにより，円周方向に磁場を発生させる。この磁場は内側が強く外側は弱い。このため容器内に発生したプラズマは外側に広がろうとする。これを抑制するためには磁場にひねりをつけることで解決できる。ひねりをつけることによりイオンや電子は閉じた磁力線にそって一周するうちにもとに戻りプラズマの広がりが抑制される。ひねりをつける方法の一つがトカマク型ではプラズマ中に電流を流し，図8.5のように電流の流れによって副磁場を作りこれと主磁場の合成で磁力線をひねるものである。その様子を図8.6に示す。ひねりの加わった磁力線でできた磁気面が何層にも重なってプラズマ粒子を閉じ込める。

　もう一つがヘリカル型で真空容器の外部に螺旋状のコイルを巻き，コイルに交互に電流を流し磁力線をひねる方法である。ヘリカル型コイルの様子を図8.7に

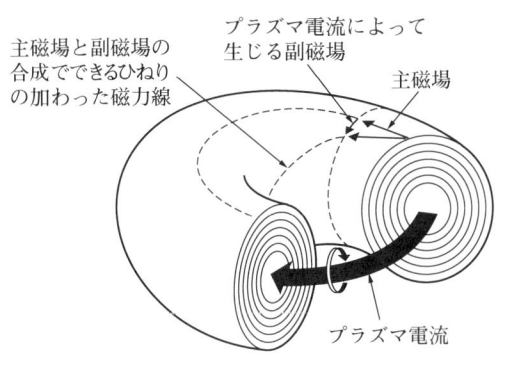

図8.5　トカマク型磁場

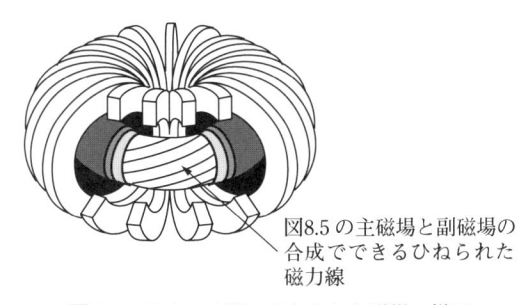

図8.6　トカマク型のひねられた磁場の様子

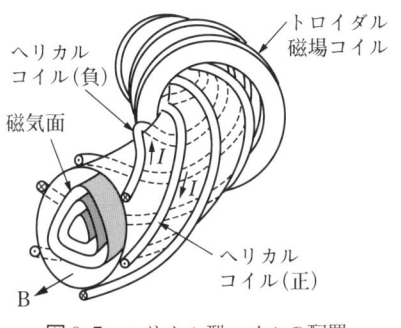

図8.7 ヘリカル型コイルの配置

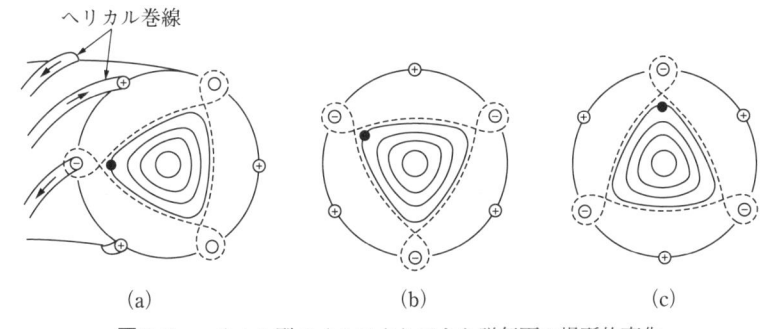

図8.8 ヘリカル型コイルによりできた磁気面の場所的変化

示す。このヘリカル型コイルとトロイダルコイルで作られた磁気面の一例を図8.8に示す。ヘリカル型コイルは真空容器の外部に螺旋状に巻かれているため，真空容器の円周方向に対し，磁気面の型が(a)〜(c)のように変化し，磁場にひねりが加えられている。

　ステラレーター型（ヘリカル型）はトカマク型のようなプラズマ電流を流してひねりを作る必要がないので，定常状態で運転することができる。ステラレーター型の現状はイオン温度が$2 \sim 3 \times 10^7$ K，電子温度が1×10^8 K，密度1 cm³当たり3×10^{13}個，閉じ込め時間は0.1 s（$n\tau = 3 \times 10^{12}$ s・個/cm³）であり，ローソンの条件を満たすにはまだ研究課題が多い。しかしトカマク型はプラズマ電流を間歇的に流しながら運転せざるを得ない（非定常運転）のに対し，ステラレータ型は定常運転ができるため，定常核融合炉への発展性が秘められている。

別の閉じ込め方法としてミラー型がある。これは直円筒の周りに両端が密になるようにコイルを巻き，電流を流すことにより図8.9のような磁場が得られる。中央部が弱く，両端部で強い磁場が形成され，このような磁場をミラー磁場という。磁力線に絡みついて運動するイオンや電子は磁力の強い部分で反射されて磁場の弱いところへ戻され，プラズマの閉じ込めが行われる。

ミラー型は構造的に両端からの粒子の漏れが多いため，定常的に熱いプラズマ粒子を供給し補う必要がある。

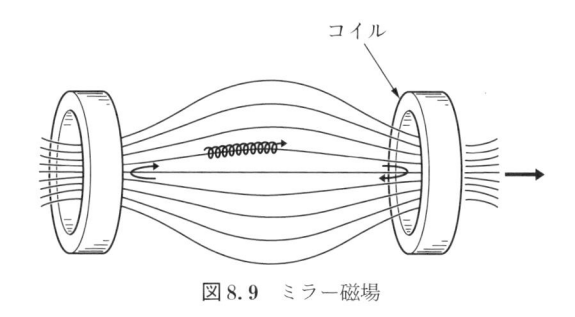

図8.9　ミラー磁場

次に慣性閉じ込め方法を述べる。これは真空容器の中で重水素-三重水素の小さい固体ペレット（pellet）（例えば極低温で固体にしたもの）を落下させ，周囲からレーザー光線を短時間照射させペレット表面を加熱させる。加熱されると超高温プラズマが発生し，外部へ蒸発する。この反作用で内側へ同時に広がり，中に向いた熱いガスは内部の水素を圧縮する。この現象を**爆縮**（implosion）と

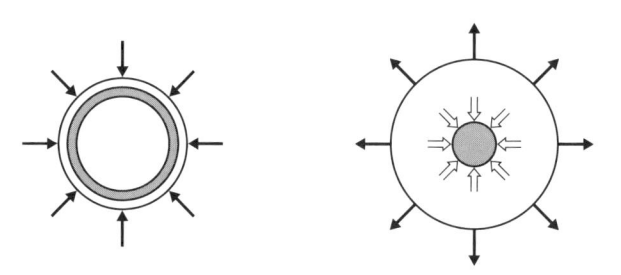

（a）レーザーによる照射　　（b）外側への噴出と反作用による爆縮

図8.10　爆縮の様子

いい，その様子を図 8.10 に示す．中心の粒子密度は圧縮され，超高温プラズマが発生する．このプラズマは急速に拡大するが，拡大する前にローソンの条件を満足させて核融合反応を起こさせる方式である．

いま，ペレットの半径を 2 mm（水素原子の 1 cm^3 当たりの密度は 4×10^{22} であり，半径 2 mm の体積は 33.5 mm^3 で水素原子の数は 1.34×10^{21}）とし，これを 1×10^8 K まで加熱するためのレーザー光出力は 6.4 MJ となり，核融合炉として成立するためには爆縮を 1 秒間に数回から 10 回程度繰り返す必要がある．今後の課題は高出力レーザーの開発，多数回短時間に高出力を発生するレーザー装置の開発，繰り返し入射される小さな標的球に多数のレーザー光を精度よく照射する技術確立等解決すべき課題も多い．

8.1.4 核融合発電

磁場閉じ込め型の発電方法の原理を図 8.11 に示す．炉心で発生したエネルギーのほとんどは中性子に与えられる．したがって実用化に当たってはこの中性子のエネルギーをどう取り出すかが重要である．炉心プラズマを取り囲むように**ブランケット**（blanket）が配置されている．核融合反応時に発生した中性子はブランケット内の液体リチウムに吸収され，熱エネルギーを生じる．この熱を熱交

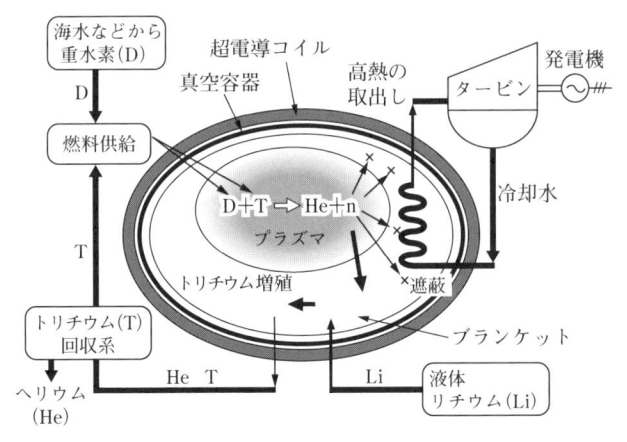

図 8.11 核融合発電プラント

換器によって水蒸気を発生させ，蒸気タービンを回転させ，発電する．この電気エネルギーの一部を使って加熱装置を働かせ，炉心プラズマのエネルギー損失を補って高温に保持する．一方，慣性閉じ込め方式の発電炉の概念図を図8.12に示す．ペレットを上部から落下させ，容器の周りに多数設置されたレーザー装置からレーザー光をペレットに向けて照射し，核融合反応を起こさせ，炉内で発生した中性子によりブランケット内のリチウムを加熱し，蒸気を発生させる．その他の発電プロセスは磁場閉じ込め方法と同じである．

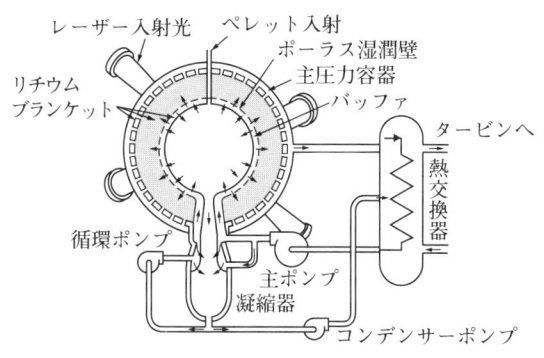

図8.12 慣性閉じ込め型の発電プラント

8.1.5 将来の展望

現在，図8.1に示したようにトカマク型が核融合炉成立条件に着実に近づいている．核融合炉の建設は膨大な資金を必要とするため，各国が協力して研究開発を推進する必要がある．その一つが**国際熱核融合実験炉**（ITER : International Thermonuclear Experimental Reactor）の計画である．この実験が実現すれば核融合炉の条件（ここではプラズマの加熱に必要なパワーの10倍の核融合出力を得る）が実験的に確認できる．

8.2 MHD発電

MHD（Magneto Hydro Dynamics）発電は，電磁流体力学発電の略で，高温

流体の熱エネルギーから直接電気を取り出す発電システムである。

8.2.1 発電の原理

図 8.13 のように導電性の高いガスを磁界に垂直方向に流すと，磁界とガス流の両方向に対し，垂直方向に起電力が発生する。発電機のような回転部分がなく，直接ガスから電気を取り出すことができる。

ガス流体には**高温ガス** (high temperature gas) を使用する。ガスの電導性を高めるため 10,000 K 以上の高温度により十分熱電離することが望まれるが，ガス流体の通路の材料等の制約を受け，3000 K 以上は困難である。このため電離しやすいカリウム，セシウム等の**アルカリ金属** (alkaline metal) を燃焼ガス中に添加し導電性を高めたり，ヘリウム，アルゴン等の希ガスが使用される。

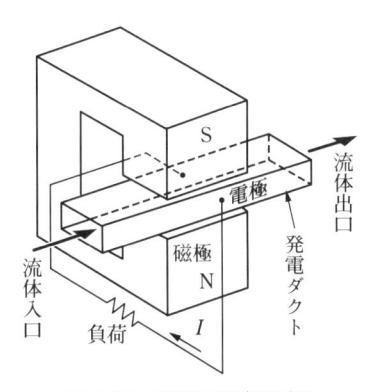

図 8.13　MHD 発電の原理

8.2.2　MHD 発電の出力

発電部のモデルと等価回路を図 8.14 に示す。磁束密度 B の一様な磁界中を導電性の流体が速度 u で流れている時，起電力 V_0 が発生し，外部回路に電流 I が流れる場合を想定する。ここで起電力は電極間距離を d とすると（以下ファラデー形を想定する），

$$V_0 = uBd \tag{8.4}$$

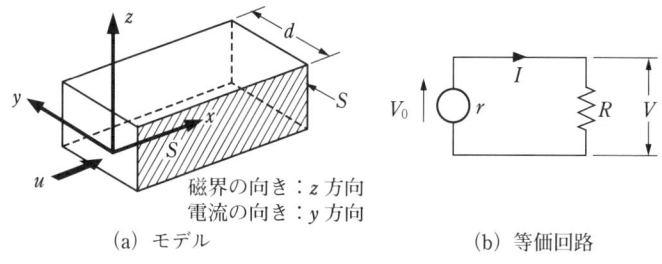

磁界の向き：z 方向
電流の向き：y 方向

(a) モデル　　　　　　　　(b) 等価回路

図 8.14　MHD 発電のモデルと等価回路

ここで u：流体の速度[m/s]，B：磁界の強さ[Wb/m^2]，d：電極間距離[m]，V_0：起電力[V]，電気的出力 P[W] は電流を I[A]，外部の負荷抵抗を R[Ω]，内部抵抗を r[Ω]，負荷抵抗の両端の電圧を V[V] とすると，

$$P = VI \tag{8.5}$$

負荷率 $\eta = R/(r+R)$ とすると電圧 V は，

$$V = \eta V_0 \tag{8.6}$$

また電流密度 j[A/m^2] は電極面積を S[m^2] とすると，

$$j = \frac{I}{S} \tag{8.7}$$

以上から電流密度 j は次式で表示される。ここで流体の導電率を σ_0[s/m] とする。

$$j = \frac{\sigma_0(V_0 - V)}{d} = \frac{\sigma_0 V_0(1-\eta)}{d} = \sigma_0 uB(1-\eta) \tag{8.8}$$

したがって出力 P は，

$$\begin{aligned}P &= VI = uBd\eta \times \sigma_0 uB(1-\eta)S \\ &= \sigma_0(uB)^2(1-\eta)\eta Sd\end{aligned} \tag{8.9}$$

単位体積あたりの出力すなわち出力密度 P_d は次式で表示される。

$$P_d = \frac{P}{Sd} = \sigma_0(uB)^2(1-\eta)\eta \tag{8.10}$$

これから出力密度は流体の導電率 σ_0 に比例し，流体速度 u と磁界の強さ B の 2 乗に比例することがわかる。

8.2.3 発電方式

ガス流体が流れる通路を発電通路とよび，電極はこの通路に設けられ，電極の構成によって発電方式が異なる。発電方式を図 8.15 に示す。(a) は一般的な電極構成で**ファラデー形**（Faraday type）とよばれる。発電ダクトの電極対間に発生するファラデー電圧を利用する方式である。分割電極ごとに異なる直流電圧が発生するので，出力を外部へ取り出すために，個々にインバータを接続する必要がある。一方 (b) は**ホール形**（hall type）とよばれるもので，「ロ」状の電極を流入端と流出端まで絶縁物を挟みながら設置し，両端から出力を取り出すものである。ファラデー電圧によって電流が流れると，この電流と磁界に直角な方向に電界が生じ，起電力が発生する。この起電力をホール電圧といい，この電圧を外部へ取り出す。ホール形はファラデー形と比べて出力電圧が高く，一組のインバータでよいが発電効率は低いため，ファラデー形の方が多く研究されている。

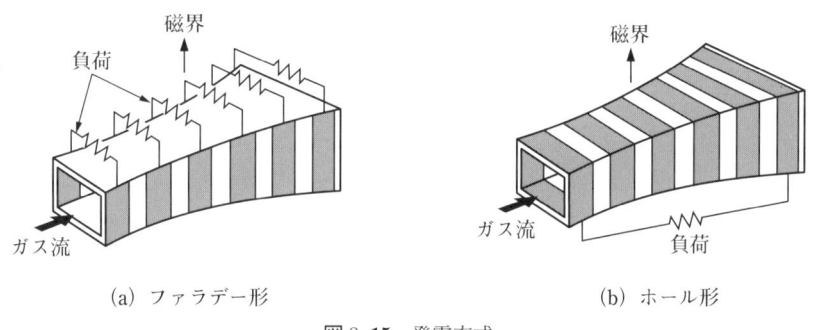

(a) ファラデー形　　　　　　(b) ホール形

図 8.15 発電方式

8.2.4 MHD 発電システムと課題

MHD 発電には二つのタイプがある。発電システム例を図 8.16 に示す。一つは発電通路に流した燃焼物質を回収しない方法である。**オープンサイクル**（open cycle）とよぶ。燃焼器では石炭や石油を燃焼し，約 2700 K の高温ガス流体を発生させ，導電率 $10\,\mathrm{Sm^{-1}}$ 以上を得るために，燃焼ガス中にカリウムあるいはセシウム等のシード物質を入れる。MHD 発電機から出てきた排ガスは高温のため，熱交換器で蒸気を作り，その蒸気で蒸気タービンを駆動する。また燃焼

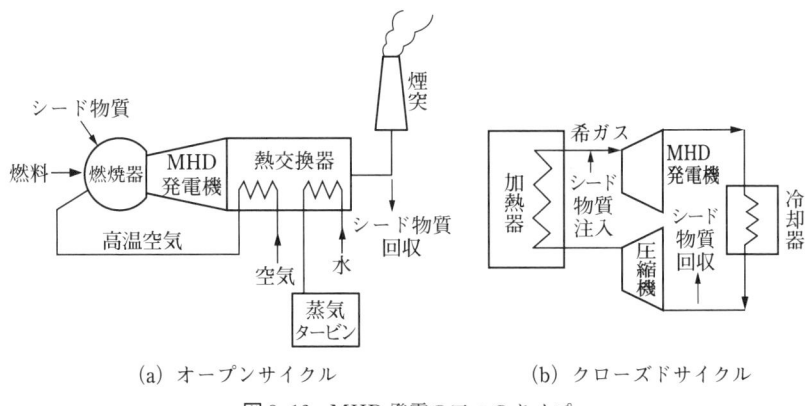

図 8.16　MHD 発電の二つのタイプ

(a) オープンサイクル　　(b) クローズドサイクル

用に用いる空気もこの熱交換器で加熱され，燃焼室へ供給される。もう一つは**クローズドサイクル**（closed cycle）という。ガス流体として微量のシード物質を混入したヘリウムやアルゴン等の希ガスが用いられるタイプで，燃焼ガスによって約 2000 K 以上に加熱され使用される。このガスは回収されて繰り返し使用される。オープンサイクルで使用される燃焼ガスにシード物質を入れた高温流体と，クローズドサイクルに使用される微量のシード物質を混入した希ガスの導電率と温度の関係を図 8.17 に示す。同一の導電率を得るためには，希ガスを高温流体に用いる方式の方が，燃焼ガスにシード物質を入れる方式よりガス流体温度を約 500 K ほど低減することができる。

　上記のように発電チャンネルは 3000 K 近くの高温度にさらされる。このような高温下で電流を取り出す時，電極は腐食する。高温で耐食性の優れた電極材料開発が要求される。

　また MHD 発電機の効率は十数％程度であり，発電所のトッパーに MHD 発電機を設置し，高温ガスタービン，蒸気タービンと組み合わせると全体の発電効率は 50-60％と高められる。一方，高温型燃料電池の開発も別途進められており，この燃料電池と高温ガスタービン及び蒸気タービンとを組み合わせることにより発電効率 60-65％が期待できると言われている。このため MHD 発電の実用

8.2 MHD 発電

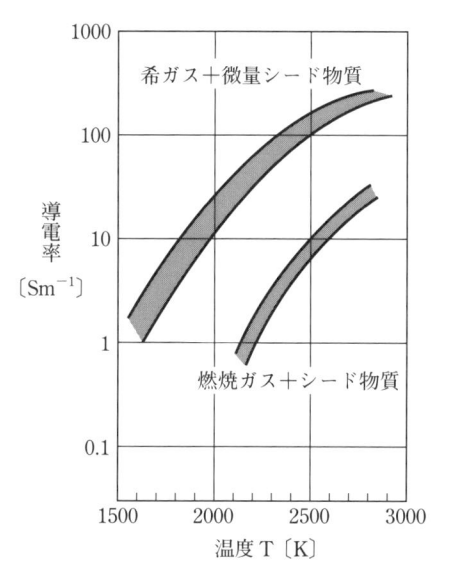

図 8.17 ガス流体温度と導電率の関係

化にあたっては，これらの高効率発電システムと競合するため，一層の高効率化，信頼性，経済性の向上に向けた研究開発を進める必要がある。

問題

（1）核融合炉の原理を記述せよ。
（2）ローソン条件について記述せよ。
（3）プラズマの閉じ込め方法と加熱方法について記述せよ。
（4）慣性閉じ込め方法について記述せよ。
（5）核融合炉から電力を取り出す方法を述べよ。
（6）MHD 発電の原理を記述せよ。
（7）MHD 発電の出力増大を図る方法を記述せよ。
（8）MHD 発電にファラディ発電とホール発電方法がある。それらを説明せよ。

（解答は巻末）

第9章

バイオマス発電

バイオマス発電の概要　バイオマスは大昔から人類が燃料として使用してきた。このバイオマスは再生可能なエネルギーであり，地球温暖化の抑制になくてはならない優れたエネルギー源の一つである。現在，直接燃料として使用するのみならず，メタン発酵によりメタンを多く含んだバイオガスを発生させ発電等に利用している。このような**バイオマス発電**（biomass power generation）について述べる。

9.1　バイオマスの分類

　バイオマスはエネルギー資源として利用される生物有機体を意味し，資源としては表 9.1 に示すように大きく廃棄物系と栽培作物系の二つに分けられる。
　バイオマスは，植林すれば化石燃料のように枯渇することはないので再生可能エネルギーと定義される。またエネルギーとして利用する時燃焼時に炭酸ガスを

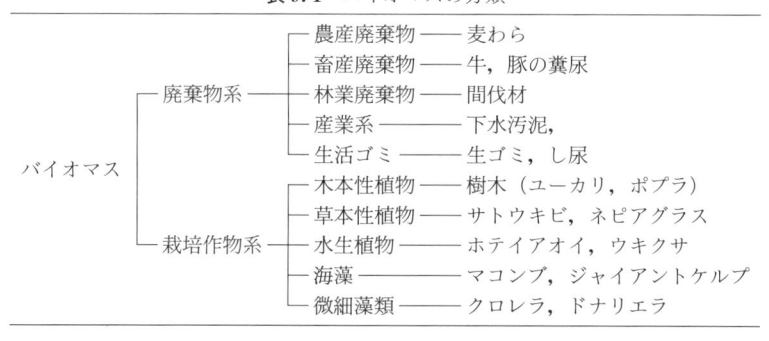

表 9.1　バイオマスの分類

バイオマス			
	廃棄物系	農産廃棄物	麦わら
		畜産廃棄物	牛，豚の糞尿
		林業廃棄物	間伐材
		産業系	下水汚泥，
		生活ゴミ	生ゴミ，し尿
	栽培作物系	木本性植物	樹木（ユーカリ，ポプラ）
		草本性植物	サトウキビ，ネピアグラス
		水生植物	ホテイアオイ，ウキクサ
		海藻	マコンブ，ジャイアントケルプ
		微細藻類	クロレラ，ドナリエラ

放出するが，森林が持続的に成長する限り大気中の炭酸ガスを光合成により固定化するので，大気中の炭酸ガスの正味の濃度変化はないとみなし，カーボンニュートラルといわれる。

世界の年間に生成されるバイオマス量はエネルギーに換算すると約 3×10^{15} MJ といわれる。これは地球に降り注ぐ太陽エネルギーの約 0.1% に相当し，世界で消費される全エネルギー（3.8×10^{14} MJ/年）の約 10 倍になる。バイオマス量の中には海洋等のプランクトンや藻類等を含むため分布が希薄であり，量は膨大であるが利用する面で難点がある。ただ太陽，風力，波力等の再生可能エネルギーと異なり，有機炭素資源として貯蔵でき，液体燃料や気体燃料として利用することも可能である。

9.2 バイオマスの利用方法

これらバイオマスの利用方法は表 9.2 のように三つに分類される。

燃料として直接燃焼させ，発生した熱で蒸気タービンを回転させて電気を得る方法や，嫌気性発酵（酸素のない条件下で，微生物等の働きにより発酵）により

表 9.2 バイオマスの利用方法

バイオマスの利用方法	分類	内容
	直接燃焼	燃焼
	生物化学的変換による方法	メタン発酵によるバイオガス発生
		エタノール発酵によるエタノール製造
	熱化学的変換による方法	ガス化による合成ガス発生．それを利用し，メタノール，ジメチルエーテル，ガソリンの製造
		熱分解による可燃性油の製造
		油化による可燃性油の製造

表 9.3 世界全体のバイオマス量と生産状況（1994 年）　　単位：t

世界全体のバイオマス量	年間の生産状況	
	草本性植物（農作物）	木本性植物（木材）
$1.05\sim2.07\times10^{12}$（世界に存在するバイオマス量の 90% が森材）	5.1×10^9	4.2×10^9

9.2 バイオマスの利用方法

得られたバイオガスを前処理後，燃料電池等に供給して発電する方法，またエタノール発酵で得られたエタノールの自動車燃料への適用のように，生物化学的変換による方法や，ガス化で得られた合成ガスをメタノール，ジメチルエーテル，ガソリンに変換して液体燃料として利用する方法，また熱分解あるいは油化等による熱化学的変換による方法に分類される．以下代表的な方法についていくつか紹介する．

9.2.1 直接燃焼

木材や樹皮等の原料を乾燥・粉砕して燃焼する発電システムである．燃料となる木材の植林の規模とそこから得られるバイオマスを利用して発電する発電容量との関係について述べる．

いま，2×10^5 ha（40 km×50 km の面積）の植林面積を想定する．ユーカリ，ポプラ等の成長の早い木を植林すると6年で成長し，伐採可能となり，このとき得られる木材量は年間 2×10^6 t となる（木材は10 t/ha/年で得られるため，$2\times10^5\times10=2\times10^6$ t となる）．kg 当たりの発熱量を 4500 kcal とすると，年間 9.0×10^9 Mcal となる．これを発電に使用し，送電端効率を 22% とすると，年間発電量は約 2.3×10^6 MWh（$(9.0\times10^9$ (Mcal)$\times 4.19/(60\times60))\times0.22=2.3\times10^6$ MWh）となり，発電所の稼働率を 60% とすると，437.6 MW の発電プラントに相当する（$(2.3\times10^6$ (MWh)$/(0.6\times365\times24)=437.6$ MW）．

バイオマスを利用した蒸気タービン発電システムを図 9.1 に示す．

このように木材をただ単に燃焼して発電するだけでなく，後述するようにバイオマスをいったんガス化させてそのガスを利用してガスタービンを回転させ発電

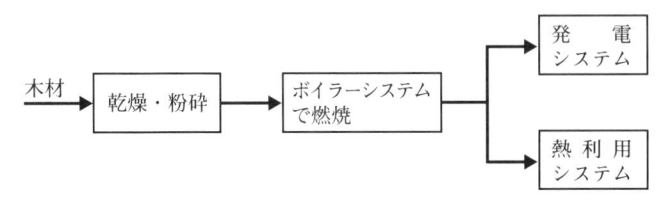

図 9.1 バイオマスを利用した発電システム

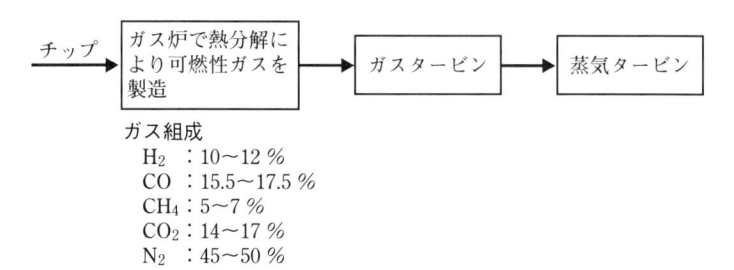

```
チップ → [ガス炉で熱分解により可燃性ガスを製造] → [ガスタービン] → [蒸気タービン]
```

ガス組成
 H_2 ：10～12 %
 CO ：15.5～17.5 %
 CH_4 ：5～7 %
 CO_2 ：14～17 %
 N_2 ：45～50 %

図 9.2 バイオマスを利用したコンバインド発電システム

し，さらにその熱を利用して水蒸気を発生させ，蒸気タービンで発電するコンバインド発電システムも検討されている。システム例を図 9.2 に示す。年間 2×10^4 t のチップで，ガス化は空気燃焼で行い，操作圧力は 2×10^6 Pa，操作温度は 1000℃ とすると 6 MW の発電プラントになると試算されている。

　例題として，次のことを検討する。9×10^5 ha の植林面積があり，成長の早いポプラ等を植林し，毎年植林面積の 1/6 を伐採し，得られた木材で発電プラントを運転する。年間の発電量はいくらか。またいくらの容量の発電プラントを建設すればよいか。ただし発電プラントの送電端効率は 25%，発電プラントの稼働率は 55% とする。

〈解答〉　ユーカリあるいはポプラの成長速度は 10 t（乾燥重量）/ha/年，発熱量は 4500 kcal/kg（乾燥重量）である。毎年得られる木材量は乾燥重量表示で，
$$9 \times 10^5 \times 10 \text{ (t/年)} = 90 \times 10^5 \text{ (t/年)}$$
木材の発熱量は乾燥重量 1 kg 当たり 4500 kcal のため，年間の発熱量は，
$$90 \times 10^5 \text{ (t/年)} \times 10^3 \times 4500 \text{ [kcal]} = 4.05 \times 10^{10} \text{ [Mcal]}$$
発熱量と発電量の関係は 1 cal 当たり 4.19 J のため，この熱がすべて電力に変換されるとすると，1 cal 当たりの発電量は，
$$\frac{4.19}{60 \times 60} \text{ [Wh]}$$

いま，プラントの送電端効率が25%のため，発電量は1cal当たり$0.25\times4.19/(60\times60)$〔Wh〕となる。

以上より，発電プラントから外部へ供給できる電力量は，
$$\frac{4.05\times10^{10}\text{〔Mcal〕}\times10^6\times0.25\times4.19}{60\times60}\text{〔Wh〕}$$
$$=1.18\times10^{13}\text{〔Wh〕}$$
すなわち年間1.18×10^7 MWh となる。

発電プラントの容量は稼働率が55%のため，
$$\frac{1.18\times10^7\text{〔MWh〕}}{24\times365\times0.55}=2.45\times10^3\text{〔MW〕}$$
すなわち 2450〔MW〕となる。

9.2.2 生物化学的変換

（1） **メタン発酵**　メタン発酵技術を使った発電システムが各所で積極的に採用されている。以下その状況を説明する。

わが国の生物系廃棄物の年間排出量は，生ゴミ約1.8×10^7t，家畜糞尿約9.4×10^7t，下水汚泥約8.5×10^7t，食品産業汚泥約1.5×10^7tで，年間総量は2.12×10^8tとなる。これらの廃棄物を有効に活用することは重要である。

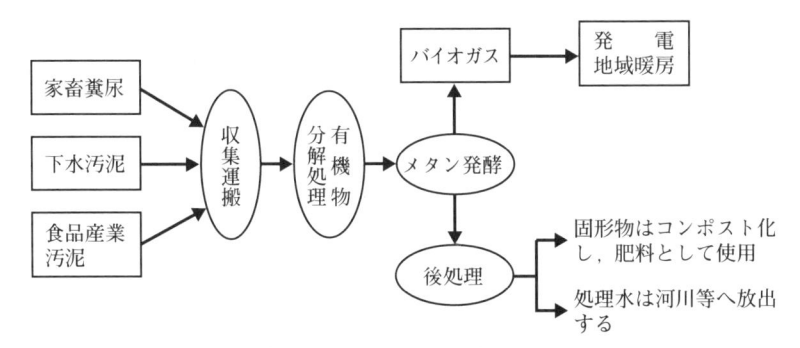

図9.3　メタン発酵のプロセス

メタン発酵は図9.3に示したように，家畜糞尿，下水汚泥，食品産業汚泥等を回収し，有機物を低分子脂肪酸やアルコール等に分解した後，メタン生成菌によってメタン発酵を行い，バイオガスを発生させ発電等に利用する。同時に，残った液を酸化処理し，河川等に放流するシステムである。なお，固形物はコンポスト化し，肥料等に使用される。

メタン発酵の適用例の一つに生ゴミ発電がある。これは生ゴミからバイオガスを発生させて発電に利用するシステムでその様子を図9.4に示す。前処理プロセス，メタン発酵プロセス，バイオガス利用プロセス，二次処理プロセスから構成されている。ここで，①前処理とは生ゴミと有機物以外の異物を分別除去し，生ゴミを粉砕機で1ミリ以下に微粉砕し，スラリー状にする。②メタン発酵では生ゴミスラリーをメタン発酵槽の上部から供給し，メタン生成菌によってバイオガスを発生させる。③バイオガス利用ではバイオガス中にメタン，二酸化炭素の他に硫化水素，アンモニア等の不純物が微量含まれているので，酸化鉄や活性炭等で脱硫精製した後に，燃料電池やガスエンジン，ボイラー等に供給して利用する。④二次処理ではメタン発酵槽で発酵した液は高濃度の有機物を含んでいるた

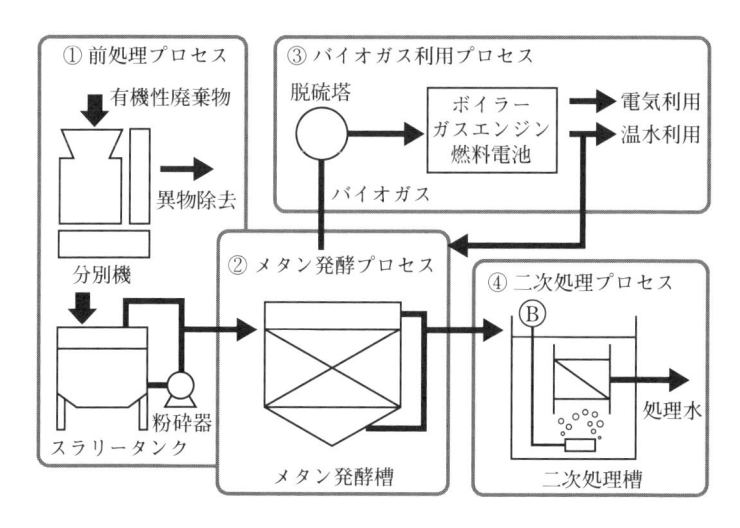

図9.4 バイオガス発生プロセス

(a) 生ごみガス化システム　　　(b) 燃料電池発電システム

図 9.5　生ゴミ発電システム例［写真提供：鹿島建設株式会社］

め，最終的に好気的に処理(空気中で酸化)して浄化した後，河川などに放流する。

生ゴミから発生するバイオガスを利用した燃料電池発電システム例を図 9.5 に示す。これは試作段階のものであるが，(a)が生ゴミからバイオガスを発生させるシステムを，(b)がバイオガスを利用して発電する燃料電池プラントを示す。生ゴミ 1 t からバイオガスが約 240 Nm^3 発生し，それを燃料電池へ供給することにより 520 kWh の電力が得られる。日本全体の生ゴミ総量は年間 1.8×10^7 t のため，これをすべて電力に変換すると，得られる電力量は 9.4×10^6 MWh，発電所の発電容量に換算すると約 1000 MW に相当する。

メタン発酵でバイオガスを発生させそれを利用し発電する例は上記の生ゴミ発電の他に，ビール工場の廃液，家畜の糞尿，下水処理場の汚泥等を処理してバイオガスを発生させ，発電に利用するシステムがあり，各所で運転実績が得られている。

例題として，次のことを検討する。生ゴミが 1 日当たり 2000 kg 発生し，これを利用して燃料電池で発電すると年間いくらの電力量を得ることができるか。また，この電力量を得るために必要な発電プラントの容量はいくらか。ただし発電プラントの稼働率を 90% とする。

〈解答〉 現在実用化されている 100 kW から 200 kW クラスのりん酸形燃料電池を使用すると，生ゴミ 1 t からバイオガスは約 240 Nm³ 発生するので，これを燃料電池へ供給すると 520 kWh の電力を得ることができる。このため年間の発電量は，

$$2.0 [t] \times 365 \times 520 [kWh/t] = 38 \times 10^4 [kWh]$$

燃料電池の稼働率を 90% とするため，

$$\frac{38 \times 10^4 [kWh]}{24 \times 365 [h] \times 0.9} = 48.2 [kW]$$

となる。

（2） **エタノール発酵**　エタノールは主に自動車の燃料に利用されるので，これまで述べてきたバイオマス発電からはずれるが，クリーンなエネルギー源ということでここで触れておく。

輸送燃料用エタノールはブラジルおよびアメリカでサトウキビやトウモロコシを原料として製造されている。

製造プロセスを図 9.6 に示す。サトウキビ等の糖質，トウモロコシ等のデンプン質資源，農林産系廃棄物や有機物系都市ゴミ等のセルロース系資源を原料として，発酵法によりエタノールを製造する。

前処理は粉砕，蒸煮，爆砕等の物理的な処理と酸，アルカリ等の化学的な処理がある。その後，酸加水分解法（主に硫酸が使用される）または酸素分解法によ

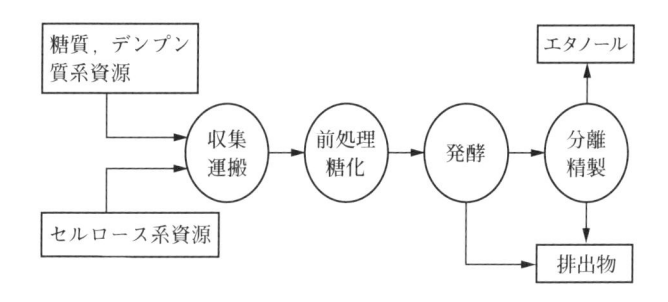

図 9.6　エタノール発酵プロセスフロー

り糖化される。このようにして製造された糖類は微生物により発酵される。微生物には酵母や細菌が用いられ，嫌気的な発酵によりエタノールに変換される。

① **糖質原料**　主にブラジルで行われているもので，サトウキビを原料とし，酵母で発酵させる。

② **デンプン質系原料**　中国ではカンショを，アメリカではトウモロコシを使用している。いずれも微生物として酵母が用いられている。

③ **セルロース系原料**　稲わらやバカス（サトウキビのしぼりかす）を原料に，前処理，糖化工程で得られたグルコース等は図 9.7 に示す微生物内の解糖経路によってピルビン酸に変換され，嫌気的条件のもとでエタノールが生成される。

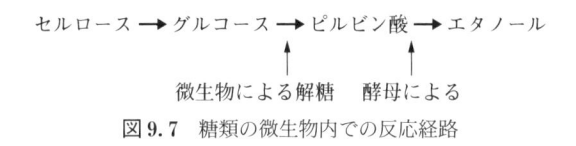

$$セルロース \longrightarrow グルコース \longrightarrow ピルビン酸 \longrightarrow エタノール$$

　　　　　　　　　　　微生物による解糖　　酵母による

図 9.7　糖類の微生物内での反応経路

このようにして製造されたエタノールは自動車の燃料として利用されている。例えばブラジルではサトウキビからエタノールを製造し，エタノール専用車に利用されている他，無水エタノールとガソリンを 24：76 の割合で混合させてガソリン車に使用している。ブラジルではエタノール専用車が約 3×10^6 台，エタノールが含まれるガソリンを利用したガソリン車が 7×10^6 台利用されている。

一方，アメリカではトウモロコシから製造し，エタノールとガソリンの混合比 10：90 の混合燃料をガソリン車に利用する他，濃度の高いエタノールをエタノール専用車に利用している。特に後者は従来のガソリン車に自動車の空気混合比等の若干の変更を加えた改良車でよいことから，CO_2 低減，化石燃料低減に寄与する自動車として税制上の優遇措置が施こされ，2000 年には 7.5×10^5 台使用されている。化石燃料の枯渇に伴いエタノールはガソリンに替わる燃料として今後ますます重要視されるであろう。しかしトウモロコシ等から作るエタノールは食糧と競合する。したがってセルロース系の原料（間伐材，稲，麦わら等）からつくる方式の技術開発を加速させ，セルロース系のエタノールへ切り替えて行くことが必要である。

9.2.3 熱化学的変換による利用方法

（1） ガス化　　木材等の原料を空気，酸素，水蒸気等のガス化剤でガス化する製造プロセスをいう。木材を加熱すると250°C前後から熱分解が始まりガス，タール，固体可燃物（チャー）が生成される。温度を高めるとガス発生量が増大する。

ガス化剤に空気を用いると窒素が残り低カロリー（700〜1800 kcal）のガスが，酸素を用いると中カロリー（2500〜4500 kcal）のガスが生成される。このようにして得られたガスをガスタービンの燃料に使用すれば前述の高効率コンバインド発電システムを確立することができる。

次にメタノールの製造について述べる。メタノールは燃料電池自動車の燃料として，あるいは水蒸気改質をすることにより，水素製造が可能なためその原料として注目されている。現在このメタノールは天然ガスを水蒸気改質して合成ガスを作り製造している。今後，カーボンニュートラルなバイオガスでメタノールが製造できれば環境に優しいエネルギー源となり得る。製造プロセスを図9.8に示す。バイオマスは $(C_6H_{12}O_6)_n$ で表現でき，ガス化する温度によって，例えば600°Cを越すと CO_2 と CH_4 が徐々に減少し，高温にすると CO と H_2 濃度が増加する。操作温度1000°C，操作圧力 $2.4×10^6$ Pa の酸素加圧条件のもとで，水素が31％，COが20％，CO_2 が36％のバイオガスを製造することができる。メタノール（CH_3OH）は1モルのCOと2モルの H_2 から製造できるので，バイオガスはメタノール製造に比較的適したガス組成といえる。

将来の計画として，植物が成長しやすい場所で成長の早いユーカリ等の木を植

DME：ジメチルエーテル

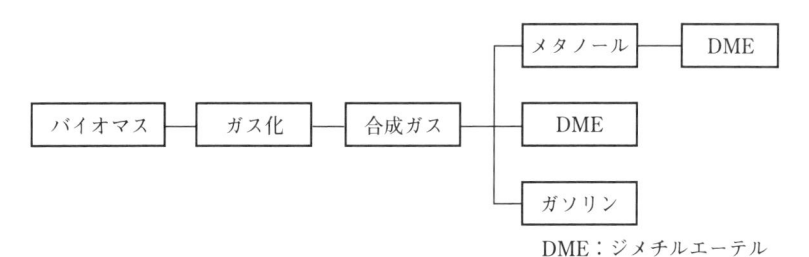

図 9.8　バイオマスガス化による液体燃料製造のプロセス

林し，その木材を伐採しながらその土地でガス化し，メタノールを製造するという構想がある。メタノールは常温で液体であるから取り扱いが容易であり，長距離輸送に適しているため製造したメタノールを輸送して，使用する土地で改質して水素を発生させ，定置用燃料電池あるいは燃料電池自動車に適用すれば，将来の水素社会実現に大きく貢献できる。資源枯渇並びに環境改善に向けた長期的な計画実現が今後必要になる。

メタノールと同様にDME（ジメチルエーテル）やガソリンもバイオマスから製造することができる。DMEはディーゼル発電の燃料として利用する他，メタノールあるいはLPGの代替が可能であり，等モルのH_2とCOから合成できる。またガソリンは鉄，コバルト，ルテニウム等の触媒を用い圧力$1〜50×10^5$ Pa，反応温度200〜300℃で製造できる。資源枯渇後の貴重な資源として今後脚光を浴びるであろう。

（2）**熱分解** 木材等を乾燥・粉砕したあと，常圧の不活性ガス（窒素ガス等）雰囲気下で加熱することにより，可燃成分を含む気体や油（含水率：15〜30%，高位発熱量4000〜4500 kcal/kg）を得ることができる。500℃以下で油が，600℃以上では可燃性気体が生成される。また，できた気体を冷却することにより油を得ることができる。生成した油はボイラー燃料やディーゼル発電の燃料に使用することができる。

（3）**油化** 有機汚泥や下水汚泥のように，脱水しても含水率が70〜85%もある場合にはこの油化方法が適している。バイオマスを高温・高圧の条件に保持することにより油を得ることができる。一例として，反応温度は250〜350℃，操作圧力は$5〜15×10^6$ Paとする。この油化方法は熱分解法と比べ，高圧操作であることが大きく異なる。生成された油は熱量が9000 kcal/kgのため，石油と比べカロリーがやや低くボイラーの燃料として使用される。

9.3 バイオマスの利用可能性

世界全体のバイオマス量は$1.05〜2.07×10^{12}$ tといわれ，そのうちの90%を

表9.4 世界の廃棄物系バイオマスの総エネルギー

地域	農産廃棄物				畜産廃棄物	林業廃棄物（木材）		計
	とうもろこし	小麦	米	サトウキビ	家畜糞尿	製材クズ	燃料用木炭	
先進工業国								
米国・カナダ	2.95	1.93	0.13	0.19	3.08	7.66	0.92	
ヨーロッパ	0.61	2.39	0.04	0	4.22	4.12	0.41	
日本	0	0.02	0.24	0.01	0.30	0.41	0	
オーストラリア・ニュージーランド	0	0.29	0.02	0.19	1.36	0.35	0.02	
旧ソ連	0.23	1.97	0.04	0	3.58	3.92	0.60	
小計	3.8	6.6	0.5	0.4	12.5	16.5	1.9	42.2
開発途上国								
ラテンアメリカ	0.71	0.38	0.29	3.58	7.21	1.47	2.12	
アフリカ	0.48	0.25	0.20	0.54	5.38	0.75	3.31	
中国	1.23	1.75	3.43	0.48	4.81	1.27	1.34	
アジア*	0.51	1.88	5.29	2.70	10.91	2.31	4.62	
オセアニア**	0	0	0	0.03	0.02	0.05	0.04	
小計	2.9	4.3	9.2	7.3	28.3	5.8	11.4	69.2
世界	6.7	10.9	9.7	7.7	40.8	22.3	13.3	111.4

注 1) 単位：EJ（エクサジュール＝10^{18} J）/年
　 2) *中国を除くアジア諸国
　 3) **オーストラリアとニュージーランドを除くオセアニア諸国

表9.5 わが国のバイオマスエネルギーの導入量の推定

農業廃棄物（モミガラ，イナワラ等）	8.54
畜産廃棄物（鶏糞）	0.38
林業系資源（間伐材，林地残材）	1.93
産業廃棄物（木屑，建築廃材，汚泥，パルプ黒液）	328.42
内訳　　木くず	（34～73）
建築廃材	（ 69.09）
汚泥（有機物系廃液）	（ 5.90）
汚泥（下水）	（ 9.96）
パルプ黒液	（208.74）
その他	11.61
合計	350.88

注 1) 単位：PJ（10^{15} J）
　 2) 石油 1 Kℓ を 38.3×10^6 KJ として換算
　 3) 導入量の少ないケースを採用

9.3 バイオマスの利用可能性

森林バイオマスが占めている．現在生産されている農作物および木材は，表9.3に示すように乾燥重量換算で年間農作物が 5.1×10^9 t，木材が 4.2×10^9 t で合計 9.3×10^9 t であり，これを熱量に換算すると，1.75×10^{14} MJ に相当する（木材 1 kg の熱量を 4500 kcal/kg とした）．

次に廃棄物系のエネルギー総量について述べる．廃棄物系バイオマスとはトウモロコシ，小麦，米，サトウキビ，家畜糞尿，木材等の廃棄物をいい，表9.4 に示すように先進工業国の廃棄物系バイオマスの総量は 42.2×10^{12} MJ（42.2 EJ）で，開発途上国のそれは 69.2×10^{12} MJ（69.2 EJ），総計は 111.4×10^{12} MJ（111.4 EJ）である．世界で使用されているバイオマスエネルギー量は図9.9に示すように廃棄物系，栽培作物系合わせて 46.2×10^{12} MJ（46.2 EJ）で世界の一次エネルギー供給の 12％を占めている．

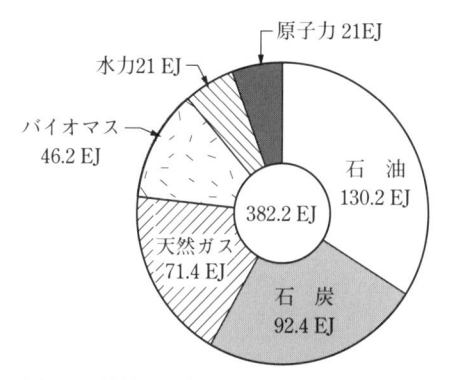

図 9.9 世界の一次エネルギー供給(1990 年)

日本におけるバイオマスの供給可能量は 2010 年度見込みで約 3.5×10^{11} MJ と推定され，これは 1996 年のわが国の 1 次エネルギーの総量 2.31×10^{13} MJ の 1.5％に相当する．

問題

（1）バイオマスの定義および種類を述べよ．
（2）バイオマスの利用方法を記述せよ．

（3） メタン発酵について利用方法も含め記述せよ。
（4） エタノール発酵について利用方法も含め，記述せよ。
（5） バイオマスとメタノールの関係，またなぜメタノールが必要かを記述せよ。
（6） 化石燃料の枯渇後自動車の燃料はどうなるか記述せよ。

(解答は巻末)

第10章

その他の発電方式

概要 特殊な用途として**熱電発電**（thermoelectric power generation）と**熱電子発電**（thermio-electric power generation）がある。それらを説明する。

10.1 熱電発電

2種の異なった金属で閉回路を作り，その接合部を異なった温度にすると，この回路に起電力が発生する。この現象をゼーベック効果といい，この効果を利用した発電方式を熱電発電という。

いま，高温接合部の温度を T_h，低温接合部の温度を T_c とすると，起電力 V は，

$$V = \alpha(T_h - T_c) \tag{10.1}$$

ここで α はゼーベック係数（V/K）という。

熱電発電では図10.1のように，p形半導体とn形半導体を接合し，一方の接合部を高温度に，他方の接合部を低温度にすると，ゼーベック効果により低温部の両端の電極部に起電力が発生し，負荷を接続すると電流が流れる。

ここで　Q_H：高温接合部への熱入力〔W〕

　　　　Q_L：低温部への熱入力〔W〕

　　　　α：ゼーベック係数（V/K）

　　　　T：温度（高温部：T_h，低温部：T_c）〔K〕

　　　　R_i：内部抵抗〔Ω〕，I：負荷電流〔A〕，R_t：負荷抵抗〔Ω〕

とすると温度，負荷電流および熱入力の関係が(10.2)式で示される。

$$\alpha(T_h - T_c) \times I = (Q_H - Q_L) \tag{10.2}$$

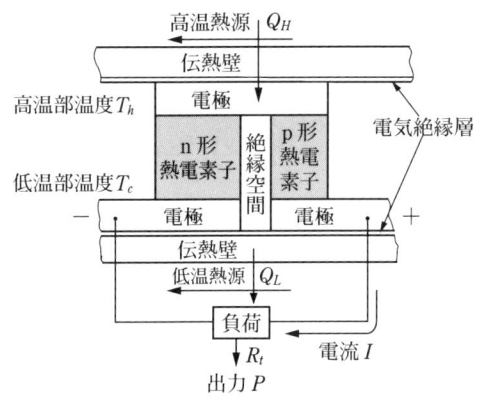

図 10.1　熱電発電方式

Q_j を内部抵抗で消費されるジュール熱，P を出力とすると，

$$P = (Q_H - Q_L) - Q_j = \alpha(T_h - T_c) \times I - R_i \times I^2$$
$$= R_t \times I^2 \tag{10.3}$$

これより，

$$\alpha(T_h - T_c) - R_i \times I = R_t \times I$$

$$I = \frac{\alpha(T_h - T_c)}{R_i + R_t} \tag{10.4}$$

電圧 V と出力 P との関係は，

$$V = R_t I = \frac{R_t \times \alpha(T_h - T_c)}{R_i + R_t} \tag{10.5}$$

$$P = R_t \times I^2 = \frac{V^2}{R_t} \tag{10.6}$$

起電力は数 10 から数 100 mV と低いため，図 10.2 のように素子を多数配列して使用する。

人工衛星の電源で太陽光の使用が困難な場合，ラジオアイソトープを熱源とし，半導体に Si-Ge（シリコン-ゲルマニウム）熱電子素子が使用された例がある。

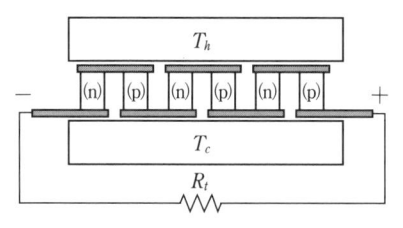

図10.2　多数配列した素子

10.2　熱電子発電

高温金属表面から放出される熱電子を利用する発電を熱電子発電という。図10.3に示すように，陰極を加熱すると熱電子が放出され，この電子は陽極に到達し，外部に負荷を接続すると一部は熱となるが残りは電流として取り出すことができる。加熱により放出される電子の電流密度はリチャードソン-ダッシュマン（Richardson-Dushman）の式より(10.7)式で与えられる。

$$J = A \times T_E^2 \exp \frac{-e\phi}{kT_E} \tag{10.7}$$

ここで e：電子の電荷量 [C]，k：ボルツマン定数 [J/K]，A：ダッシュマン定数 [A/cm^{2}K^2]，ϕ：陰極の仕事関数 [eV]，T_E：陰極温度 [K]

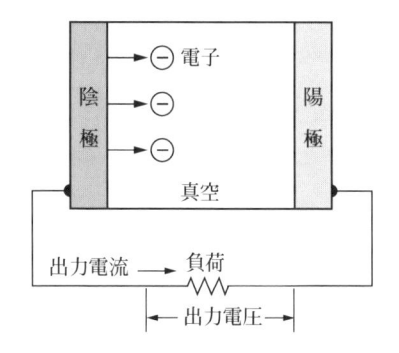

図10.3　熱電子発電の原理

陰極から陽極へ電子が移動すると，陰極と陽極間に**空間電荷**（space charge）が形成される。この空間電荷によるポテンシャルの障壁を Φ_a, Φ_b とする。また陰極と陽極の**仕事関数**（work function）をそれぞれ Φ_e, Φ_c とする。電子が陽極へ移動するためには図 10.4 に示すように $\Phi_e + \Phi_a$ のポテンシャルの障壁を乗り越える必要がある。

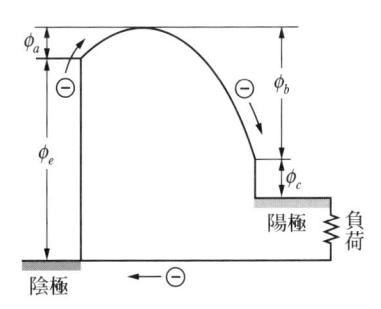

図 10.4 熱電子発電の電子の移動

この空間電荷によるポテンシャルの障壁ができるため，取り出せる電流密度は (10.8)式のように修正される。この時の出力電圧および出力密度はそれぞれ (10.9)，(10.10)式となる。

$$J = A \times T_E^2 \exp \frac{-e(\Phi_e + \Phi_a)}{kT_E} \tag{10.8}$$

$$V = \Phi_e + \Phi_a - \Phi_b - \Phi_c \tag{10.9}$$

$$P = J \times V = (\Phi_e + \Phi_a - \Phi_b - \Phi_c) \times A \times T_E^2 \exp \frac{-e(\Phi_e + \Phi_a)}{kT_E} \tag{10.10}$$

ここで J：電流密度 [A/cm^2]，V：出力電圧 [V]，P：出力密度 [W/cm^2]

なお，電流密度を大きくするためには陰極の仕事関数を小さくする必要があるが，出力電圧は仕事関数の大きい方がよく，陰極材料の仕事関数の最適値の選定が重要となる。

熱電子発電は大きく真空形とプラズマ形に分けられる。

真空形は両電極間が真空のため，空間電荷が発生し，熱電子の放出は(10.8)式

のようになる。高温作動のため，両電極には高融点金属であるタングステンが用いられる。一例として陰極表面積が 2.5 cm²，両極間距離 0.01 mm，陰極温度：1150°C，陽極温度：625°C，出力電力 2～8 W，出力電圧 0.5～0.8 V，変換効率：5～10% のものが開発されている。

一方，プラズマ形は図 10.5 に示すように両電極間にセシウムガスが封入されている。このガスは電離電圧が低く陽イオンを発生しやすいため，高温に加熱された陰極から放出された電子とこの正イオンとでプラズマを形成し，電子の空間電荷障壁を消失させる。この結果，(10.8)式の空間電荷によるポテンシャルの障壁が低減し，電流密度の増大を図ることができる。一例として陰極に T_h-W（トリウム-タングステン）を被覆したグラファイト，陽極に酸化タングステンを用い，電極間距離が 2.54 mm，重量 = 636 kg，出力 = 27 kW，変換効率 = 約 10% の太陽を熱源とした人工衛星用電源が開発されている。

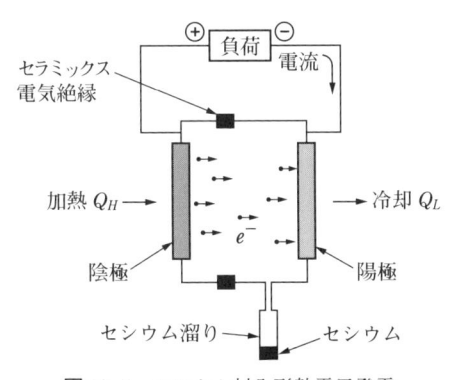

図 10.5 セシウム封入形熱電子発電

問題

（1）熱電発電の原理を述べよ。
（2）熱電発電の電圧，電流を入力される熱量，その時の温度との関係で求めよ。
（3）熱電子発電の原理を述べよ。

(解答は巻末)

章末問題の解答

第1章　水力発電

（1）1.3.1 参照。$100 \times 10^6 \times 1750 \times 10^{-3} = 175 \times 10^6 \text{ m}^3$

$$\frac{175 \times 10^6}{(365 \times 24 \times 60 \times 60)} = 5.5 \text{ m}^3/\text{s}$$

（1）1.2.2 参照。ピトー管やベンチュリー管で計る。また河川に浮きを流してその速度から計る方法などがある。

（3）1.4.1 参照。重力ダム，アーチダム，中空重力式ダムなどがある。河川の状況や地質から選ぶ。

（4）1.5.2（3）-（d）参照。原子力発電が増えると出力の変化は難しく一日中運転する。夜間にエネルギーが余り，それを水車ポンプでくみ上げておく。昼間は電力が不足するため貯めた水で発電する方式をいう。

（5）1.4.2 参照。負荷急変時に発生する水撃圧を軽減吸収するため，サージタンクが設けられる。単動サージタンク，差動サージタンク，水室サージタンク，制水孔サージタンクなどがある。

（6）1.7 参照。水車の比速度 $n_s = n(P)^{1/2}(H)^{-5/4}$ で表せる。単位は kW，m で速度は rpm である。ポンプの比速度は $n_{sQ} = n(Q)^{1/2}(H)^{-3/4}$ で表せ，単位は m^3/s，m で速度は rpm である。

（7）1.5.2 参照。ペルトン＞フランシス＞プロペラである。

（8）1.6 参照。水車内で流体の温度で決まる飽和蒸気圧より圧力が低下すると，気泡が発生する。この現象を言う。この現象が発生するとランナが浸食を受ける。

第2章　火力発電

（1）2.5.4 参照。排煙装置に電気集塵装置や排煙脱硫装置などを設置し，粉塵や硫黄分を取っている。またアンモニアを作用させ NO_x を除去する方法も実用化されている。石炭を燃料にするときは埋め立て地に灰分を利用している。また煙突を高くして排ガスの拡散を図っている。

（2）2.5.1 参照。ボイラーは炉，ボイラー本体，給水ポンプ，汽水ドラム，空気余熱

器，節炭器，再熱器などで構成される。ボイラーには自然循環ボイラー，強制循環ボイラーあるいは貫流ボイラーがあり，蒸気の流れやすさが変えられる。貫流ボイラーでは汽水ドラムが省略される。
(3) 2.6参照。一直線上に配置したタンデムタービンと並列配置のクロスコンパウンド方式がある。
(4) 2.7.1参照。空気圧縮機，燃焼器とガスタービンからなり，空気を圧縮して天然ガスと混合して燃焼させ，それでガスタービンを回す。また圧縮ガスはガスタービンの部品の冷却にも利用される。温度が高いので部品材料に特殊な金属物が使用されている。Jouleサイクルと定義され圧縮比の向上，排ガスと入口温度の低下，ガスタービンへの入口温度の上昇などが効率向上となる。
(5) 2.7.2参照。ガスタービンの排ガスは温度が高く，それを再度利用してボイラーを通し，水蒸気を利用して蒸気タービンを回す。この方式をトッパーとよんでいる。この方法だとガスタービンと蒸気タービンが共に動作するので50%以上の効率が得られる。また，天然ガスを使うので炭酸ガスの放出が少なく，環境適応性が高い。

最近はマイクロガスタービンが開発されている。住宅地に設置できるので，効率は低いが熱を利用できるので注目されている。熱を利用できれば効率は70%以上になる。
(6) 2.3.2参照。再生サイクルはタービンの途中で抽気されものと，タービンの最終段まで行き復水器を通った飽和水とを共に給水加熱器を通し，ボイラーに戻される。熱効率を上げる一手段である。

再熱サイクルは高圧タービンを通った蒸気をボイラーに戻し，それで低圧タービンを駆動する。やはり熱効率を上げる手段である。
(7) 例題で示してあるので参照のこと。
(8) 第2章参照。石炭，重油，原油，天然ガス，LNG，など。
(9) 2.5参照。衝動タービンはノズルで圧力を下げ蒸気の流速を加速してバケットを吹き付ける方式である。蒸気圧力の変化はない。また反動タービンでは，可動羽根と固定羽根を蒸気が通過するとき圧力が低下する。蒸気の膨張を起こさせ，反動力を利用している。
(10) シリンダとピストンで構成され吸気行程，圧縮行程，爆発行程および排気行程か

らなっている。燃料は重油であり経済的に運転できる。廃熱を利用することができ，廃熱の利用を考えると効率は 70％になる。

(11) 2.6.2 参照。原子力発電では蒸気圧も温度も低く湿分も多い。したがって湿分から羽根を守るため低速で運転する。また蒸気圧と温度が低いため，大容量化するためには蒸気量が多くなる。それにともない発電機もタービンも大きくなり，回転数も火力発電機の半分になる。

(12) 2.5.2 参照。発電システムの低圧熱源として利用される。タービンから放出する蒸気を冷却して飽和水とする。日本では火力発電は海岸に設置されるため海水で冷却される。冷やす温度が低いほど効率は上昇する。内陸部では海水がないのでクーリングタワーが利用される。

(13) 2.2.7 と 2.2.8 参照。高温で熱を吸収し低温で熱を放出する熱機関である。このサイクルでは作業物質に関係なく動作させることができる。効率 η は $\eta = 1 - T_2/T_1 = 1 - Q_2/Q_1$ で表せる。この時の温度は絶対温度である。効率は吸収する温度が高いほど，また放出する温度が低いほど上昇する。$T-s$ 図でカルノーサイクルを書くと四辺形で表すことができ，面積が仕事量になる。

(14) 2.2.2 参照。熱機関では $h + v_s^2/2 + gz$ が一定という原理で動作する。ただし $h = u + Pv$ である。蒸気タービンやガスタービン，あるいは水車タービンもすべてこの原理で動作している。

(15) 地熱発電は炭酸ガスが発生しない自然エネルギーである。アメリカ合衆国，フィリピン，アイスランド，日本などで活用されている。

(16) 比較的温度が低いため水蒸気を取ることが必要である。Na，K，Ca，Si などが CO_2 や H_2S ガスと共に混ざっている。腐食に留意が必要である。

第3章 原子力発電

(1) 3.4 参照。加圧水型と沸騰水型とを比べると前者は圧力が高く，温度はほぼ同じである。前者は原子力潜水艦に使用する。また前者は蒸気発生器と加圧器で蒸気をタービンに送るが，後者は蒸気が直接タービンへ行く。前者は制御棒が上から挿入されるが後者は下から挿入される。

(2) 3.2.3 参照。8.99×10^{10} [MJ]

（3） 軽水炉では運転中プルトニウムが発生する。それを回収してウラン燃料と混ぜて使用する。MOX（Mixed Oxide Fuel）とよんでいる。

（4） 3.3 および 3.4.3 参照。

減速材：軽水，重水，炭酸ガス，黒鉛，ベリリウム。高速増殖炉では NaK，Na

反射材：軽水，重水，黒鉛，ベリリウム。高速増殖炉ではブランケットとして天然ウラン

冷却材：軽水，重水，炭酸ガス，ヘリウム。高速増殖炉では NaK，Na

（5） **熱中性子** 3.2.3 および 3.4.3 参照。熱的に周囲原子と熱平衡にある温度が低い中性子で 0.1 eV 以下程度である。ちなみに高速増殖炉では 100 ekV でエネルギーが大きい。

核分裂 3.2.3 参照。質量の大きな原子核は高エネルギー中性子を吸収すると核分裂を起こす。核分裂を起こした原子核は核分裂生成物と呼ばれ多種のエネルギーが放出される。燃料などの運動エネルギー，放出中性子の運動エネルギー，γ 線のエネルギー，β 線のエネルギーなどである。

半減期 3.2 参照。不安定な原子核は放射能を放出し崩壊していく。いま，N 個の不安定原子があり，時間 dt の間に崩壊する原子核の個数を dN とすると $N = N_0 e^{-\lambda t}$ となり λ を崩壊定数という。N が初期値の N の半分になる時間を半減期という。

α 線 3.2 参照。原子核の崩壊に対して放出される陽子 2 個と中性子 2 個の複合粒子をいう。

β 線 3.2 参照。原子核の崩壊に対して放出される電子線をいう。

γ 線 3.2 参照。原子核の崩壊に対して放出される電磁波（光子）をいう。

第 4 章　燃料電池発電

（1）　4.2「燃料電池の種類」参照

（2）　4.4.1(2)「燃料電池自動車」参照

（3）　4.4.2「リン酸形燃料電池」参照

（4）　4.4.3「溶融炭酸塩形燃料電池」および 4.4.4「固体酸化物形燃料電池」参照

（5）　4.6 参照

（6） 1セル当たりの出力は $0.75\,[\mathrm{V}] \times 100\,[\mathrm{A}] = 75\,[\mathrm{W}]$

スタックの全容量は $60 \times 10^3\,[\mathrm{W}]$ のため，

$$\frac{60 \times 10^3}{75}\,[\mathrm{W}] = 800\text{ セル}$$

水素の必要量は $2 \times 96500\,\mathrm{A}$ 当たり $22.4\,\ell$ のため，1セル当たり $100\,\mathrm{A}$ では，

$$\left(\frac{100}{2 \times 96500}\right) \times 22.4 \times \left(\frac{1}{0.7}\right) = 0.01658\,[\ell/\mathrm{s}]$$

1スタックは800セルから構成されているため，

$$0.01658\,[\ell/\mathrm{s}] \times 800 = 13.264\,[\ell/\mathrm{s}]$$

空気量は，

$$\frac{100}{2 \times 96500} \times 11.2 \times \frac{1}{0.4} \times \frac{100}{21} = 0.0691\,[\ell/\mathrm{s}]$$

800セルでは，

$$0.0691\,[\ell/\mathrm{s}] \times 800 = 55.268\,[\ell/\mathrm{s}]$$

となる。

（7） 電流 $2 \times 96500\,\mathrm{A}$ 当たり水は $18\,\mathrm{g}$ 生成されるため，1セル当たり電流 $100\,\mathrm{A}$ で10時間運転すると，

$$\frac{100}{2 \times 96500} \times 18 \times 60 \times 60 \times 10\,[\mathrm{s}] = 335.75\,[\mathrm{g}]$$

第5章　風力発電

（1） 5.2「風車の種類」参照
（2） 5.3「揚力形風力発電」および5.4「抗力形風力発電」参照
（3） 5.3「揚力形風力発電」および5.5「風車の性能評価に必要な係数」参照
（4） 5.5「風車の性能評価に必要な係数」参照
（5） 5.5「風車の性能評価に必要な係数」参照
（6） 5.5「風車の性能評価に必要な係数」参照
（7） 風力発電システムの総合効率を30％とすると，

$$P_W = \frac{P_e}{0.3} = 1500 \times \frac{10^3}{0.3} = 5000 \times 10^3\,[\mathrm{W}]$$

$P_W = \dfrac{\rho \times A \times v^3}{2}$ であるから，

$$5000 \times 10^3 \,[\text{W}] = \frac{1.225 \times A \times 10^3}{2}$$

$$A = \pi \frac{D^2}{4} = 8163.3 \,[\text{m}^2]$$

$$D = 102.0 \,[\text{m}]$$

(8) 総合効率を30%とする。また風速比を6とする。

$$P_W = \frac{\rho \times A \times v^3}{2}$$

$$= \frac{1.225 \times \pi \times \frac{80^2}{4} \times 10^3}{2} = 3077.2 \,[\text{kW}]$$

総合効率30%とすると,

$$P_e = 3077.2 \times 0.3 = 923.2 \,[\text{kW}]$$

ブレードの先端速度 [u] は,

$$\lambda = \frac{r\omega}{v} = \frac{u}{v'}, \quad v = 10 \,[\text{m/s}], \quad \lambda = 6 \text{ より},$$

$$u = r\omega = \lambda v = 6 \times 10 = 60 \,[\text{m/s}]$$

$r = 40 \,[\text{m}]$ より,

回転数は, $\omega = \dfrac{u}{r} = \dfrac{60}{40} = 1.5 \text{ rad/s}$

$$\omega = \frac{2\pi n}{60}, \quad n = \frac{60\omega}{2\pi} = \frac{60 \times 1.5}{2\pi} = 14.3 \text{ rpm}$$

(9) 総合効率を30%とする。また設備利用率を20%とする。

$$v = 12 \,[\text{m/s}], \quad D = 60 \,[\text{m}]$$

$$P_W = \frac{\rho \times A \times v^3}{2}$$

$$= \frac{1.225 \times \frac{\pi \times 60^2}{4} \times 12^3}{2} = 2991.0 \,[\text{kW}]$$

電気出力 $P_e = 2991000 \,[\text{W}] \times 0.3 = 897.3 \,[\text{kW}]$

年間の電力量は $897.3 \,[\text{kW}] \times 24 \times 365 \times 0.2 = 1572069.6 \,[\text{kWh}]$
$$= 1572.1 \,[\text{MWh}]$$

(10) 総合効率30%, 設備利用率20%とする。

$$v = 12 \text{ m/s}, \quad P_W = 2000 \,[\text{kW}]$$

$P_W = \dfrac{\rho \times A \times v^3}{2}$ より，

$$10^3 \times 2000 = \dfrac{1.225 \times A \times 12^3}{2}$$

$$A = 1889.6 \,[\mathrm{m^2}]$$

$$D^2 = A \times \dfrac{4}{\pi} = \dfrac{1889.6 \times 4}{\pi}$$

$$D = 49.1 \,[\mathrm{m}]$$

$$2000 \times 0.3 = 600 \,[\mathrm{kW}]$$

$$600 \times 24 \times 365 \times 0.2 = 1051200 \,[\mathrm{kWh}] = 1051.2 \,[\mathrm{MWh}]$$

(11) 風速比 $\lambda = 6$ とする。

$D = 80\,\mathrm{m}$，$P_W = 3000\,\mathrm{kW}$ とする。

$P_W = \dfrac{\rho \times A \times v^3}{2}$ より

$$3000 \times 10^3 = \dfrac{1.225 \times \dfrac{\pi \times 80^2}{4} \times v^3}{2}$$

$$v = 9.92 \,[\mathrm{m/s}]$$

$\lambda = \dfrac{r\omega}{v} = \dfrac{u}{v'}$, $v = 9.92\,\mathrm{m/s}$, $\lambda = 6$ より，

$$u = r\omega = \lambda v = 6 \times 9.92 = 59.5 \,[\mathrm{m/s}]$$

$r = 40\,\mathrm{m}$ より，

$$\omega = \dfrac{u}{r} = \dfrac{59.5}{40} = 1.49 \,[\mathrm{rad/s}]$$

$\omega = \dfrac{2\pi n}{60}$ より，

$$n = \dfrac{60 \times 1.49}{2 \times \pi} = 14.2 \,[\mathrm{rpm}]$$

第6章　太陽エネルギー発電

(1) 変換効率が12%とする。東京地区の年間太陽光エネルギー量は120 Wh/cm² 年である。単結晶シリコン太陽電池のモジュール効率は12%のため、取り出し得る電力は

$$120\,\mathrm{Wh/cm^2} \times 10^4\,[\mathrm{cm^2}] \times 32000\,[\mathrm{m^2}] \times 0.12 = 4608000\,[\mathrm{kWh}]$$
$$= 4608\,[\mathrm{MWh}]$$

(2) 6.1.1(3)「太陽電池の理論変換効率」参照
(3) 6.1.2「太陽電池用半導体材料」参照
(4) 6.1.5「太陽電池の適用」参照
(5) 6.2「太陽熱発電」参照

第7章 海洋エネルギー発電

(1) 7.1「波力発電」参照
(2) 7.2「海洋温度差発電」参照
(3) 7.3「潮汐発電」参照

第8章 核融合,MHD発電

(1) 8.1.2「核融合炉の実現条件」参照
(2) 8.1.2「核融合炉の実現条件」参照
(3) 8.1.3「プラズマ閉じ込め方法」参照
(4) 8.1.3「プラズマ閉じ込め方法」参照
(5) 8.1.4「核融合発電」参照
(6) 8.2.1「発電の原理」参照
(7) 8.2.2「MHD発電の出力」参照
(8) 8.2.3「発電方式」参照

第9章 バイオマス発電

(1) 9.1「バイオマスの分類」参照
(2) 9.2「バイオマスの利用方法」参照
(3) 9.2.2(1)「メタン発酵」参照
(4) 9.2.2(2)「エタノール発酵」参照
(5) 9.2.3「熱化学的変換による利用方法(1)ガス化」参照

（6） 同上　参照

第 10 章　その他の発電方式

（1）　10.1「熱電発電」参照
（2）　10.1「熱電発電」参照
（3）　10.2「熱電子発電」参照

価電子帯 …………………………………196
可動羽根 …………………………………72
可動物体形 ………………………………215
過熱蒸気密度 ……………………………57
カプラン水車 …………………………23,24
可変速制御 ………………………………182
ガラス繊維強化プラスチック …………185
乾き飽和蒸気 ……………………………57
慣性閉じ込め方法 ………………………236
貫流ボイラー ……………………………68

機械的作用 ………………………………40
気水分離器 ………………………………103
気体定数 …………………………………46
給気工程 …………………………………86
吸収断面積 ………………………………95
給水加熱器 ……………………………61,70
凝縮水 ……………………………………70
強制循環ボイラー ………………………68

空間電荷 …………………………………266
空気管 ……………………………………18
空気極 ……………………………………112
空気タービン ……………………………218
空気比 ……………………………………67
空気弁 ……………………………………18
空気予熱器 ………………………………68
クローズドサイクル（MHD発電システム）
　…………………………………………246
クローズドサイクル式（海洋温度差発電）
　…………………………………………221
クロスコンパウンドタービン …………74
クロスフロー水車 ………………………26

系 …………………………………………40
軽油 ………………………………………66
ゲージ圧力 ………………………………4

ゲート ……………………………………16
結晶シリコン太陽電池 …………………198
原子核 ……………………………………92
原子番号 …………………………………92
原子炉格納容器スプレイ設備 …………102
原子炉隔離時冷却系 ……………………106
原子炉浄化装置 …………………………106
減速材 …………………………………91,98
原油 ………………………………………66

高温ガス …………………………………243
　―冷却炉 ………………………………107
降水量 ……………………………………9
高速増殖炉 ………………………………107
国際熱核融合実験炉 ……………………242
固体高分子形燃料電池
　………………………111,121,124,138,149
固体酸化物形燃料電池
　………………………111,121,130,147,151
固定羽根 …………………………………72
孤立系 ……………………………………40
コルダーホール改良形炉 ………………107
混合理想気体 ……………………………46
混式タービン ……………………………72

【サ】

サージタンク ………………………… 13,16
サイクル …………………………………41
再結合 ……………………………………202
再循環系 …………………………………105
再循環ポンプ ……………………………103
再処理 ……………………………………108
再生サイクル ……………………………61
最大出力動作（-電圧，-電流） ………208
最適動作（-電圧，-電流） ……………210
再熱器 ……………………………………68
再熱サイクル ……………………………62

索　引

【A-Z】

Bernoulli の式 …………………………44
Boltumann 定数 ………………………46
CANDU 炉 ……………………………107
Carnot サイクル ……………………48, 52
Clausius の原理 ………………………52
Joule サイクル …………………………50
Kelvin 温度目盛 ………………………53
LNG ……………………………………66
Mayer の関係式 ………………………45
MHD 発電 ……………………………233
MOX …………………………………106
Otto サイクル …………………………49
Possion の式 …………………………49
Thomson の原理 ………………………52

【ア】

アーチダム ……………………………14
亜炭 ……………………………………66
圧縮工程 ………………………………86
圧縮率 …………………………………3
圧力水頭 ………………………………7
アモルファスシリコン ………………204
アルカリ金属 …………………………243
安全注入設備 …………………………102

位置水頭 ………………………………7
入口弁 …………………………………34
インターナルポンプ ……………103, 105

ウラン …………………………………91

エアマス ………………………………194
エタノール発酵 ………………………256
エンタルピー変化 ……………………113
煙突 …………………………………68, 72
エントロピー増加の原理………………55

オープンサイクル（MHD 発電システム）
　……………………………………245
オープンサイクル式（海洋温度差発電）…224
オフショア ……………………………188
親物質 …………………………………98

【カ】

カーチスタービン………………………72
加圧水形原子炉 ……………………92, 99
ガイドベーン …………………………21
開放起電力 ……………………………198
海洋温度差発電 ………………………215
改良形ガス冷却炉 ……………………107
化学体積制御系 ………………………102
可逆（-過程，-機関）……………47, 48
拡散分極 ………………………………118
核子 ……………………………………92
核分裂（-生成物，-断面積，-中性子，
　-物質）…………………………96-98
核融合（-エネルギー，-発電，-反応）…233
化合物半導体太陽電池 …………203, 205
ガス燃焼ボイラー………………………69
ガス冷却形原子炉 ……………………107
河川流量 ………………………………9
ガソリン ………………………………66
活性化分極 ……………………………118

索　引

作動円板	161
散乱断面積	95
残留熱除去系	106
ジェットポンプ	103, 105
示強性の量	40
仕事関数	266
仕事源	40
比重量	3
自然循環ボイラー	68
湿式石灰石-石こう法	71
失速	166
質量欠損	97
質量源	40
質量数	92
質量的作用	40
磁場閉じ込め方法	236
湿り飽和蒸気	57
斜流水車	23
自由エネルギー変化	114
周期	216
集塵器	68
重水減速形原子炉	107
周速比	170
重油	66
―燃焼ボイラー	69
重力ダム	14
取水口	16
潤滑油	66
準静的（-断熱，-等温）過程	41
蒸気	57
―乾燥器	103
―タービン	72
―発生器	99
使用済み燃料	108
状態方程式	45
状態量	40

衝動水車	18
衝動タービン	72
蒸発	57
示量性の量	40
伸縮継手	17
振動水柱形	215
振幅	215
水圧変動値	14
水圧変動率	36
水管ボイラー	68
水車	18
吸出し管	28
垂直軸形	155
水頭	7
水平軸形	155
水量	10
ステラレータ	236
ストッカー	68
スペクトル	194
スラスト軸受	78
制御材	99
制御棒クラスタ	100
制水弁	17
石炭	66
―重油混焼ボイラー	69
―燃焼ボイラー	69
石油	66
節炭器	68
設備利用率	182
セル	206
遷移領域	5
全水頭	7
せん断応力	3
潜熱	57

281

増殖 …………………………………… 98
総落差 ………………………………… 11
層流 …………………………………… 5
速度垂下率 …………………………… 35
速度水頭 ……………………………… 7
速度調定率 …………………………… 35
ソリディティ ………………………… 176
ソレノイドコイル …………………… 236

【タ】

体積弾性係数 ………………………… 3
太陽光発電 …………………………… 193
太陽電池 ……………………………… 196
太陽熱発電 …………………………… 212
多結晶シリコン ……………………… 204
脱硫装置 ……………………………… 68
ダム …………………………………… 14
炭化水素 ……………………………… 66
単結晶シリコン ……………………… 203
段効率 ………………………………… 73
弾性散乱断面積 ……………………… 96
タンデムコンパウンドタービン …… 74
断面積 ………………………………… 95
短絡電流 ……………………………… 198

地熱発電 ……………………………… 87
地熱流体 ……………………………… 87
中空重力式ダム ……………………… 14
中性子 ………………………………… 92
チューブラ水車 ……………………… 24
潮位差（干潮・満潮） ……………… 227
ちょう形弁 …………………………… 34
潮汐エネルギー ……………………… 225
潮汐発電 ……………………………… 215
調速機 ………………………………… 34
直接反応形燃料電池 ………………… 116
沈砂池 ………………………………… 16

定圧（-熱容量, -比熱） …………… 44, 45
ディーゼルサイクル ………………… 51
抵抗分極 ……………………………… 118
定積（-熱容量, -比熱, -モル比熱）… 45, 46
泥炭 …………………………………… 66
デフレクター ………………………… 19
デリア水車 …………………………… 23
転換 …………………………………… 98
電気集塵装置 ………………………… 71
電子-正孔（ホール）対 …………… 198
伝導帯 ………………………………… 196
天然ガス ……………………………… 66

同位元素 ……………………………… 92
同位体 ………………………………… 92
等エントロピー変化 ………………… 56
導水路 ………………………………… 16
動粘性係数 …………………………… 6
灯油 …………………………………… 66
トカマク ……………………………… 236
閉じた系 ……………………………… 40
トッパー ……………………………… 84
トリウム ……………………………… 91
トルク係数 …………………………… 175
トロイダルコイル …………………… 237

【ナ】

ナフテン系 …………………………… 66
波エネルギー ………………………… 215

熱核融合反応 ………………………… 234
熱源 …………………………………… 40
熱中性子 ……………………………… 98
熱的作用 ……………………………… 40
熱電子発電 …………………………… 263, 265
熱電発電 ……………………………… 263
熱平衡状態 …………………………… 40

熱容量……………………………44
熱力学第1法則……………………41
熱力学第2法則……………………52
粘度（係数）………………………3
燃料極……………………………112
燃料集合体 ……………………100,105
燃料電池自動車……………………140

濃縮ウラン…………………………98
ノズル………………………………72

【ハ】

バーナー……………………………68
パーフロロカーボンスルホン酸……125
排煙脱硫装置………………………71
バイオマス発電 …………………249
排気工程……………………………86
灰処理装置…………………………68
爆縮 ………………………………240
爆発工程……………………………86
バケット…………………………19,72
波長………………………………215
パラフィン系………………………66
波力発電…………………………215
バルブ水車…………………………24
パワー係数………………………171
半減期………………………………93
反射損失…………………………201
反射体………………………………99
反動水車………………………18,20
反動タービン………………………72

ピートモス…………………………66
比速度………………………………30
比体積………………………………2
非弾性散乱断面積…………………96
非弾性衝突…………………………94

比熱…………………………………44
開いた系……………………………40

ファラデー形（MHD発電方式）……245
ファン………………………………68
フィルファクター…………………199
フールプルーフ…………………109
フェイルセイフ…………………109
不可逆機関…………………………48
復水器………………………………69
不縮性ガス…………………………88
沸騰…………………………………57
沸騰水形原子炉 ……………92,99,103
プラズマ…………………………234
フラッシュ発電方式………………88
ブランケット…………………99,241
フランシス水車……………………20
プルサーマル……………………106
プルトニウム………………………91
ブルドン圧力計……………………4
プロペラ（水車）…………………23
粉砕器………………………………68

ヘリカル型………………………238
ベルヌーイの式…………………6,44
ペレット…………………………240
弁…………………………………34
変換効率…………………………195

ボイラー本体給水ポンプ…………68
崩壊定数……………………………93
放射強度…………………………195
放射性崩壊…………………………92
放射能………………………………92
飽和（-圧力，-液，-温度，-蒸気）……56,57
ホール形（MHD発電方式）………245
捕獲断面積…………………………96

ポンプ水車……………………………26

【マ】

膜電極接合体 …………………………124
マノメータ ……………………………4
マンハッタン計画………………………91
マンホール………………………………18

密度 ……………………………………2
ミラー…………………………………236

無煙炭……………………………………66
無限小過程………………………………41

メタン発酵……………………………253

モジュール……………………………207

【ヤ】

有義波高値……………………………216
有義波周期……………………………216
有効落差…………………………………11
誘導放射能………………………………94

陽子………………………………………92
溶融炭酸塩形燃料電池
　………………111, 121, 128, 145, 150
予熱除去系……………………………102

【ラ】

落差………………………………………11
ランキンサイクル………………………58
ランナベーン……………………………20
乱流………………………………………5

理想気体…………………………………45
流況曲線…………………………………11
流出係数…………………………………10
流線………………………………………4
流量………………………………………5
流量累加曲線……………………………11
理論変換効率…………………………198
理論燃焼空気……………………………67
臨界（-圧力，-温度，-点）…………57
臨界プラズマ…………………………234
りん酸形燃料電池 ……111, 121, 126, 143, 150

冷却水ポンプ……………………………99
レイノルズ数……………………………5
瀝青炭……………………………………66
連鎖反応…………………………………98
連続の式…………………………………5

炉…………………………………………68
ローソン（Lawson）の条件 ………234
ロータリ弁………………………………34
炉心……………………………………100
炉心シュラウド………………………103

〈著者紹介〉

柳父　悟（やなぶ・さとる）
　　学　歴　東京大学工学部電気工学科卒業（1964）
　　　　　　工学博士（1990），Ph. D.（1971）
　　職　歴　株式会社 東芝 入社（1964）
　　現　在　東京電機大学工学部教授

西川尚男（にしかわ・ひさお）
　　学　歴　北海道大学工学部電気工学科修士修了（1965）
　　　　　　工学博士（1979）
　　職　歴　株式会社 東芝 入社（1965）
　　現　在　東京電機大学工学部教授

エネルギー変換工学
地球温暖化の終焉へ向けて

2004年3月30日　第1版1刷発行　　　ISBN 978-4-501-11220-2 C3054
2016年1月20日　第1版4刷発行

著　者　柳父　悟・西川尚男
　　　　ⒸYanabu Satoru, Nishikawa Hisao 2004

発行所　学校法人 東京電機大学　〒120-8551　東京都足立区千住旭町5番
　　　　東京電機大学出版局　　　〒101-0047　東京都千代田区内神田1-14-8
　　　　　　　　　　　　　　　　Tel. 03-5280-3433（営業）03-5280-3422（編集）
　　　　　　　　　　　　　　　　Fax. 03-5280-3563　振替口座 00160-5-71715
　　　　　　　　　　　　　　　　http://www.tdupress.jp/

[JCOPY] ＜(社)出版者著作権管理機構　委託出版物＞
本書の全部または一部を無断で複写複製(コピーおよび電子化を含む)することは，著作権法上での例外を除いて禁じられています。本書からの複製を希望される場合は，そのつど事前に，(社)出版者著作権管理機構の許諾を得てください。また，本書を代行業者等の第三者に依頼してスキャンやデジタル化をすることはたとえ個人や家庭内での利用であっても，いっさい認められておりません。
［連絡先］Tel. 03-3513-6969，Fax. 03-3513-6979，E-mail：info@jcopy.or.jp

印刷：三美印刷(株)　　製本：渡辺製本(株)　　装丁：鎌田正志
落丁・乱丁本はお取り替えいたします。　　　　　　　Printed in Japan